U0257136

中国煤矿安全监管制度执行研究

RESEARCH ON THE IMPLEMENTATION OF
COAL MINE SAFETY SUPERVISION
SYSTEM IN CHINA

陈红 冯群 祁慧 何国家 著

社会科学文献出版社
SOCIAL SCIENCES ACADEMIC PRESS (CHINA)

作者简介

陈红，江南大学商学院二级教授，博士生导师，江南大学国家安全与绿色发展研究院院长。是百千万人才工程国家级人选、国家有突出贡献中青年专家、国务院政府特殊津贴专家、江苏省"333 高层次人才培养工程"中青年科学技术领军人才（考核优秀）、江苏省哲学社会科学优秀创新团队首席专家，江苏省首届及第二届"十佳"研究生导师提名团队带头人（社科领域唯一）。担任中国管理科学与工程学会能源环境管理分会（筹）理事长、江苏管理科学与工程学科联盟副理事长、中国高校能源经济管理创新战略联盟（中国 EEM30）理事长、中国职业安全健康协会职业心理健康专业委员会主任、中国系统工程学会能源资源系统工程分会副理事长、中国优选法统筹法与经济数学研究会低碳发展管理专业委员会副理事长、中国煤炭经济研究会副理事长、中国地质矿产经济学会资源管理专业委员会副主任委员、中国管理现代化研究会常务理事及公共管理专委会常务理事、中国人力资源开发研究会常务理事、公共安全科学技术学会应急管理专业工作委员会委员、中国应急管理 50 人论坛专家。入选 2020 全球前 2% 顶尖科学家榜单。

近年主持国家社会科学基金重大招标项目 1 项、国家自然科学基金面上项目 4 项（已结题后评估特优 1 项，优秀 2 项）以及省部级科研项目及企业合作项目 70 余项。主持江苏省高等学校重点教材项目、江苏省研究生教育教学改革研究与实践项目重点项目、教育部高等学校工商管理类专业核心课程金课建设实施项目、教育部高等学校工商管理类专业《国标》实施项目等教学项目 10 余项。在国内外权威期刊发表 SCI/SSCI/CSSCI 论文 150 余篇，出版专著 8 部，教材 4 部。获教育部高等学校科学研究优秀成果奖（人文社会科学）二等奖、2 项江苏省哲学社会科学优秀成果一等奖、孙越崎能源科学技术奖 – 青年科技奖、教育部高等学校科学研究优秀成果奖科技进步二等奖以及江苏省科技进步奖、安徽省科技进步奖、国家安监总局安全生产科技成果奖、国家能源局能源软科学研究优秀成果奖、中国煤炭工业科学技术奖、中国职业安全健康科学技术奖等省部级及以上科学研究成果奖 18 项。获江苏省研究生教育改革成果奖、全国煤炭行业教学成果奖二等奖、人力资源管理国家一流专业建设点（负责人）、江苏省百篇优秀博士学位论文优秀指导教师（2 次）、能源经济与管理优秀博士学位论文指导教师（全国仅 6 篇）、全国高等学校工商管理类专业《教学质量国家标准》实施教学研究优秀成果一等奖、江苏省教育教学与研究成果二等奖、江苏省高等教育科学优秀研究成果奖二等奖、江苏省优秀硕士学位论文优秀指导教师、江苏省本科毕业设计（论文）优秀指导教师（一等奖 8 项，二等奖 2 项）、全国大学生能源经济学术创意大赛一等奖优秀指导教师（4 项）等省级及以上教育教学成果奖 20 余项。是《系统工程理论与实践》《管理评论》期刊编委，*Frontiers in Psychology* 特刊主编、*Journal of Cleaner Production* 特刊编委、*Frontiers in Public Health* 执行编辑。

冯群，济南大学商学院讲师，硕士生导师，管理科学与工程博士，山东大学博士后。近年主持国家自然科学基金项目 1 项，山东省自然科学基金项目 1 项，博士后基金面上项目 1 项，参与科技部重点项目 1 项。在国内外权威期刊发表 SCI/SSCI/CSSCI 论文 20 余篇。第一位次获山东省社科成果奖三等奖 1 项，山东省高校人文社科成果奖二等奖 1 项。获全球管理挑战赛优秀指导老师奖 2 项。担任 *Safety Science*、*Energy Policy* 等期刊审稿人。

祁慧，管理科学与工程博士，应急管理大学（筹）经济管理学院教授、硕士生导师，经济管理学院副院长，主要从事职业安全健康管理以及应急管理方面的研究，是江苏省"333 高层次人才培养工程"第三层次培养对象，中国职业安全健康职业心理健康委员会秘书长。主持完成国家自然科学基金青年项目、教育部人文社科基金青年项目各 1 项，参与完成国家自然科学基金面上项目 3 项，参与国家社会科学基金重大项目、面上项目各 1 项，发表相关学术论文 30 余篇，近年来超过 5 项科研成果获得省部级奖励。担任 *Safety Science*、《煤炭工程》等期刊审稿人。

何国家，应急管理部宣教中心主任，研究员，中国应急管理学会特约研究员。

前　言

　　远望我们的星球——地球，在宇宙天体运行系统中，她是如此安静祥和。她也是太阳系乃至宇宙中，目前所知的唯一一颗存活生命的星球。从地球到太阳系，从太阳系到银河系，生命的旺盛和繁荣是何其美妙和神奇！山川俊秀、百业迭兴，但即便是已在宇宙间生存了数百万年并缔造生命传奇的人类历史，也不过是星系长河中的转瞬，生命又是何等珍惜，何等荣耀！

　　地球像极了一艘在宇宙间高速运动的飞船，其续写神奇离不开生命的延续，而生命的延续离不开能源的可持续供给。煤炭作为催生和支撑现代工业社会的主体能源，已伴随着人类文明社会的生存与生产走过了数千年。煤炭在新中国建设和发展的能源格局中经历了"基础性能源、支撑性能源、保障性能源"，以及未来碳中和、碳达峰背景下"战略性资源"的角色变迁。由于受赋存、地质和生产条件的限制，安全生产、健康生产成为煤炭生产的关键命题。20世纪是人类科学技术发展和进步最为迅速的百年，以大机器生产为标志的工业化时代的来临，在促进人类现代文明飞速发展的同时，也带来了生产事故、技术灾害、健康损害等威胁人类生命和生存安全的诸多问题。我们的研究表明，我国煤矿重大事故97.67%的致因为人为因素，十年来中国新增煤工尘肺病（CWP）造成的经济损失年均增长率为26.08%，远高于人均GDP增长水平，且未来5年会进一步扩大。这既折射出中国煤矿安全生产和健康生产态势的严峻性，也反映了我们在生产实际和理论研究中对"人""目标""过程"及其重要"关系"关注和研究的不足。当今世界的先进文明已充分证明，经济社会发展的最终目标是服务于全人类的福祉，经济发展不应以牺牲生命和健康为代价。煤矿生产的安全与人的健康依然是中国现代化建设进程中需要持续破解的重大问题。

2014年4月15日，习近平总书记主持中央国家安全委员会第一次会议并发表重要讲话，强调要准确把握国家安全形势变化新特点新趋势，坚持总体国家安全观，走出一条中国特色国家安全道路，自此"总体国家安全观"成为我国安全健康研究和实践领域共同的指导思想。为落实总体国家安全观，2019年6月24日，国务院印发《国务院关于实施健康中国行动的意见》（以下简称《意见》）和《健康中国行动组织实施和考核方案》（以下简称《方案》）。《意见》围绕落实党中央、国务院发布的《"健康中国2030"规划纲要》以及党的十九大做出的实施健康中国战略的重大决策部署，从"行动背景、总体要求、主要任务、组织实施"四个方面提出了"实施健康中国行动，提高全民健康水平"的具体意见。《意见》提出要实施职业健康保护行动，明确了用人单位和政府职责并提出了职业健康行动的目标。当前，我国煤炭行业整体生产安全与职业健康水平仍然偏低，未能与我国经济发展相适应，要达到《"健康中国2030"规划纲要》的要求还有较大差距。煤炭行业安全生产经过十多年整治虽取得了显著成效，但死亡事故依然未能得到根本遏止，与此同时每年煤炭行业职业病的新发病人数依然在攀升。因此，牢固树立"创新、协调、绿色、开放、共享"的发展理念，建设集约、安全、高效、绿色的现代煤炭工业体系，切实维护国家能源安全成为煤炭工业发展的新目标新任务。

煤炭工业的安全健康绿色发展仍须一以贯之地执行监管制度，"国家监察、政府监管、企业负责"构成了我国煤矿安全监管的运行机制，"落实用人单位主体责任和政府监管责任"是提高煤矿安全监管成效的重要手段。回顾我国煤矿安全监管的历史不难发现，"寻租"是破坏政府长期安全监管效能的重点难点问题。2020年2月28日，中共中央纪委国家监察委网站发布《内蒙古部署开展煤炭资源领域违规违法问题专项整治》的要闻，"针对腐败案件暴露出的煤炭资源领域违规违法问题，按照中央纪委国家监委的纪检监察建议，内蒙古自治区党委、政府召开自治区煤炭资源领域违规违法问题专项整治工作动员部署会议。"自此，为贯彻习近平总书记对内蒙古自治区煤炭资源领域违规违法问题做出重要的指示精神，全面落实中央纪委国家监委有关纪检监察建议，内蒙古自治区"全面清查

2000 年以来煤炭资源开发利用中违规违法的事、违规违法的人，重拳整治煤炭资源领域违规违法问题"。"倒查 20 年"真实反映了我国煤炭能源领域长期存在的寻租问题的严重性，揭示了研究煤矿安全监管制度执行问题的重要性与必要性。此外，落实安全健康生产的企业主体责任，则需要重点解决企业层面安全管理效能提升问题。煤矿企业安全管理制度的执行偏离是长期困扰和制约煤矿企业安全管理效能提升的关键问题，也是本著作着力探讨的一个关键点。

本著作是江南大学国家安全与绿色发展研究院院长陈红教授的科研团队在承担国家社会科学基金重大项目（16ZDA056）、国家自然科学基金面上和青年项目（71673271，71473248，71303233，71502071）期间完成的一项重要成果。为落实"总体国家安全观"，贯彻《意见》，本著作关注煤炭行业的安全、健康和绿色发展，从安全健康损害数据入手，发现规律，深入分析我国煤矿安全健康管理体制与机制运行中的问题，辨析煤矿生产的宏观监督管理和微观运营管理层面的关键主体偏离安全健康目标的行动，探明行动机制，研讨管控对策是本著作希望做出的贡献。陈红教授是本著作研究问题及创新性理论的提出者，是本著作内容与结构的设计者，是第一篇与第二篇的主要撰文者。济南大学冯群副教授、应急管理大学（筹）祁慧教授、国家应急管理部宣教中心研究员何国家分别主要承担本著作第三篇、第四篇及第五篇的研究和撰文工作。

衷心感谢社会科学文献出版社的编辑们在本著作出版过程中给予的关心和大力支持！同时，这篇前言文字撰写完成的日子恰逢中国共产党建党 100 周年华诞，在此衷心祝福伟大的祖国更加繁荣昌盛！

著者

2021.7.1

于无锡太湖之滨

目　录

第五篇　安全监管偏离行为管控

第一篇
我国煤矿安全监管的现状与挑战

中 国 煤 矿 安 全 监 管 制 度 执 行 研 究

第一章 我国煤矿安全监管的历史观察

新中国成立以来，我国煤矿安全监管政策几经调整，经历了多个不同的发展阶段，由于每个阶段的生产力、安全生产与人员健康状况均有较大的差异，因此基于科学的统计数据掌握我国煤矿安全监管呈现出的总体规律十分必要。

一　煤矿事故统计数据

表1-1显示了2001～2018年18年间由官方公布的煤矿事故相关数据，包括总死亡人数、煤矿百万吨死亡率、事故总起数等，旨在体现21世纪以来我国煤矿安全生产形势发生的重要变化。

表1-1　2001～2018年我国煤矿事故统计分析

年份	总死亡人数（人）	煤矿百万吨死亡率（%）	产量（亿吨）	煤矿事故总起数（件）
2001	5670	5.070	11.10	3082
2002	6995	4.940	14.20	4434
2003	6434	4.170	16.08	4087
2004	6027	3.080	19.56	3639
2005	5938	2.811	21.10	3341
2006	4746	2.041	23.26	2945
2007	3786	1.485	25.36	2420
2008	3215	1.182	27.16	1901
2009	2631	0.892	29.10	1616
2010	2433	0.760	32.00	1403
2011	1973	0.572	35.20	1201

年份	总死亡人数 （人）	煤矿百万吨死亡率 （%）	产量 （亿吨）	煤矿事故总起数 （件）
2012	1384	0.374	36.50	779
2013	1067	0.293	39.70	589
2014	925	0.257	38.70	492
2015	584	0.157	37.50	256
2016	538	0.156	34.10	249
2017	375	0.106	35.20	226
2018	333	0.093	35.50	224

资料来源：国家统计局，各大门户网站。

据表 1-1，2001～2005 年煤矿事故总起数和总死亡人数均居高不下，自 2005 年以后无论是事故总起数、总死亡人数还是煤矿百万吨死亡率均呈现出逐年下降的趋势，至 2018 年，煤矿百万吨死亡率达 0.093%，首次降至 0.1% 以下，十多年来，在保持经济增长，基础能源高消耗的形势下，煤矿安全监管取得了非常好的成效。尽管如此，与美国这样的发达国家相比，差距仍然十分明显，美国 2014 年的煤矿百万吨死亡率仅 0.014%，近年来美国官方更是报出了零死亡人数的纪录。

自 2000 年起，笔者开始关注我国的煤矿事故，于 2005 年出版了基于心理与行为视角的研究煤矿重大事故致因的论著——《中国煤矿重大事故中的不安全行为研究》，该著作分析了 1980～2000 年中国发生的 1203 起煤矿重大事故案例，经量化分析后，笔者认为人为因素（故意违章、管理失误、缺陷设计）是我国煤矿事故的关键致因，得出导致重大事故的不安全行为在日常生产中具有普遍性和一般性的重要结论，突破了当时学者们对中国煤矿事故高发以技术致因为主的一贯认知。

此后，笔者持续追踪了 2001～2010 年的煤矿事故数据，发现此 10 年间煤矿事故致因中人为因素占比依然高达 94.09%，并呈现出新的变化趋势，即 70% 的中国煤矿生产致人死亡事故由日常生产中的不安全行为引发的，同时管理失误行为导致的事故占比显著升高，达 55.12%。上述数据的公开发表，引起了学界、媒体和政府的共同关注，此后"人为因素"是中国煤矿事故的重要致因逐渐在学界形成共识，政府治理理念与模式和企业安全生产管理理念与方法也逐渐转变，明确了煤矿安全生产治理的方向。

二　煤矿职业健康相关统计数据

如前所述，煤矿事故统计数据显示我国煤矿安全监管工作取得了明显成效，煤矿安全生产情况实现了持续稳定好转，事故总死亡人数实现了连续多年的快速下降，但职业健康工作面临的形势却十分严峻。2005年以来，煤矿事故死亡人数虽稳步下降，但煤矿职业病报告病例却未见下降，特别是2009年以来增速明显加快，2013年煤矿职业病报告病例达15078例，约是同年煤矿事故死亡人数的14倍。根据中国职业安全健康协会的跟踪研究，我国煤炭行业事故死亡人数与煤矿职业病发病人数之比约为1∶6。

图 1-1　2005~2018 年煤矿事故死亡人数及煤矿职业病报告病例

与中国相比，美国煤矿工人法定职业病统计范围更加广泛，对职业病的界定也更严格。尽管如此，中国煤矿职业病病例总数和百万吨病例数依然分别比美国高32.9倍和18.3倍，而且在2010年煤矿职业病新发病人数不降反增，达到近十年内最高点，呈现"数量扩大化"倾向。近年来，中国煤矿工人职业病病例数占职业病病例总数的比例平均是美国的12.6倍。分析中美两国煤矿职业病高发病种和伤害特点得出，中国煤矿工人的煤矿职业病高发病种为尘肺病，总人数占比为75%，2008年、2009年、2010年中国煤矿工人尘肺病发病数分别为4311例、5997例、12208例，占总职业病发病数的 78.79%、79.95%、87.41%，而在美国，关节、肌腱或肌肉发炎和疼痛是美国煤矿工人的高发病种，但每年病例数不超过 100 例。

职业病发病人数的不断攀升，在造成巨大经济损失的同时，对病人的社会生活也造成了负面影响，因事故而家庭破碎、因病致贫等都可能成为危害社会和谐稳定的因素。人的生命和健康是无价的，生产过程中的一切伤亡和健康损害都是不必要的损失，数量众多的事故死亡人数及职业病发病人数必然对政府在国际上的声誉产生负面影响。职业安全与健康问题已引起全社会的广泛关注。健康中国，意味几何？没有全民健康，就没有全面小康。发展决不能以牺牲人民的安全和健康为代价，如何改变现有治理困局，协同政府、社会主体、市场主体、劳动者等多方力量，创新治理模式，已成为提高我国职业安全与健康治理成效的当务之急，也是构建"健康身体、健康环境、健康经济、健康社会"大健康架构、实现"健康中国"国家战略的重要环节。

我国煤矿矿工职业病新发病人数增长的同时也遭受着严重的职业源性心理损害，煤矿矿工心理系统呈现劣化趋势。中国煤矿矿工职业较为特殊，要受持续高强度、工作单调、高温、潮湿、粉尘、噪音、有毒有害气体等因素的威胁；也要受瓦斯泄漏、顶板塌方、水害、火灾、煤尘等致灾因素的危害；不仅要面对不良的强制约束性的管理制度；还要长期疏离家庭生活。上述不良职业情境使矿工在认知、情感、行为意向方面产生不良情绪，本著作称之为职业源性心理损害。

职业源性心理损害的产生机理复杂，发生具有隐蔽性。本章基于观察、访谈、问卷调查及数理统计等方法，分析、验证职业源性心理损害的内容、结构与信度、效度，提出了一个基于劣性职业源的由先发性情感失调引起的"心理屏障→心理贫困→心理强迫"发展性评估框架，以认识、评价我国煤矿矿工群体的心理损害问题。情感失调对个体的认知形成冲击后，个体启动心理防御机制，形成"心理屏障"，表现为矿工在认知上对管理和生活产生抗拒；"心理屏障"同时影响个体的认知内容和认知评价策略，个体在降低认知活力的同时也压抑自身的积极情感体验，长期的消极情绪使个体在工作领域产生与工作、他人的隔绝，对外部刺激的情感反应弱化，引起"心理贫困"；认知和情感功能的损害，导致矿工产生逃避工作的行为意向，一些人甚至希望通过报复、破坏等加以宣泄，但迫于生计，这种行为意向受到压抑无法实现，个体会不断强化这种意向，进而产生"心理强迫"。

　　课题组对707名中国煤矿矿工进行了调查，分别采用"职业源性心理损害"和《症状自评量表－SCL90》框架对矿工心理健康损害进行了评估，具体数据如表1－2和表1－3所示。

表1－2　中国煤矿矿工职业源性心理损害检测数据（707个样本）

单位：%

职业源性心理损害症状		超出样本均值1个标准差的样本比例	超出样本均值2个标准差的样本比例	自我报告值大于等于3个标准差的样本（5级量表）
心理屏障	管理抗拒	23.15	6.25	37.64
	生活抗拒	17.61	2.84	26.42
心理贫困	工作人际隔绝	19.03	2.56	19.03
	刺激反应弱化	17.05	1.70	25.28
	社会人际隔绝	13.35	1.99	1.99
心理强迫	强迫工作	20.74	6.68	31.25
	强迫留任	20.88	3.69	21.02

　　根据被调查群体的自我报告，统计取值大于等于3个标准差的样本比例显示，被调查的中国煤矿矿工群体在心理屏障（表现为对外部刺激低反馈）和心理强迫（表现为意愿和行为的高度不一致）两个维度上检测率较高，特别是在心理屏障维度中的管理抗拒指标和心理强迫维度的强迫工作指标，有37.64%的矿工较为认可自己"对企业的任何管理措施无兴趣、不关注"，31.25%的矿工较为认可自己"十分憎恶现在的工作，想逃离，但迫于生计不得不每天面对"。在心理贫困维度中，社会人际隔绝指标的检出率相对较低，有1.99%的矿工报告较为认可自己"没有朋友，与家人关系淡漠"的状况，但是在该维度中工作人际隔绝指标的检出率较高，19.03%的矿工认为"每天在工作中极少与人交流，与寂寞和孤独相伴"。而采用高于样本均值1－2个标准差的统计方式进行计算，结果显示，被调查群体检出中等水平的心理屏障、心理贫困以及心理强迫症状的比率较高，检

出率在 13.35% ~23.15%，高水平症状的检出率在 1.70% ~6.68%。

表 1 -3　中国矿工 SCL90 症状检出率

单位：%

SCL90 症状	超出样本均值 1 个标准差的样本比例	超出样本均值 2 个标准差的样本比例	自我报告比例
躯体化	26.56	0.00	45.38
强迫症状	13.92	3.13	30.26
人际关系敏感	9.94	3.98	32.17
抑郁	15.06	6.11	15.80
焦虑	17.90	6.68	16.05
敌对	14.06	6.53	17.76
恐怖	20.03	3.55	14.91
偏执	17.33	2.56	13.87
精神病性	20.31	4.97	8.81

表 1 -3 是基于《症状自评量表 - SCL90》，依据矿工自我报告（即每个症状的均值大于 2 个标准差的样本比例）评测后得出的，可以看出躯体化、强迫症状以及人际关系敏感指标的检出率较高，而在职业群体内部以均值作为基准，超出样本均值 2 个标准差（表明症状较重）的样本比例较高的是抑郁、焦虑和敌对三种症状。从矿工自我报告中可看出，身体部位疼痛可能与其高强度的体力劳动产生的生理损害有关，是一种普遍情形，但与心理损害的关联度低。而强迫症状则是与生产过程中各类指令性行为和对违反指令性行为的经济处罚有关，表现为矿工对某些行为的高度警觉和过度重复确认。在职业群体内的比较可以看出，抑郁、焦虑和敌对是影响矿工心理健康较大的三种症状。

我国矿工职业病新发病人数增多以及因遭受严重的职业源性心理损害使矿工心理系统呈现劣化的现象是我国煤矿安全监管所面临的新挑战，需要各界在理论和实践领域的共同努力才可解决。

三　事故伴随经济发展的变化规律

我国经济发展具有高度的煤炭依赖特征，煤炭为中国 GDP 增长做出了重要贡献。但同时煤炭生产具有事故伤亡高发的特点，2001～2010年我国共发生煤矿事故28868起，死亡矿工47875人。从区域发展角度看，在中国宏观政策、基础因素和地域等限制条件下，中国东、中、西部地区经济已表现出极大的不平衡性。但经济发展是以能源消费为支撑的，在地区经济发展不平衡的背后，存在地区间煤炭消费的不平等性，以及为煤炭生产牺牲生命的煤矿工人生命成本的不平等性。尤其是在西部大开发政策下，"西煤东送""西气东输"等工程的上马，使得研究东、中、西部煤矿工人为GDP增长贡献的生命成本差异更有价值。

目前从煤矿工人生命成本角度研究地区发展的不平等性较少见到。相关研究主要是从GDP与煤炭消费关系、GDP与工伤事故的关系等方面入手。J. Kraft和A. Kraft运用1947～1974年的数据最早得出国民生产总值（GNP）与能源消费的单向因果关系，此后国内外学者从不同国家、不同区域、节能技术进步等多种角度进行了GDP与煤炭消费关系的实证研究，比如张兆响等研究了中国东、中、西部经济发展与煤炭消费的关系。刘铁民研究了中国工伤事故与经济增长率之间的关系，提出了"橙色GDP"概念，并建立了职工工伤死亡指数和经济增长率的回归方程。但目前研究都没有充分考虑煤炭生产的主体——煤炭工人的生命代价对GDP的贡献，忽略了东、中、西部经济发展背后煤矿工人生命代价的不平等性。

按照以陈栋生为代表的区域经济学者对中国东、中、西三大经济地带的划分，本著作将中国27个产煤地区分为东部、中部、西部，其中东部包括辽宁、河北、北京、山东、江苏、浙江、福建、广东、广西，中部包括黑龙江、吉林、内蒙古、山西、河南、湖北、江西、安徽、湖南，西部包括陕西、甘肃、青海、宁夏、新疆、四川、重庆、云南、贵州。所用基础数据均来自历年《中国统计年鉴》、各省统计年鉴及中国国家统计局网站。

洛伦兹曲线可以直观、形象地反映分配均衡状况。根据2001～2016年中国东、中、西部煤矿工人死亡人数（见表1-4）和东、中、西部地区生产总值数据（见表1-5），以东、中、西部地区生产总值累计百分比为横坐标，煤矿工人死亡人数累计百分比为纵坐标，做出煤矿工人死亡人数的洛伦兹曲线，如图1-2所示。

表 1 - 4　2001~2016 年东、中、西部煤矿工人死亡人数

单位：人

年份	东部	中部	西部
2001	659	2739	2271
2002	751	3710	2534
2003	905	3236	2293
2004	607	2591	2829
2005	1139	2625	2173
2006	645	2317	1784
2007	238	2227	1321
2008	471	1605	1139
2009	98	1471	1062
2010	106	1167	1160
2011	232	976	765
2012	158	667	523
2013	125	528	414
2014	109	461	361
2015	49	208	163
2016	23	96	75

表 1 - 5　2001~2016 年东、中、西部地区生产总值

单位：亿元

年份	东部地区生产总值	中部地区生产总值	西部地区生产总值
2001	58202.0	27921.7	14595.9
2002	65186.6	30621.5	16087.2
2003	75823.1	34978.7	18297.7
2004	90945.5	42530.0	21908.6
2005	108263.0	50257.6	25270.8
2006	127168.4	58911.7	30364.6
2007	152016.5	71782.9	36594.5
2008	178814.2	87277.2	44535.7
2009	195423.6	96183.6	49032.7

续表

年份	东部地区生产总值	中部地区生产总值	西部地区生产总值
2010	229132.0	115904.4	59160.6
2011	265089.5	141984.6	73548.38
2012	289674.9	157789.2	84288.09
2013	317731.1	172327.4	94774.11
2014	341446.8	185292.4	103735.9
2015	362005.1	193928.8	109357.9
2016	388385.3	208936.6	119231.0
2017	424079.5	223430.0	132631.2
2018	472359.8	243383.4	145172.1

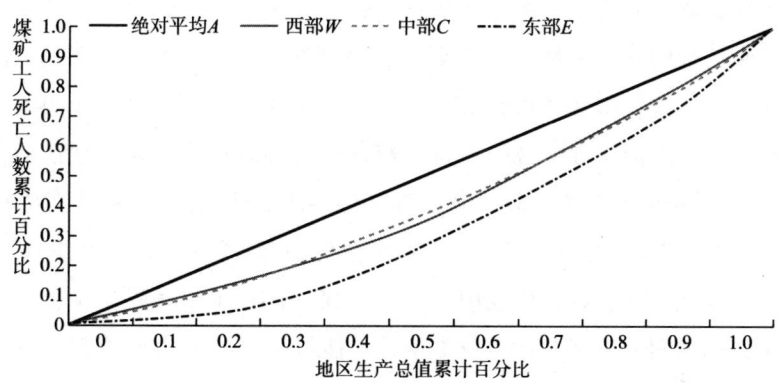

图1-2 东、中、西部煤矿工人死亡人数的洛伦兹曲线

东、中、西部煤矿工人死亡人数的洛伦兹曲线分别用曲线 E、C、W 表示，绝对平均线用曲线 A 表示。从图 1-2 可以看出，东部洛伦兹曲线（E）与绝对平均线（A）之间的面积大于中、西部洛伦兹曲线（C、W）与曲线 A 之间的面积，因此东、中、西部地区煤矿工人死亡人数与地区生产总值之间呈现非均衡匹配状况，其不均衡程度为：东部 > 中部 ≈ 西部。说明东部地区煤矿工人的死亡人数与东部地区生产总值增长之间的不匹配程度要大于中西部地区煤矿工人死亡人数与地区生产总值增长的不匹配程度，东、中、西部地区煤矿工人生命代价与经济发展呈现出不平等性。

我国东、中、西部地区的地区生产总值中煤矿工人生命成本具有不平等性，究其原因，中西部产煤地区经济落后，产业结构单一，为提高煤炭产量，煤矿企业重产量、轻安全，致使事故伤亡率极高。为解决煤矿工人生命成本的不平等性，我国应采取如下措施。

首先，降低东、中、西部地区煤矿工人的事故伤亡率，是减少"橙色GDP"生命成本、消除不平等性的根本措施。经济发展不应以煤矿工人的生命为代价，尤其是中、西部地区，提高煤炭产量必须在保障工人生命安全的基础上。Paul Lanoie 通过实证分析认为政府安全管制能够有效降低事故发生率[2]，陈红认为人为因素是中国煤矿重大事故不安全行为中的首要因素，提出了煤矿企业重大事故防控的"行为栅栏"理论[3]。我国应该在政府安全管制和提高煤矿工人及管理者的安全意识等方面进行有效监督，从根本上减少煤矿事故发生率。

其次，顺利实施东、中、西部地区间产业转移，是消除煤矿工人生命成本不平等性的有效措施。陈栋生、李晓西等认为东、中、西部地区间的产业转移是实现我国区域协调发展的一条重要途径[4-5]。目前我国实现了中西部地区资源向东部地区的转移，却并没有实现产业由东部地区向中西部地区的"梯度转移"。东、中、西部绝对差距和相对差距都在大幅扩大[6-7]，东部沿海地区产业往中、西部地区进行转移的条件已经成熟[8-9]。只有成功实施产业转移，改变中、西部产煤地区过度依赖煤炭采掘业的单一经济结构，同时发展其他产业类型，才能缓解 GDP 施加给煤矿工人的压力，进而降低煤矿工人的生命成本，协调各地区均衡发展。

第二章　我国煤矿安全监管的阶段性观察

一　基于经济安全产出比看我国煤矿安全监管发展阶段

煤矿生产活动体现在煤矿经济产出和煤矿安全产出两个重要方面。煤矿经济产出是根本性目标产出，煤矿安全产出是条件性产出，即安全产出不是煤矿企业的根本性目标产出，而是为了满足其实现根本性目标产出，根据系统内部均衡要求以及社会限制性要求而投入资源所获得的产出。煤矿企业的条件性产出与核心经济性产出之间是既相互依存，又互有矛盾的两个产出目标，一方面安全产出目标是经济产出目标实现的保障，另一方面没有经济产出目标的实现，安全产出目标也难以支撑和维系。对煤矿企业而言，经济产出直接反映为煤炭产量，安全产出直接表现为煤矿百万吨死亡率、事故率、职业病千人发病率等，与安全投入密切相关。在安全产出方面，中国煤炭产业一直被认为是危险的行业，2011 年在煤矿事故发出率得到显著降低的情况下，事故死亡人数依然有 1973 人；而同样作为产煤大国之一的美国，1978～2005 年煤矿事故中平均每年死亡人数为 65 人，2011 年死亡人数为 21 人。

国内外文献较少明确提出煤矿安全产出与核心经济产出的概念。目前相关研究较为分散，Sider H. 建立了美国地下煤矿的安全与生产率模型用以解释美国 1970 年地下煤矿生产率下降的原因；Harisha Kinilakodi 和 R. Larry Grayson 有一系列研究地下煤矿风险的文献，通过选取实验样品评估地下煤矿的安全风险。Kulshreshtha M. 分析了印度煤矿生产率，Stoker T. M. 研究了美国煤矿生产率的面板数据，认为安全生产影响煤炭产量。钟笑寒研究了我国煤矿事故率与煤炭产量的关系，认为煤炭产量与死亡率呈负相关，政府限产关井是导致死亡率上升因素之一，产能扩张可在一定程度上降低死亡率。并指出，1995～2005 年数据表明关井政策虽显著减少了乡镇煤矿产量，但导致矿工死亡率显著上升。熊俊杰、罗传龙等通过对国有煤矿企业现状进行调查，运用灰色关联分析法找出了影响煤矿百万吨死亡率的因素，其中包括煤炭产量。李楠、王恩元等从技术角度建立安全投入与事故率可能性边界模型，得出系统存在合理安全投入区间、最佳安全投入和最佳安全经济效益事故率。

Sider H. 早在 1984 年就提出，事故减少的边际机会成本等于工人工资中包含的边际风险补偿津贴，并且每名工人的工资等于劳动边际成本与风险补偿津贴之和。当工资水平对风险没有任何体现时，公司在安全投入中通过最大产量获得最多收入，取得安全投入与产量的最佳均衡。

按照安全投入和煤炭产量之间的关系，应将二者相互作用的过程分为发展阶段、稳定阶段、超越阶段。

发展阶段：煤炭产量会随着安全投入的增加而增加。因为国家经济发展的迫切需要，对煤炭需求量较大，但同时国家也会注重煤矿工人安全，不断增加安全投入。在此阶段中煤矿安全投入和煤炭产量都会增加。

稳定阶段：随着安全投入的增加，煤炭产量变化不大。国家经济水平已经发展到较高程度，伴随着新能源的广泛使用和稳定的经济发展状态，对煤炭需求量也较为稳定。同时国家更加注重人的生命安全，比如投资改善工作环境，使用新技术等，力求在保持经济发展的同时将煤矿事故降到最少。

超越阶段：对安全的关注程度已经超过经济发展的重要性，即使影响经济水平也会加大安全投入，将工人生命安全放在首位，真正体现以人为本。与发展阶段和稳定阶段相比，国家经济水平已相当发达，此阶段安全生产高于一切，即使以经济发展为代价也要追求零死亡率，是安全生产的最高阶段。

为研究煤矿经济产出和煤矿安全产出的相互关系，需建立两者的计量模型。根据文献分析，煤炭产量的状况反映了经济产出的状况，以煤炭产量反映煤矿经济产出，安全投入可以预测安全产出，因此以安全投入反映煤矿安全产出，建立煤炭产量与劳动力增长率、安全投入、技术进步率等要素的相互关系模型。指标的选取需要说明：①煤矿百万吨死亡率是反映煤矿安全状况的直接体现，不同国家之间具有可比性，是反映一个国家的煤矿安全状况的最直接的数据，因此以煤矿百万吨死亡率（R）来衡量安全投入，安全投入与煤矿百万吨死亡率呈负向关系，因此处理数据时取煤矿百万吨死亡率的倒数（R^{-1}）进行计算；②鉴于煤矿企业数据可得性和准确性，并参考 Sider H. 的研究，以煤矿工人的劳动生产率（吨/人·天）表示技术进步率，所用数据来自历年中国煤炭工业统计年鉴、国家统计局等政府网站公布的数据。

表 2 - 1 中国相关指标数据

年份	煤炭产量（亿吨）	劳动力指标		安全投入指标	技术进步率指标
		煤炭从业人数（人）	劳动力增长率（%）		
2001	11.61	3312375	0.0195	5.07	0.960284
2002	13.80	3288777	0.0071	4.94	1.149613
2003	16.67	3315037	0.0080	4.17	1.377699
2004	19.56	3414817	0.0301	3.08	1.569309
2005	22.05	3467382	0.0154	2.811	1.742264
2006	23.73	3612385	0.0418	2.041	1.799744
2007	25.26	3605555	0.0019	1.485	1.919413
2008	27.88	3646440	0.0113	1.182	2.094743
2009	29.73	3787518	0.0387	0.892	2.150539
2010	29.51	3742176	0.0120	0.760	2.188520
2011	37.60	419235	0.1203	0.56	2.457212
2012	39.50	4399345	0.0449	0.37	2.459918
2013	39.70	4471434	0.0163	0.29	2.432507
2014	38.72	4146124	−0.0727	0.17	2.557280
2015	37.53	4106456	−0.0958	0.11	2.740603
2016	34.12	4074034	0.0867	0.05	2.293192
2017	35.24	2683245	−0.5183	0.10	3.594154
2018	36.83	2713420	0.0110	0.09	3.715704

"柯布－道格拉斯"生产函数是美国数学家柯布（C. W. Cobb）和经济学家道格拉斯（P. H. Douglas）创立的投入产出生产函数，引入了技术资

源,其基本形式为 $Y = A(t)L^{\alpha}K^{\beta}\mu$。本著作借鉴"柯布 – 道格拉斯"生产函数的基本原理,利用计量经济软件 Eviews 6.0,对模型系数的约束条件进行相关检验,并进行回归分析。

按照"柯布 – 道格拉斯"生产函数的基本思想,建立煤矿经济产出的"柯布 – 道格拉斯"函数模型:

$$Q = CL^{\alpha}S^{\beta}T^{\lambda}\mu \qquad\qquad (2-1)$$

式(2-1)中,Q 表示煤炭产量;C 表示常数;L 表示劳动力增长率;S 表示安全投入率指数;T 表示技术进步率指数;μ 为随机项。

对式(2-1)两边取对数,得出式(2-2):

$$\log(Q) = c + \alpha\log(L) + \beta\log(S) + \lambda\log(T) + \mu \qquad (2-2)$$

对中国煤矿经济产出模型在 Eviews 6.0 中进行检验并估计,整理得到估计结果(见表2-2)。

因显著性水平大于0.05,所以劳动力增长率没有通过检验,因显著性水平小于0.05,且为正,煤矿经济产出与安全投入呈正向关系,而安全投入与煤矿百万吨死亡率呈负向关系,所以煤矿经济产出与百万吨死亡率呈负相关性,与技术水平呈正相关性煤矿经济产出和安全产出的正相关性表明我国正处在发展阶段。

表2-2 中国煤矿经济产出模型估计结果

	系数	标准差	t	显著性水平
Log(L)	0.0149	0.0067	2.2159	0.113
Log(S)	1.1929	0.1225	9.7316	0.000
Log(T)	4.1934	0.2207	18.9932	0.000

二 基于安全规制效果看我国煤矿安全监管的发展阶段

在我国煤矿生产事故发生率较高的情况下,我国颁布了一系列煤矿安全监管法规,并对如何规制煤矿安全监管问题进行了长期探索。本部分从煤矿安全生产监管法规的内部实施以及外部规制分别进行分析。

（一）煤矿内部实施

煤矿工人是否遵从安全生产管理制度是多名煤矿工人之间进行的无限次博弈，为简化说明，本著作在此对两次重复进行的安全生产活动中两名煤矿工人的博弈过程进行分析。则设煤矿工人为 i（$i = 1, 2$），安全生产次数为 t（$t = 1, 2$）；在每次生产过程中，参与人即煤矿工人 i 同时决定是否进行第 t 次的安全生产，即要么遵守制度安全生产，要么不安全生产。假设在生产过程中，若所有人都遵守安全生产制度，则煤矿不会发生事故；若 n（$n \geqslant 1$）个人不进行安全生产，则发生事故的概率为 P_n（P_n 随 n 增大而增大，且服从 $0 \sim 1$ 分布）。发生事故时每个煤矿工人收益为 0；煤矿工人 i 进行每次安全生产影响产量付出的成本是 c_i，且每次相同。不同条件下煤矿工人的收益见表 2 - 3。

表 2 - 3　不同条件下煤矿工人收益

	安全生产	不安全生产
安全生产	$1 - c_1$, $1 - c_2$	$(1 - P_1)(1 - c_1)$, $1 - P_1$
不安全生产	$1 - P_1$, $(1 - P_1)(1 - c_2)$	$(1 - P_2)$, $(1 - P_2)$

两个煤矿工人都知道 c_i 服从区间 $[\underline{c}, \overline{c}]$ 上的连续、严格递增的独立同分布 $P(\cdot)$，其中 $\underline{c} < 1 < \overline{c}$ $[P(\underline{c}) = 0$, $P(\overline{c}) = 1]$。煤矿工人 i 的类型为其成本 c_i。因此，每次每个参与人的行动空间都是 $\{0, 1\}$。

第一种情况：当煤矿工人都不进行安全生产时，双方都知道另一方安全生产投入成本超过临界成本 $\hat{c}$。因此，后验的累积信念是截断的信念，对于 $c_i \in [\hat{c}, \overline{c}]$，表达式为：

$$P(c_i \mid 00) = \frac{P(c_i) - P(\hat{c})}{1 - P(\hat{c})} \tag{2-3}$$

且对于 $c_i \leqslant \hat{c}$，$P(c_i \mid 00) = 0$。

在第 2 次生产的对称均衡中，当且仅当 $\hat{c} \leqslant c_i \leqslant c'$ 时，每个煤矿工人 i 才遵守制度安全生产（第 2 次生产的贝叶斯均衡对于每个参与人都包含一个临界规则，c' 为临界成本）。c' 等于对方不进行安全生产时的概率，表达式为：

$$c' = \frac{1 - P(c')}{1 - P(\hat{c})}, \quad (c' < 1) \tag{2-4}$$

如果煤矿工人都没有在第 1 次生产中安全生产，那么类型 $\hat{c}$ 将在第 2 次生产中进行安全生产，他在第 2 次生产中的效用是 $v^{00}(\hat{c}) = 1 - \hat{c}$。

第二种情况：当煤矿工人都进行安全生产，对于 $c_i \in [0, \hat{c}]$，后验累积概率表达式为：

$$P(c_i \mid 11) = \frac{P(c_i)}{P(\hat{c})} \tag{2-5}$$

且对于 $c_i \in [\hat{c}, \bar{c}]$，$P(c_i \mid 11) = 1$。

在第 2 次生产的对称均衡中，当且仅当 $c_i \leq \tilde{c}(0 < \tilde{c} < \hat{c})$ 时，每个参与人 i 进行安全生产。每个参与人的临界成本等于对方不进行安全生产的条件概率，表达式为：

$$\tilde{c} = \frac{P(\hat{c}) - P(\tilde{c})}{P(\hat{c})} \tag{2-6}$$

类型 $\hat{c}$ 不进行安全生产，所以他在第 2 次生产中的效用是 $v^{11}(\hat{c}) = P(\tilde{c})/P(\hat{c})$。

第三种情况：只有一个煤矿工人安全生产，假设第 1 次生产中煤矿工人 i 安全生产而煤矿工人 j 没有进行安全生产，则 $c_i \leq \hat{c}$ 且 $c_j \geq \hat{c}$。类型 $\hat{c}$ 在第 2 次生产的效用为 $v^{10}(\hat{c}) = 1 - \hat{c}$ 和 $v^{01}(\hat{c}) = 1$。因此，可以推导第 1 次生产的均衡。

类型 $\hat{c}$ 必须在安全生产和不安全生产时无差异，结合 $v^{10}(\hat{c})$、$v^{01}(\hat{c})$ 和式（2-6），得到：

$$1 - P(\hat{c}) = \hat{c} + P(\hat{c})\tilde{c} \tag{2-7}$$

式（2-6）和式（2-7）定义了 $\hat{c}$。式（2-7）说明，如果在第 1 次生产时进行安全生产，类型 $\hat{c}$ 则会付出成本 $\hat{c}$ 而提供了本不会提供的安全环境。当对方类型低于 $\hat{c}$ 时，进行安全生产并不会改变类型 $\hat{c}$ 在第 2 次生产时的收益：由于煤矿安全的完全主体贡献性，在第 1 次生产时不进行安全生产会使得对方在第 2 次生产时进行安全生产，而若在第 1 次生产时进行安全生产会让对方在侥幸心理的作用下更不情愿进行安全生产，侥幸心理的存在让对方轻视自身的不安全生产可能带来的危害。如果双方都在第

1 次生产时进行安全生产，类型 $\hat{c}$ 在安全生产与不安全生产间就无差异，若对方成本低于 $\hat{c}$ 时，类型 $\hat{c}$ 通过在第 1 次生产传递一个高成本的信号而获得 $\tilde{c}$。若将这两次博弈模型应用于无限次博弈问题，则所有煤矿工人都将在不高于自己临界成本的前提下进行安全生产，临界成本受到各自制度认知的约束，一旦超出了临界成本，该工人将不会进行安全生产，而从其他工人安全生产中获益。

三　煤矿外部规制

发展至今，我国煤矿安全生产监管法规体系经历了较为波折的过程[10]。在中国，煤矿安全生产法规的发展伴随着政治、经济的变化，周学荣将煤矿安全监管法规立法阶段划分为四个阶段：计划经济时期的安全生产行政立法阶段（1949～1979 年）；以市场经济为导向的行政过渡立法阶段（1980～1991 年）；由全国人大立法下的安全生产法制建设阶段（1992～2000 年）；我国安全生产法规管制的全面、总体立法阶段（2001～2004 年）[11]。本著作重点探讨改革开放之后所立的煤矿安全生产法规效果，因此没有考虑 1949～1979 年的煤矿安全生产法规。周学荣的阶段划分标准是立法主体，而本著作基于各个阶段的历史背景特点和法规颁布数量、对安全监管发挥的影响力等标准，将我国煤矿安全法规体系发展历程重新命名为恢复阶段（1980～1990 年）、探索前进阶段（1990～2000 年）、趋于稳定阶段（2000 年至今）三个大阶段。

恢复阶段（1980～1990 年）：党的十一届三中全会后，我国煤矿安全监管开始走向正规。国务院及原煤炭工业部陆续颁布大量煤矿安全监管制度文件，主要有：1980 年煤炭工业部制定并颁布的《煤矿安全规程》，1981 年颁布的《小煤矿安全规程》，1982 年国务院制定颁布《矿山安全条例》及《矿山安全监察条例》，1983 年煤炭工业部颁布的《煤矿安全监察条例》，1986 年颁布的《关于煤矿安全生产奖惩制度的决定》及 1987 年颁布的《关于统配煤矿安全生产奖惩的暂行规定》等。部分法规由于内容滞后或被新法规代替已不再使用。在这一时期，国家、省级、地区层面的煤矿安全监管体系得到恢复。

探索前进阶段（1990～2000年）：1992年《中华人民共和国矿山安全法》明确规定了矿山建设和开采的安全保障、矿山企业的安全管理、矿山安全的管理和监督，事故处理等方面的法律责任；1994年通过的《中华人民共和国劳动法》在第六章详细定义了职业安全和健康，并在第十一章、十二章规定了应该为工人提供的额外的职业安全保障；1996年出台了《中华人民共和国煤炭法》，并修订《中华人民共和国矿山资源法》，这两部法律具体规定了煤矿开采应当具备的安全生产条件，对活动主体资质、行为规范加以规范。除此之外，国务院制定的现行有效的涉及煤矿安全的行政法规主要包括：《煤炭生产许可证管理办法》（1994年）和《乡镇煤矿管理条例》（1994年），分别对煤矿生产许可证的颁发和管理及乡镇煤矿的资源规划、办矿生产及安全管理等方面进行了规定；为了推动《中华人民共和国矿山安全法》的实施而颁布的《中华人民共和国矿山安全法实施条例》（1996年）等。

受改革开放的影响，在这个时期，国家不断探索适合社会主义市场经济的煤矿安全监察体系。1988年国务院组建能源部，负责管制煤炭开采；1993年国务院重组煤炭工业部；1998年国务院规定地方政府负责监管煤炭开采；1999年设立国家煤矿安全监察局，与煤炭工业部共同管理煤矿企业。但煤矿安全监管体制一直没有稳定下来。

趋于稳定阶段（2000年至今）：作为新的安全规制主体，国家煤矿安全监察局建立后颁布了一系列安全生产法规。2000年颁布新的《煤矿安全监察条例》；2001年为强化安全事故问责制颁布的《关于特大安全事故行政责任追究的规定》；2004年制定《安全生产条例》；2005年颁布《国务院关于预防煤矿生产安全事故的特别规定》；2006年发布《关于进一步做好煤矿整顿关闭工作意见的通知》；2007年颁布《生产安全事故报告和调查处理条例》。这些法规更加强调预防为主，对煤矿安全生产事故规定了更加严格的制度和更加严厉的处罚措施。除此之外，2002年我国颁布了第一部强调工作场所安全的全面法律——《中华人民共和国安全生产法》；2007年修订后的《中华人民共和国刑法》也对非法采矿、破坏性采矿做出了具体的法律规定；2001年实行的《中华人民共和国职业病防治法》规定了煤矿行业中生产经营单位关于安全和健康工作环境的责任。在国家煤矿安全监察局的管理下，我国的煤矿安全监管体系正逐步走向成熟。

本著作采用时间序列分析法测量不同时期的煤矿安全生产法律法规执行效果。数据处理过程中有两点需要说明：煤矿百万吨死亡率是法律法规执行效果的直观体现，利用 1980～2010 年每年的煤矿百万吨死亡率表示这个时期及以前颁布法律的共同执行效果，执行效果的观察值受到法律法规执行时间的影响。选择该指标是出于以下几点考虑：首先，选择死亡数据作为指标是因为死亡是煤炭生产中最严重的事故情况；其次，死亡数据与其他数据之间有较强的相关性，可以间接反映其他数据情况；最后，选择煤矿百万吨死亡率是因为该数据更具有一般性，不会受到煤矿产量等因素的影响。我国煤矿安全监管政策变化较频繁，时间跨度太长难以分析各阶段法规效果，因此自 1990 年后以五年为一个时间段，即分别以 1980～1990 年、1990～1995 年、1995～2000 年、2000～2005 年、2005～2010 年为时间段建立模型表达式如下：

$$Y_t = c_0 + c_1 X_{1t} + c_2 X_{2t} + c_3 X_{3t} + c_4 X_{4t} + c_5 X_{5t} +$$
$$c_6 X_{6t} + c_7 X_{7t} + c_8 X_{8t} + c_9 X_{9t} + e_t \qquad (2-8)$$

其中，

Y_t：每年的煤矿百万吨死亡率；

X_{1t}：衡量时间的时间变量，表示法律法规执行的年数，从 1 到 N；

X_{2t}：二分变量，1990 年之前取值为 0，1990 年及之后取值为 1；

X_{3t}：时间变量，表示法律法规执行年数，1990 年之前取值为 0，1990 年及之后取值分别为 1，2，…，K；

X_{4t}：二分变量，1995 年之前取值为 0，1995 年及之后取值为 1；

X_{5t}：时间变量，表示法律法规执行年数，1995 年之前取值为 0，1995 年及之后取值分别为 1，2，…，K；

X_{6t}：二分变量，2000 年之前取值为 0，2000 年及之后取值为 1；

X_{7t}：时间变量，表示法律法规执行年数，2000 年之前取值为 0，2000 年及之后取值分别为 1，2，…，K；

X_{8t}：二分变量，2005 年之前取值为 0，2005 年及之后取值为 1；

X_{9t}：时间变量，表示法律法规执行年数，2005 年之前取值为 0，2005

年及之后取值分别为 1，2，…，K；

e_t：残差项。

在式（2-8）中，参数 c_0 和 c_1 表示 1990 年及以前煤矿安全生产状况的水平（即线性回归截距）和变化趋势（即线性回归的斜率）；c_2 与 c_3 表示 1990～1995 年新政策对原有煤矿安全生产状况的改善程度，c_2 表示水平影响（即短期影响），c_3 表示趋势影响（即长期影响）。类似地，c_4 与 c_5 表示 1995～2000 年新政策对原有煤矿安全生产状况的改善程度，c_4 表示水平影响，c_5 表示趋势影响。c_6 与 c_7 表示 2000～2005 年新政策对原有煤矿安全生产状况的改善程度，c_6 表示水平影响，c_7 表示趋势影响。c_8 与 c_9 表示 2005～2010 年新政策对原有煤矿安全生产状况的改善程度，c_8 表示水平影响，c_9 表示趋势影响。若系数检验显著，则说明法规的执行有利于安全管理状况的改善。

依据计量经济学的基本原理，利用 Eviews 6.0 软件对上述模型进行分析，可以得到模型结果（见表 2-4）。

表 2-4　时间序列分析结果

变量	系数	T	P	R^2
C	8.252850	31.45	0.0000	0.97
X_{1t}	-0.146518	-3.52	0.0016	
X_{2t}	-1.156907	-2.98	0.0061	
X_{5t}	0.339425	4.28	0.0002	0.97
X_{7t}	-0.693199	-8.66	0.0000	

注：一些变量没有通过检验，不体现在表中。

经模型分析后，得出：$Y_t = 8.252 - 0.146X_{1t} - 1.156X_{2t} + 0.339X_{5t} - 0.693X_{7t} + e_t$

图 2-2 是各个阶段煤矿安全监管法律法规的规制效果。将建立的模型结合图 2-3，可以看出，1980～1990 年的煤矿安全监管法律法规能够有效抑制煤矿百万吨死亡率，煤矿百万吨死亡率呈下降趋势，但总体上居高不下；而同时执行 1990～1995 年煤矿安全监管法律法规和 1995～2000 年的法律法规之后，煤矿百万吨死亡率比上一阶段有了明显下降，但总体上呈现出持续上升趋势，以 1995～2000 年表现最为明显；从 2000 年开始，煤

矿安全监管法律法规有效发挥安全生产管理的作用，煤矿百万吨死亡率呈现更大幅度的持续下降趋势，在 2010 年达到统计数据的最低点。2000～2005 年的斜率（0.693）在各阶段中最大，表现出煤矿安全监管法律法规最明显的规制效果。

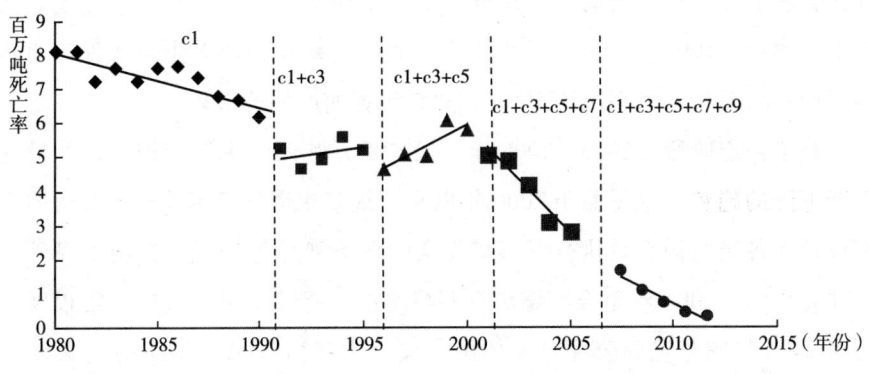

图 2-2 各个阶段煤矿安全法规规制效果

各个阶段安全监管法律法规的规制效果之所以存在差异，主要原因如下。

恢复阶段：1980～1990 年，改革开放后我国重新将安全生产作为工作重心，煤矿百万吨死亡率稳定下降。当时的煤矿安全生产缺乏监管，煤矿安全生产改善的空间很大，一旦有正式法律法规加以规制，就会取得明显的效果。尤其是，1983 年，由国家监察、行政管理、群众监督构成的煤矿安全生产监管体制标志着我国的煤矿安全监管从行政管理向法制管理转变，是煤矿安全监管的一大进步。但鉴于正处于恢复阶段，煤矿百万吨死亡率总体上仍居高不下。

探索前进阶段：1990～1995 年，国务院、卫生部等非常重视煤矿安全生产问题，宏观层面上，制定的煤矿安全监管法律法规取得了一定的成效，总体上煤矿百万吨死亡率比恢复阶段有了一定程度的下降；但经济形势日趋好转，经济发展的需要在一定程度上超过了煤矿安全监管的需求，且国家对煤矿监管的主体建设处于探索阶段，不断尝试变动规制主体，责权利的不明使得煤矿安全监管法律法规无法得到有效执行，煤矿百万吨死亡率呈现上升趋势。1995 年底，乡镇中小煤矿的产量已占到全国产量的50%。这些中小煤矿为煤矿安全监管理下了巨大隐患。

对于 1990～1995 年和 1995～2000 年两个阶段，后五年的煤矿百万吨死亡率上升趋势的斜率更大于前五年。这两个阶段的煤矿安全监管规制主体不断发生变化，不同的规制主体在监管时期内又制定了不同的安全监管制度，形成煤炭工业部、地方政府、国家煤矿安全监察局、中央相关部门等在管理上多头交叉的局面，甚至产生制度冲突，煤矿的安全监管效率低下不可避免。1995～2000 年的煤矿安全监管更是在长期多头交叉管理的体制下而不断恶化，表现出比 1990～1995 年更加严峻的形势。

趋于稳定阶段：2000～2005 年，煤矿百万吨死亡率得到控制，并呈现不断下降的趋势。这得益于 2000 年以来，规制主体的稳定统一，清晰的体制设计使各级机构有效执行《煤矿安全监察条例》等法规，控制了煤矿百万吨死亡率。2006 年至今，煤矿百万吨死亡率持续下降，这在一定程度上是对 2006 年国务院办公厅转发的国家安全生产监管总局发布的《关于进一步做好煤矿整顿关闭工作意见的通知》的效果的直接体现，2006～2010 年全国累计关闭小煤矿 1.5 万处。虽然这期间相关法规的实践时间较短，但目前来看，这些法规可以降低煤矿事故的发生率。三个阶段的煤矿安全法律法规规制效果可见图 2－3。

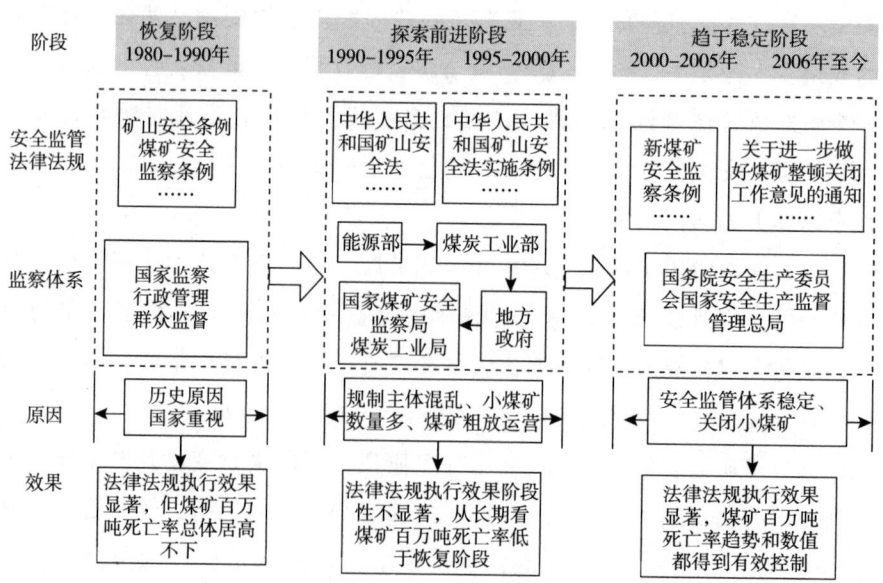

图 2－3 三个阶段的煤矿安全监管法律法规作用

四　从机构变迁看我国煤矿安全监管的发展阶段

新中国成立以来，我国职业安全与健康管理机构几经变迁。新中国成立由初期劳动部下设的劳动保护司负责全盘综合管理，职业安全与健康工作并没有形成清晰的管理脉络，直到1955年，以设立国家锅炉安全检查总局为标志，职业安全工作才正式单列管理；1970年劳动部精简为国家计划委员会下属的劳动局，随着全国安全生产整顿不断升级，1975年劳动局扩编为国家劳动总局；改革开放后，经济形势发生较大变化，安全生产环境日趋复杂，1981年，在国家劳动总局下新设矿山安全卫生监察局，职业卫生（健康）首次进入常规管理；1985年，安全生产进一步受到重视，全国安全生产委员会正式成立，隶属国务院；1988年劳动保护局更名为职业安全卫生监察局，非矿山企业的职业安全与健康工作初步得到重视；1993年，国家撤销了全国安全生产委员会，在劳动部下设立安全生产管理局，将安全生产进行单列管理；1998年，国家部委机构重设，职业安全与职业健康相关工作被分设到国家经贸委、劳动与社会保障部、卫生部三个部门，机构由合到分的过程也给职业安全与职业健康工作增加了管理难度；随着煤矿事故的频发，1999年国家煤矿安全监察局正式挂牌成立，2000年为了进一步规范全国安全生产工作，国家煤矿安全监察局变更为国家安全生产监督管理局，这也促进了2001年全国安全生产委员会的恢复及在2003年升格为国务院安全生产委员会，反映了这一时期国家对安全工作的高度重视；2005年，迫于当时极为严峻的安全生产形势，国家安全生产监督管理局升格为国家安全生产监督管理总局，由国务院直管。

在我国安全生产形势逐步好转的同时，职业病却呈现高发态势，2008年国家安全生产监督管理总局正式设立了职业安全健康监督管理司，将全国非煤企业的职业健康监督管理工作纳入总局的管理范围，但直到2016年职业健康管理职责在国家卫计委（原卫生部）与国家安监总局间仍未完全厘清。2016年5月，国务院安委会正式发文，将教育部、科技部、工业和信息化部等37个部门纳入安委会的委员单位，旨在探索政府内多部门合作管理安全与健康问题。

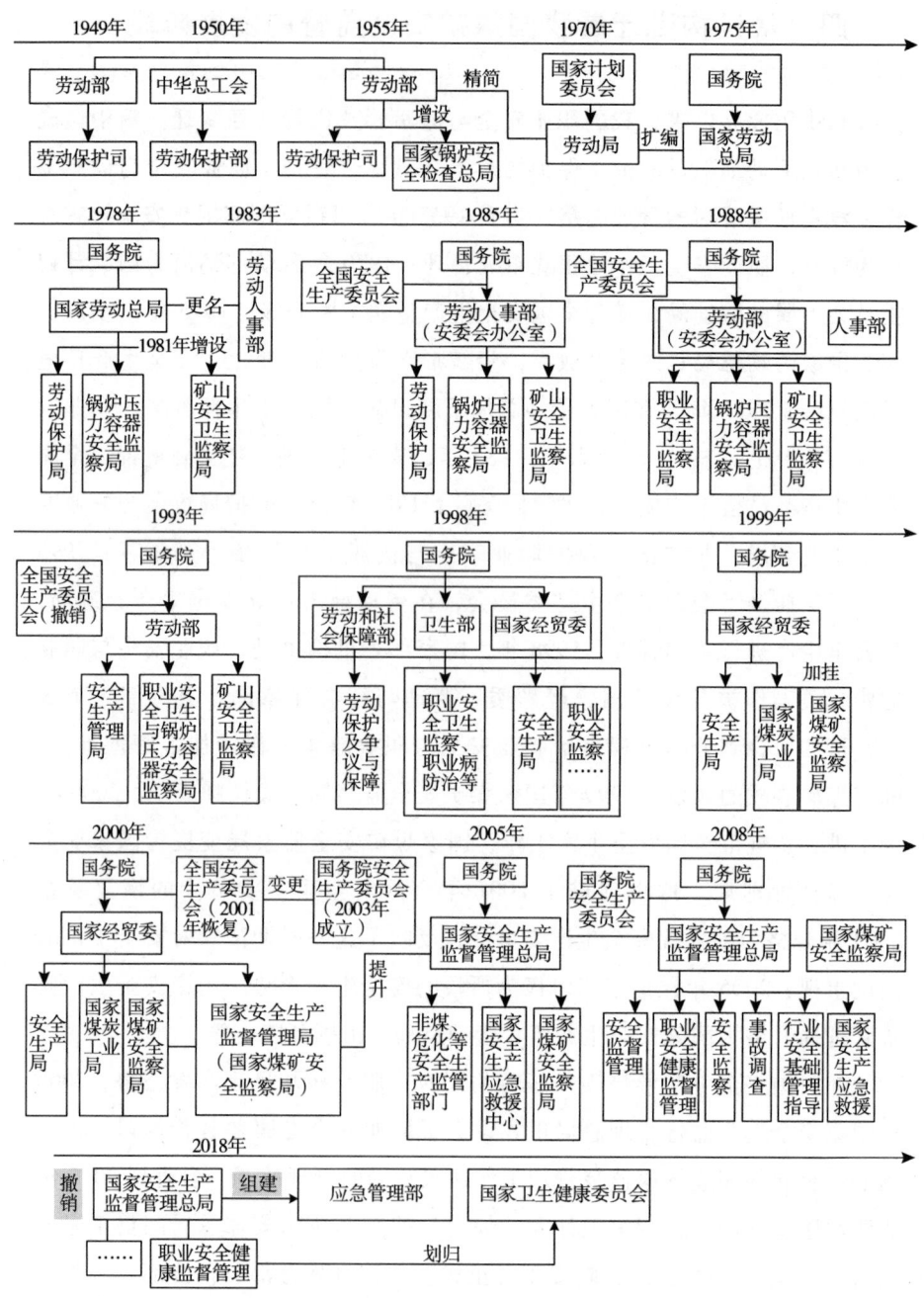

图 2-4 我国煤矿安全与健康管理机构变迁

2018 年党的十九大通过了我国国务院机构改革方案，在这一轮机构改革中，国务院直属机构进行了重大调整，负责宏观职业安全健康管理的机构也发生了非常重要的变化。职业安全和职业健康管理工作在本次机构调整中又回到 2009 年之前的分而治之的格局。与安全生产相关的监督管理工作由新组建的应急管理部负责，机构改革方案提出应急管理部的主要职责包括负责安全生产综合监督管理和工矿商贸行业安全生产监督管理等。同时，职业健康管理工作则由新组建的国家卫生健康委员会负责，机构改革方案提出将国家卫生和计划生育委员会、国务院深化医药卫生体制改革领导小组办公室、全国老龄工作委员会办公室的职责，工业和信息化部的牵头《烟草控制框架公约》履约工作职责，国家安全生产监督管理总局的职业安全健康监督管理职责整合，组建国家卫生健康委员会，作为国务院组成部门。方案中对国家卫生健康委员会的职责描述是"拟订国民健康政策，协调推进深化医药卫生体制改革，组织制定国家基本药物制度，监督管理公共卫生、医疗服务、卫生应急，负责计划生育管理和服务工作，拟订应对人口老龄化、医养结合政策措施等"。强调国家卫生健康委员会在公共卫生、医疗服务等方面的管理职责，而对于职业健康这一当今社会中日显严峻的问题的认识和关注均显不足。

综上所述，从机构调整的视角观察我国职业安全健康的发展，其也有明显的阶段性特征。第一个阶段是改革开放之前，是简政阶段，由于社会工业生产体量小、速度慢，安全与健康意识淡薄，国家安全健康管理机构简要，由劳动部门（劳动保护部/劳动局/国家劳动总局等）统管。改革开放之后，社会工业生产慢慢复苏，矿山安全问题日益显现，建立了矿山安全监察局，同时非矿山企业安全卫生问题也被明确提出，将笼统的劳动保护局更名为职业安全卫生监察局。国家承担了矿山、非矿山企业的安全卫生监察职责。第二个阶段是改革开放至 1998 年，是我国职业安全卫生国家监察职能的探索建设阶段。1998 年的机构改革中将职业安全健康分开管理，将职业卫生监察、职业病防治职能划归卫生部，将安全生产和安全监察职能划归国家经贸委，由于职业病病理复杂，卫生部直管更具有专业性。第三个阶段是我国职业安全提升发展阶段，1998 年之后由于社会经济高速发展，安全问题层出不穷，对政府提高安全管理水平提出了迫切的要求，自 2000 年起，职业安全宏观管理机构进入了权力升格、机构壮大的发展阶段，为我国的职业安全局势日趋向好做出了巨大贡献。但值得一提的是，在此期间职业健康问题却没有得到同等的发展，安全形势好转的同时职业病高发的困境日益显现，2008 年在国家安全生产监督管理总局下设立了职业安全健康监督管理司，但如何对安全健康实施合并管理从机构上一直未能厘清职能。2018 年显然我国的职业安全健康管理从机构变迁上来看又进入了一个新的阶段，此次机构改革的重点是建设我国非常规公共突发事件的应急管理体系，此乃进步之举，但是职业安全与职业健康问题再次被分而治之，效果如何尚未可知。

职业健康问题不同于公共卫生和医疗领域的健康问题，它是社会生产活动过程中动态的复杂的物理性、化学性、生物性甚至社会性的要素对人员的身体、心理等方面产生损害的问题，在生产活动中职业健康风险源具有和职业安全风险源相类似的特征，甚至在某些环节职业健康风险源与职业安全风险源是交叉的。以煤矿企业生产过程中的粉尘为例，粉尘达到一定浓度在氧气充足的情况下遇火可能发生粉尘爆炸或粉尘燃烧事故，同时，粉尘超过国家标准也会严重威胁作业人员的健康，导致其罹患当前医学尚不可治愈的尘肺病。这样的情形下粉尘在工业生产中既是安全风险源，也是健康风险源，对于粉尘的监控和治理也是职业安全健康管理的共同目标。因此，国家安全生产监督管理总局提出"管安全必须管健康"，职业安全与职业健康合并治理的理念更贴合生产活动的实际情况。从科学研究视角来看，职业健康和职业安全的核心内涵都是使个体在工作场所外无威胁、内无疾患，"大安全"的内涵中包括健康。从发达国家的职业安全健康管理经验来看，也鲜有将职业安全与职业健康分开管理的先例。这一轮机构调整将给我国职业安全健康带来怎样的影响，安全生产事故、职业病是会一抑到底还是会波折上扬，将会是检验机构改革成效的直接依据。

第三章 我国煤矿安全监管的关键问题 与面临的挑战

以上概述了近 20 年来我国煤矿的职业安全健康形势、管理历程及取得的成效。一方面，在多方努力下煤矿重特大事故得到有效遏制，我国推进煤炭行业重组，减少小煤矿数量，对提高生产效率、控制煤矿事故高发趋势的作用已经显现；另一方面，我国煤矿职业病病例总数和煤矿百万吨死亡率在 2010 年不降反增，达到职业病新发病数量的十年最高点。当前，随着政府管理机构的重大调整，我国煤矿安全健康管理面临新的重要挑战，政府宏观层面的监管能否进一步改善职工安全与健康状况，企业微观层面传统的安全健康管理模式是否会陷入瓶颈等，是本著作着力探讨和解释的新问题。

一 宏观层面煤炭产业的"黄金十年"与寻租行为共存之现象

2001～2011 年，我国煤炭经济呈现出强劲的发展态势，被媒体称为煤炭产业的"黄金十年"。但由于我国国情和煤炭产业的特殊性，目前我国煤炭产业仍属于劳动密集型行业，由于该行业从业人数多，作业环境复杂恶劣，瓦斯爆炸、透水等事故时有发生，也一直被认为是最危险的行业之一，因此在安全方面不得不依靠政府的严格监管。这就决定了煤炭产业，尤其是在安全生产管理方面，必然和政府监管存在紧密联系，这也为一些政府人员权力寻租创造了机会。于是，我国煤炭产业出现了发展的"黄金十年"与寻租行为共存的令人困惑的现象。

2012 年 7 月，重庆市第五人民法院揭露了重庆煤矿安监局处长王某利用煤监局官员身份入股煤矿、收受巨额贿赂，让停产整顿煤矿提前生产、准予多次发生事故的煤矿企业继续生产等权力寻租行为[12]。2011 年 10 月，湖南省衡阳市耒阳市常委、常务副市长史某、政府办副主任曾某、市煤炭局长李某等，利用权力向煤炭企业寻租的丑闻被揭发[13]。2020 年为贯彻习近平总书记的指示精神，落实中央纪委国家监委的监察建议，内蒙古自治区在煤炭资源领域开展的"倒查 20 年"专项整治活动也表明，在我国煤炭产业蓬勃发展的"黄金十年"时期，也存在一些政府官员利用权力寻租谋利的现象，极大地损害了公平竞争，造成资源浪费，给社会带来巨大财产损失和恶劣影响。

基于寻租现象的广泛存在性，学者们在 20 世纪 60 年代中期就对寻租理论展开了研究。塔洛克和克鲁格被公认为寻租理论的开创者。1967年，美国经济学家戈登·塔洛克（Tullock）发表论文《关税、垄断和偷窃的福利成本》[15]，该论文中涉及寻租的基本理论和思想，认为厂商在争取垄断地位的过程中是需要花费租金的，并对相关的理论做了阐述，这是最早对寻租理论系统阐释的论文，只是在文中没有明确提出"寻租"这个术语。"寻租"一词作为学术意义上的概念，是由 1974 年安·奥·克鲁格（Krueger）提出的[16]，在《寻租社会的政治经济学》论述中，他将塔洛克的思想扩展，探讨了政府干预经济可能会造成社会福利损失。自从塔洛克和克鲁格开创寻租理论后，学界开展了一系列关于寻租的研究。

租金最早由"地租"演化而来，关于租金的讨论已经在经济学中形成了比较成熟的理论学派，但仍存在着一些争议。大卫·李嘉图（Ricardo）指出，租金是一种生产要素的回报，这种生产要素不具有供给弹性，租金就是诱使这种要素进入市场的必不可少的最小外部利益。马歇尔进一步扩大了租金范畴，纳入了短期缺乏供给弹性的要素回报，也就是准租金的概念。而且，现代经济学中的公共选择理论和国际贸易理论认为，在政府行政管制和政策引导的作用下，市场竞争受到控制，供需不平衡差距加大，这种倾斜产生的超额收入也是租金的一部分。布坎南（Buchanan）从剩余价值论出发，认为租金是生产要素所有者的总收益与机会成本的差值[17]。由于人为的政府管制或政策支持导致供给弹性缺失而产生租金，自然会发生人为寻求租金的情况，即寻租行为。基于此理论，托里森（Tollison）认为寻租行为即为获取人为因素产生的利益转移而付出资源的代价[18]。我国比较认同和借鉴的寻租理论中的租金是由于政府对市场不当干预或管制，抑制了公平竞争，人为造成要素稀缺性，从而形成的额外利润。

　　事实上，虽然我国煤矿安全监管中存在寻租现象，但改革开放以来我国在煤矿安全监管方面已经投入了很大精力。较长时期以来，我国形成了"国家监察、地方监管、企业负责"的煤矿安全生产监管的工作格局。国家、各级管理机构、主管部门采取多种措施加强煤矿安全生产法律法规的制定以及监管体制的建设，监督力度不断加大，都表现出遏制煤矿事故的决心。近十年来，先后有包括《中华人民共和国安全生产法》在内的 6 部涉及煤矿安全生产的法律法规颁布实施，由各级政府或行业主管部门主导制定的部门规章近 30 部，制定和修订煤矿安全标准和行业标准 400 余项，形成了规模庞大的煤矿安全生产法律法规和规章制度、标准规程体系。与此同时，煤矿安全监察体制建设也得到不断推进，驻各地煤矿安全监察机构从最初的 19 个省级煤矿安全监察局及 68 个区域监察办事处发展到目前的 27 个省级煤矿安全监察机构和 76 个区域监察分局[19]。迄今为止，我国煤矿安全监管体系已较为稳定，安全监管制度也逐渐完善。国家层面分级管理，国务院安全生产委员会主要负责解决安全生产监管中的重大问题，地方政府设置专门机构具体负责安全生产监督管理和综合协调工作。煤矿安全监察部门采取垂直的管理体制，专门的办事机构负责煤矿安全监察执法。在这样的背景下，政府寻租仍存在，人们不禁会问，寻租的利益主体有哪些？为什么会产生如此大量的寻租行为？煤炭产业安全监管的寻租租金来自哪里？寻租的发生条件是什么？这些都是长期困扰国家、政府、企业、社会各界人士并亟须解决的问题。

　　而且，值得关注的一种现象是，尽管煤矿企业安全监管中存在诸多寻租行为，整体上煤矿安全状况还是逐渐得到改善，死亡人数逐年下降，2011 年和 2012 年煤矿死亡人数分别下降在 1973 人和 1500 人以内，煤矿百万吨死亡率也已低至 0.564% 和 0.374%。但在大环境下也存在寻租行为与经济发展并存的现象，如果按照寻租将浪费 30% 的社会资源计算的话，这种巨额的资源浪费是不符合实际情况的[20]。基于此，我们除了认可一般意义上的寻租造成资源浪费学说外，更希望能够探明在"黄金十年"期间，寻租对我国煤炭的安全健康发展究竟产生了什么样的作用？

二　微观层面煤矿企业安全管理制度执行低效之现象

如前分析，我国政府在煤矿安全生产管理方面采取了一系列重要措施，包括出台与《中华人民共和国安全生产法》相配套的行政法规和地方性法规，出台了《刑法》修正案（六）和相关的司法解释；制定出台了21部部门规章；制定和修订了300余项煤矿安全标准和煤炭行业标准。从企业层面看，各煤矿企业也高度重视安全生产管理，积极制定各类规章制度对煤矿生产活动中行为人的行为选择做出强制性或限制性的规定，煤矿安全生产管理力度不断加大。尽管前述统计数据表明近些年我国煤矿的安全生产形势发生了好转，但是，安全健康问题仍然没有得到根本解决。一方面，重特大事故没有得到根本的遏制，另一方面，大量的数据研究表明企业日常生产中的"管理失误"和工人的"故意违章行为"是我国煤矿事故的重要致因，并且对 2001～2010 年的事故致因统计发现由"管理失误"导致的煤矿事故的比例正在上升，1980～2000 年的事故致因统计分析得出，由于故意违章和管理失误导致的事故比例分别为 45.89% 和44.89%，对 2001～2010 年的数据分析得出，故意违章导致的事故比例为35.43%，管理失误导致的事故比例为 55.12%。这些数据表明企业的各项安全健康管理制度并未得到切实的执行。

近年来，随着国家经济结构调整的政策实施，多数煤炭企业的经营陷入困局，亏损、降薪等现实问题将给煤炭企业的安全生产管理带来影响。作业人员的工作不安全感带来的焦虑使他们的行为更加难以被预测。煤矿安全健康管理制度建设是实施有效安全管理的基础手段。如上所述，我国已经形成了规模庞大的煤矿安全生产法律法规和规章制度、标准规程体系，企业层面同样形成了门类繁多的规章制度，但从制度运作的结果来看，这些措施尚未达到其预期的效果。陈红等指出"我国煤矿安全监管制度的实践过程中存在政策制度多变、制度成本居高不下、执行不力、效用低下等被动局面。"[40]

制度的建立并不意味着制度所预期的秩序必然形成，制度的运作过程需要制度相关人的参与，也只有通过制度相关人，制度才得以运作并产生预期的结果。所谓制度相关人是指在制度产生、运作和变迁过程中的利益相关人，它包括制度的制定者、执行者以及制度的约束对象。因而，制度有效性的实质不仅是制度所产生的实际效果问题，而且是制度与制度相关人之间的关系问题，是个人理性与集体理性的冲突规避问题。制度既是对人的特定行为的约束，也是对特定行为的许可，制度在塑造个人偏好、限定个人选择范围上起着关键性作用，因此当前煤矿安全健康管理制度的低效问题实际上就是制度相关人在生产活动中的制度行为选择的问题。在制度、制度相关人、制度情境综合作用下，大多数制度相关人选择制度遵从行为时则制度执行有效，相反，当大多数制度相关人选择制度非遵从行为时则制度执行低效。

三　煤矿安全监管偏离行为问题的提出

偏离是指与预定的方向或轨迹有一定的偏差，表示体制、机制或制度执行支持等方面存在的问题，导致管理行为的绩效偏离了最初预期的目标。综合剖析煤矿安全监管中的寻租行为和煤矿企业生产过程中的制度非遵从行为的表征与特点，本著作认为这两种行为均能够反映出"偏离"目标或标准的特征，因而提出寻租乃煤矿安全监管的偏离行为，非遵从行为乃煤矿安全监管制度执行的偏离行为。这两类偏离行为对煤矿安全发展的影响重大，因此，本著作拟从行为产生的机理和管控视角进行系统研究。

第二篇

我国煤矿安全监管偏离行为的内涵、表征及产生机理

中 国 煤 矿 安 全 监 管 制 度 执 行 研 究

第四章 寻租——煤矿安全监管偏离行为

一 煤矿安全监管中寻租行为的内涵

寻租理论诞生后，关于寻租概念的讨论一直延续。在经济学文献中，布坎南在《关于寻租社会的理论》中最早正式定义了寻租，从寻租行为源于经济人追求利益最大化的动机出发，以政府政策为工具，认为寻租是"个人通过政府寻求财富转移的浪费资源的行为"。被广泛接受的寻租概念之一是巴格瓦蒂提出的"非直接生产性的活动"[21]，认为寻租行为具有非生产性特征。现有煤矿安全监管中的寻租行为以公共权力、利益、人情等为基本前提，根据学者们对寻租的定义和我国煤矿安全监管的实际，本部分将煤矿安全监管中的寻租行为界定为各级煤矿安全监管部门、与安全监管相关的环境、地质主管部门及其他部门的人员，为追求部门或个人经济利益和满足人情关系利益，利用公共权力创造租金并要求煤矿企业提供租金的行为。此寻租行为定义的内涵如下。

第一，对公共权力的监督不足是煤矿安全监管中寻租行为产生的原因。从申请办理采矿许可证、安全生产许可证、煤炭经营许可证等，到经营过程中的安全生产监督，再到采矿权、探矿权转让或企业关闭，煤矿企业必须接受各级政府相关部门的审核、批准，这也为政府权力部门寻租创造了有利条件。归根结底，公共权力滥用是由于信息不对称、缺乏对权力部门的有效监督，体制内部监督机构的不健全和外部监督的缺失都造成煤矿安全监管中寻租行为的频发。

第二，煤矿安全监管中各寻租主体以满足部门或个人经济利益、人情关系利益为目标，除了履行自身职能，还希望凭借职务权力获取其他不当利益，甚至管理部门中的公务人员也会凭借职务权力实现个人利益最大化，将职务权力私有化。这些不当利益既包括金钱、物质等经济利益，也包括基于人情的关系利益。

第三，煤矿安全监管中各寻租主体会通过设置政策门槛、特殊保护等设租方式要求煤矿企业满足其条件。比如，专为某些企业制定优惠政策，通过制度合法化打击报复拒绝向其行贿的企业，故意管制不行贿企业等。

贺卫指出，"寻租社会"中，租金来源有三种：一是政府的"无意创租"，即政府并没有主动去创造租金，而是市场失灵要求政府出面干预经济，政府干预时由于干预机制的不成熟而无意创造了租金；二是政府"被动创租"，即当市场经济发展到一定成熟、完善阶段，出现了既定利益集团，政府为保持经济稳定或稳健过渡而不得不为既定的利益集团服务、谋利，成为既定利益集团的工具，被动创造租金；三是政府"主动创租"，即当市场经济还处于不成熟、不稳定的时期，管理部门或官员个人利用职位权力人为干预经济过程，故意设置损害部分企业利益的壁垒或障碍，要求、迫使或诱使企业给予其一定的收益金额。[22]我国现在施行的市场经济体制尚未成熟，主动创租现象较多，政府对企业或个人的经济活动都有一定程度的干预和管制行政权力。

二 煤矿安全监管中寻租行为的分类与来源

为保证产业政策目标的实现，政府会利用产业政策工具调整产业发展方向、资源分配等，这些产业政策工具在实施的过程中，为部分政府管理人员创造了寻租机会。不合理的产业政策是寻租产生的根源。

第一，为保障煤矿企业安全生产而设置的安全进入壁垒是产生寻租租金的来源之一。我国矿产属国家所有，国家设置矿业权，准许一些经济主体获得矿产资源勘探及开采权，矿权交易形成一级市场[23-24]。同时，国家通过产业政策工具设立行业准入标准，以实现对特定条件企业的扶持。在煤炭产业方面设定只有满足特定规模、资金、安全条件的企业才享有煤矿开采权，但煤矿开采带来的巨额利润也会对一些达不到条件的企业产生吸引力。国家对企业进入煤炭行业实行审批制，行业准入门槛较高，这就给部分人员的寻租创造了机会，再加上 GDP 指标和个人升迁的压力，个别行政人员就会非法批准安全条件不达标的企业进入煤炭行业。因此在实际执行过程中，权力寻租的情况时有发生，致使达不到安全条件的煤矿企业也可以获得开采权，这是煤炭产业安全监管中寻租产生的来源之一。

第二，资源税的低价格征收是安全监管寻租租金的又一来源。国家把煤炭资源的开采生产权授予煤矿企业，而只象征性地收取非常少的资源税或资源的使用费。根据 2011 年出台的《中华人民共和国资源税暂行条例》，煤炭资源税仍采取从量计征，但焦煤税额标准由 8 元/吨调整为 8 ~ 20 元/吨，其他煤种统一为 0.3 ~ 5 元/吨。与我国相比，其他国家资源税税额较高。按照 2012 年国际焦煤价格 206 美元/吨计算[25]，澳大利亚征收 30% 煤炭资源税[26]，换算可得澳大利亚焦煤税额标准为 61.8 美元/吨；加拿大矿业运营企业名义税率在 31% ~ 46%；美国矿业资源税费包括两部分：矿产资源收费、矿产资源税，细分可包括矿地租金、红利、权利金、废弃矿物土地收费、超级基金等，仅对煤矿的权利金费率就达 12.5%，废弃矿物土地收费为每吨 0.315 美元[27]。而按照同等价格换算的话，我国征收的煤炭资源税不到煤炭价格的 2%。并且，根据一些学者的研究，煤炭资源租金价格应该为煤炭售价的 8% ~ 10%。以 2011 年全国商品煤吨煤平均售价 475 元为计算依据，我国煤炭资源的租金价格每吨被低估了 38 元左右。[28]全国 2011 年的煤炭产量为 35.2 亿吨，按照这个标准计算，全国企业大约共少交 1337.6 亿元资源租金。

而且，在实际操作过程中，许多地方在煤炭开采权交易时也并未完全遵守法定税率来征收应缴税金，实际的价格甚至在 2.5 ~ 4.2 元/吨。同时，煤矿在参与企业的重组、并购或分立时，矿业权并不包含在资产管理范围。甚至有些采矿权人没有进行任何实际开采，只将采矿权出借承包，就可以获得分红收益。

资源税的低价征收，使得煤矿管理者在巨额利润的驱使下加大煤炭产量，超出了企业本身的生产能力，致使安全事故不断发生。部分安监人员借此机会向煤矿企业寻租，也是煤炭产业安全监管寻租发生的渠道之一。此外，原本属于全体国民的煤炭资源收益只以资源税的形式部分返还给全体国民，是国民财产的流失，也容易演变成为暗租。

第三，对政策性扶持煤矿企业的特别优惠也是煤炭产业安全监管寻租租金的来源。例如，2000~2003年，相关部门为帮助煤矿企业走出困境，尽量减免各种名目的企业税费，并给予该类企业"债权转股权"之类的特别优惠。同时，为了剥离大型国有煤矿企业的"非生产性资产"，各级政府也投入了大量的资金和政策支持。在煤矿企业兼并重组中，均出台了对兼并重组企业的财政支持措施。这些政策的执行也需要政府安全监管部门人员的监督与审核，也成为煤炭产业寻租租金的重要来源。

学者们普遍认为公务员工资低也是造成寻租的原因之一，建议以"高薪养廉"方式消散租金[29]，高薪养廉可以作为减少政府官员滥用权力的激励方式[30]，也是提高寻租和腐败成本的手段。作为经济发展过程中的一个阶段，人们对官员有限的腐败或寻租持宽容态度，这部分能够被社会公众接受的寻租我们称为合理寻租。

通过对安徽、江苏、山东等地的国有煤矿企业的生产技术科、安监处等有关人员调研访谈发现，当前煤矿安全监管中存在的主要寻租行为可概括为以下几类。

维护性寻租行为：以在安全监管中获取长期关照为目的，煤矿企业为维护与相关管理部门的日常关系，在不以某个事件为直接目的的前提下与一些管理部门人员进行的人际往来。"人情关系观"包括三种组成要素：人缘关系、感情投资与期权回报[31]。以安全监管的各种关照为目的，煤矿企业为了维护与安监部门人员的关系，在日常交往中培养人情关系，目的性和功利性是潜在的、隐藏的、长期的；维护性寻租行为的对象一般为长期交往的既定人际关系网络中的熟人。

定向寻租行为：为某一事件有针对性的寻租，目标指向明确，采用人际交往和请客送礼的方式。当煤矿安全监管遇到阻碍时，煤矿企业通过寻求非正式渠道获得有关部门的功利性交换，定向寻租的对象一般是并不熟识、临时构建关系网络的利益人，定向寻租对象可发展成为维护性寻租行为的对象。

反向寻租行为：一些安监部门人员向煤矿企业寻租时，煤矿企业以揭露寻租活动、条件置换或其他条件为由，在不给予贿赂的情况下要求安监部门某些人员提供某些政策支持或优惠。反向寻租对象为主动向煤矿企业寻租的部门或个人。这种现象在煤炭行业中存在较少，但并不排除其存在的可能性。在理论上，反向寻租也是应对管理部门寻租的一种方式。

反向寻租的概念在现有研究中没有提出过，课题组在前期研究中提出反向寻租的存在并在后期调研中进行了验证。反向寻租是我国煤矿安全监管中存在的一种特殊寻租形式，增加了煤矿安全监管的复杂情境，将寻租理论拓展到完全寻租行为的范畴。

三 安全监管寻租行为的成本与收益

从安全监管的角度而言，整个监管体系处于全体国民的监督之下。我国煤炭资源属于国家所有，并设立了国家矿山安全监察局等各级安全监管机构对煤矿企业进行监管。监管过程中的寻租行为带来的成本与收益情形如下。

（1）在煤矿安全监管中，安全监督责任由各级政府安全监管部门承担。

（2）安监部门部分人员利用权力寻租时，公共权力产生的部分收益转换为管理部门自身的收益；当安监部门部分人员接受煤矿企业贿赂时，利益在监管部门人员和煤矿企业之间有了重新分配。

（3）公众能够接受合理范围内的权力寻租。当安监部门部分人员利用公共权力寻租超过合理寻租范围被揭发时会根据寻租数额被罚款。

（4）煤矿企业在安监部门部分人员寻租时可以选择贿赂和不贿赂，也可以选择反向寻租。

（5）国家对安监部门进行监察时，将产生一定的管理成本，通过监察若能够发现管理部门人员利用权力寻租或收受贿赂，发现后进行罚款，罚没所得是对公共利益损失的补偿。

第五章　非遵从——煤矿安全监管
制度执行偏离行为

一　煤矿安全监管制度遵从/非遵从行为内涵

根据前述研究中现有文献对制度的理解可知，制度被诠释为习俗、秩序、规则、行为道德、伦理规范、集体的行动、博弈主体的共同信念等，"由当时在社会上通行或被社会所采纳的习惯、道德、戒律、法律包括宪法和各种具体法律、规章包括政府制定的条例等构成的一组约束个人的社会行为，从而调节人与人之间的社会关系的规则"。尽管不同的学者对制度有各自的理解，但总体上都将"规则"视为制度的核心，制度的产生可以是自然衍生的，也可以是人为制定的，并随着环境的变化制度也是动态演化的。制度存在于社会生活的方方面面，依据其来源、效力、作用领域等可将制度进行归类，据此，我们理解煤矿安全监管制度是"以维护煤矿生产安全为目的人为制定的针对煤矿生产经营活动中不同层级群体的一系列行为规则"。煤矿安全监管制度的供给随着安全监管科学的发展不断演化，系统的安全问题具有极大的复杂性，随着社会、经济、技术的发展和人们对未知世界的探索，安全问题也始终处于动态变化中，安全科学的发展将促使一系列新的产品、工艺、环境、行为等的标准的产生，人们要不断挑战已有的安全威胁并应对未知的安全威胁，通过制度的建构，协同各类主体的行为，使之在已有的安全科技水平下导向安全目标。

基于个体视角，煤矿企业员工制度行为选择意指煤矿企业员工在安全监管制度的引导和约束下是否做出遵守该项制度的行为决策。芦慧在充分辨析"遵从""服从""顺从"等行为概念的基础上，界定了制度遵从行为的概念，她认为"制度遵从行为就是行为人面临制度激励、约束或压力等情境下产生的认知行为，其意志过程和情绪体验可能是主动、积极的，也可能是被动、消极的，或者是二者兼有之"，并基于行为动机的来源，将其区分为"内源性制度遵从行为"和"外源性制度遵从行为"。基于这项研究，本著作将煤矿安全监管制度执行过程中的行为进行划分并界定如下。

（1）遵从

制度遵从行为就是行为人面临制度激励、约束或压力等情境下产生的认知行为，其意志过程和情绪体验可能是主动积极的，也可能是被动消极的，或者是二者兼有之。根据行为动机的来源将其区分为"内源性制度遵从"和"外源性制度遵从"。内源性制度遵从是个体自愿且主动按照制度所规定的行为准则行事，这类行为的驱动力来自个人自主意志，具有主动性、内源性及恒常性等特征。外源性制度遵从是个体为了满足他人或群体的积极期望，或为了避免惩罚或获得奖励等外部原因而按照制度所规定的准则行事，这类行为的驱动力是外源性的，具有被动性、外源性和条件性特征。

（2）非遵从

制度非遵从行为是制度相关人在制度执行过程中产生的偏离制度标准的行动。根据个体动机的差异将制度非遵从行为分为"违反制度行为"和"报复性破坏行为"两类。违反制度行为是指由于个体对制度认知不充分或为了规避某些成本而不按照制度要求的程序和标准执行的行动。报复性破坏行为则是指个体由于对制度的不满而产生的破坏设备设施甚至伤害他人的行动。2006年前后在煤矿企业引起较大呼声的"准军事化管理"所带来的管理效果正可说明这一现象。煤矿企业为实现安全监管战略以及全面提升员工的服从和执行意识，制定了一系列强制性和限制性的准军事化管理细则，表面上是规范了员工的行为，但实际引发众多员工的不满，他们通过网络、手机短信方式揭露、抗议、甚至嘲弄、谩骂企业的这种做法，员工带着这样的情绪工作，制度非遵从行为的张力极大，一旦管理松懈，各种背离企业安全与发展目标的行为将大量涌现。陈红、刘静等的研究也表明，对煤矿企业员工的不安全行为采取强制性惩罚措施虽然在一定程度上减少了违章行为，但当惩罚力度较大时，个体会采取懈怠或退出行为，同样与企业安全生产的目标相悖。

考虑行文的简洁性，下文将煤矿安全监管制度遵从/非遵从行为简写为"遵从/非遵从行为"。

二　遵从/非遵从行为产生机制的质性分析

个体的社会化行为是社会认知的产物，同时行为又是社会认知的来源。随着个体自身的行为以及个体之间的互动所产生的一切行为均是持续的信息源，这些信息中的一部分又会被个体获取并加工，成为认知的一个来源。同时行为理论的研究与发展也逐渐加深了对行为主体本身的研究，增加了如情感、规范、经验、习惯等一系列心理要素，但总体上符合"认知—情感—意向—行为"的心理过程。从发展最为成熟的人际行为理论来看，首先，个体基于对结果的认知而产生的态度倾向影响个体的行为意向；其次，规范、角色、自我概念正是构成社会认知内容的重要图式，也是影响个体行为意向的重要因素；再次，情绪和情感监控着人的认知过程对行为意向产生重要的影响；最后，根据内隐社会认知理论可知，过去的经验和已有认知的结果积淀形成个体一种无意识结构，尽管这一结构影响在显意识水平上无从知觉，但是又潜在地作用于个体对特定对象的反应。因此过去行为的重复所形成的习惯同样也是影响个体特定行为意向不可忽略的重要因素。

认知产生于制度相关人的主观构建，行为科学关于认知稳定性的认识描述了人们行为的产生和变化是渐进和有路径依赖的。以 North 为代表的制度经济学者也逐渐认识到制度相关人的认知对于制度变迁的重要作用，他们将人的行为模式可以概括成：刺激—认知—反应。正是经过人自己的认知和学习过程，人们才会有遵守或不遵守制度的行为，制度有效性与制度相关人的认知有着重要的关联，具有"认知约束"特点。这就意味着，在制度相关人进行选择的过程中时间和注意力都是有限的，新制度的产生总是由那些受到制度相关人关注的事件而引起的，并且这些制度由于得到了制度相关人关注而有可能被认知、学习和遵守。认知是基于个体的，煤矿企业员工对安全生产管理制度的认知究竟是怎样的？具有何种特点？本章拟采用质性研究方法对其进行探索，以期掌握煤矿企业员工的安全管理制度认知线索及行动逻辑等重要信息。

（一）研究方法

扎根理论方法是质性研究中较科学的一种方法[①]，最早由社会学者 Glaser 和 Strauss 提出，是一种运用系统化的程序，针对某一现象来发展并归纳式地引导出扎根理论的定性研究方法。所谓扎根理论，就是运用归纳的方法对现象加以分析整理所得的结果，经由系统化的资料搜集与分析而发掘、发展，并已暂时地验证过的理论。[②] 具体来讲，扎根理论是运用系统化的分析程序，直接从实际观察以及获取到的定性资料着手，通过对原始资料的系统分析和归纳，逐步提取出能够用于构建理论框架的相关概念和范畴，然后不断地对这些概念和范畴进行浓缩，并且试图在各个概念、范畴要素之间建立联系，最终形成理论的研究方法。目前，扎根理论方法已经被学者公认为定性研究中较为权威和规范的研究方法，在教育学、心理学、社会学、管理学等诸多学科领域得到了广泛的应用。扎根理论方法的核心是资料的收集和分析过程，该过程既包含了理论演绎又包含了理论归纳，具体流程如图 5 - 1 所示。在整个研究过程中资料的收集和分析即同时发生的也是连续循环进行的。

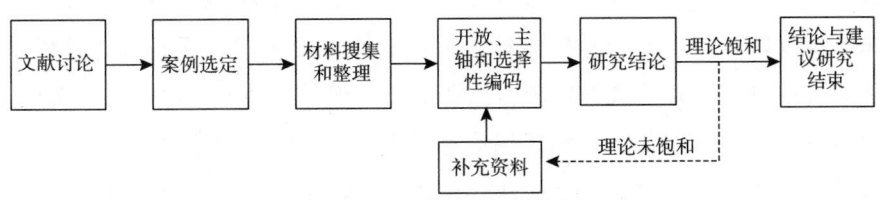

图 5 - 1 扎根理论的研究流程

① Hammersley M. , *The Dilemma of Qualitative Method*：*Herbert Blumer and the Chicago Tradition*, London：Routledge，1989.

② Glaser B. G. , Strauss A. L. , *The Discovery of Grounded Theory*：*Strategies for Qualitative Research*，Chicago：Aldine Publishing Company，1967.

本研究的样本抽取遵循质性研究中的"非概率抽样"原则，不完全遵守量化研究中的抽样规则和程序，其使用最多的是"目的性抽样"，即抽取那些能够为本研究提供最大信息量的研究对象。抽样方法采取的是强度抽样，它是"目的性抽样"的多种具体策略之一，即为寻找那些能够为本研究提供非常密集、丰富信息的个案。本研究的访谈对象选取的是一线的煤矿企业员工，煤矿企业员工的基本信息见表 5 - 1。

表 5 - 1　被访者的基本信息

单位：人，%

分类项目	分类标准	人数	所占比例
性别	男性	21	91.30
	女性	2	8.70
年龄段	25 岁及以下	2	8.70
	26 ~ 35 岁	11	47.83
	36 ~ 45 岁	9	39.13
	46 岁及以上	1	4.35
工作时间	3 年及以下	12	52.17
	4 ~ 10 年	7	30.43
	10 年以上	4	17.39

扎根理论分析的操作程序主要分为三个部分：开放式编码（开放式登录）、主轴式编码（关联式登录）和选择式编码（核心式登录）。开放式编码指将所获得的资料记录逐步进行概念化和范畴化，用概念和范畴来正确反映资料内容，并把资料记录以及抽象出来的概念打破、揉碎重新整合的过程，开放式编码的目的在于指认现象、界定概念、发现范畴，也就是处理聚敛问题；主轴式编码是将开放式编码中被分割的资料，通过类聚分析，在不同范畴之间建立关联；选择式编码是指选择核心范畴，把它系统地和其他范畴比较，验证其间的关系，并把概念化尚未发展完备的范畴补充整齐的过程。该过程的主要任务包括识别出能够统领其他范畴的主范畴，用所有资料及由此开发出来的范畴、关系等简明扼要地说明全部现象，即开发故事线；继续开发范畴使其具有更细微、更完备

的特征①。

本研究围绕"企业的安全管理制度"主题进行非结构化的访谈，主要提示语——"请您跟我们说一说企业的安全管理制度，也可以结合某一项具体的您所熟知的安全管理制度谈谈您所了解的相关信息"。访谈者在被访者叙述过程中，对所获信息进行初步辨识并做纲要记录，征得受访者同意后做录音记录。研究者通过预约等安排，对23位煤矿企业员工和3位管理人员进行深度访谈，每个访谈对象所占用的访谈时间在30～60分钟。

（二）基于认知线索的编码分析

本次针对煤矿企业员工的深度访谈形成有效文本资料23份，从中随机抽取18份用于分析，留出的5份文本资料用于理论饱和度检验分析。

编码分析的第一阶段是开放式编码。首先，在广泛收集资料和信息的基础上，研究人员对原始访谈材料进行逐字逐句分析，通过不断地比较分析使结果精确化。通过分析访谈的原始材料，从文献中抽取相关概念或以直接命名概念的方式进行译码，从而对所获信息进行初始概念化，并对这些译码进行类属。本研究对18个随机样本的访谈资料进行整理，对访谈的内容进行开放式编码并贴标签。为了减少个人偏见或影响，我们尽量使用原始访谈中的本土语言作为标签从而发现初始概念。其次，研究者逐一分析每一份访谈资料，将一份访谈资料的概念全部范畴化后再分析下一份访谈资料。最后，将开放式编码形成的概念和范畴进行汇总，从而抽象出矿井作业人员制度认知的关键信息，如表5－2所示。

参见表5－2对原始访谈资料进行开放式编码获得煤矿企业员工对煤矿安全监管制度的认知特征。按照编码信息的意见遵循个体的认知逻辑，对访谈信息进行了编码和提炼。第一个维度是关于制度设计层面的，即煤矿

---

① 李志刚、李国柱：《农业资源型企业技术突破式高成长及其相关理论研究——基于宁夏红公司的扎根方法分析》，《科学管理研究》2008年第3期。

企业员工对制度本身是如何看待的，包括制度的内容、结构、适应性等方面，访谈信息中关于安全管理制度的多数语句表达了制度内容繁杂，逻辑不清，不符合现场情形以及不征求一线意见等焦点问题；第二个维度是关于制度的执行，多数语句描述的是制度执行过程中并没有做到公正、公开、一视同仁，本研究将这一维度提取出来并称为制度执行规范性；第三个维度是关于制度执行效果，少数访谈信息提到安全监管制度的实施提高了安全水平，但更多的访谈信息认为安全监管制度的实施并没有带来实质性的改变，反而增加了麻烦。

表 5-2 安全监管制度认知的开放式编码

原始访谈资料举例	概念化	范畴化
我们矿上各种规章制度很多，我们也不是都知道，有些和工作有关的能记住，多数记不住； 制度太多了，不知道干什么用；哪些制度还在执行，哪些已经作废了不清楚。 制度太多，有些互相重复，还有些标准不一，不知道哪个才是管用的	制度内容繁杂，逻辑不清	制度设计合理性
制度太混乱了，一会儿上面下来一个文件就制定一个制度，是不是适用也不知道，有些都根本不适合矿上的实际情况，都是拍脑袋的话。 好些制度都是做给上面看的，要真按照那个来，都不要生产了，根本不现实	制度设计缺乏依据，不符合实际	
立规矩那都是领导的事儿，我们只有执行； 不会考虑工人的意见	制度设计不民主	
啥制度，就是罚款； 不罚款的制度大家都不知道； 天天就知道罚款，罚得可狠了，罚的那些钱也不知道哪去了 还不光罚钱，还停产学习，扣工资 干得好不违章有啥好处？没有，反而干得慢了钱少	制度以处罚为主	制度执行方式的可接受性
经常让学习，但那些制度太多了，学不会； 规程标准什么的也都是要培训、考试，对安全肯定有好处的	制度的宣贯方式	

续表

原始访谈资料举例	概念化	范畴化
也不是谁违反制度了都要受处罚的； 条件不允许也得干，违反制度那也是领导叫违反的 制度还规定干部下井呢，下来干嘛，转一圈就走，应付差事，领导干部也不以身作则	制度执行不公正	制度执行 规范性
有些制度特别是安全投入相关的财务制度怎么执行的我们不知道； 从矿上到区队各种弄虚作假是常有的事； 跟计分考核的人搞好关系很重要，关系好少扣点分	制度执行不公开	
制度当然有用了，让大家都不要去违章，不就安全了嘛； 我们矿上安全抓得还是不错的	制度执行有效	制度执行 有效性
制度很多，但就是个摆设，大多数时候领导说怎么办就怎么办； 我感觉制度没啥用，大家该怎么干就怎么干，都是经验来的； 罚款那都是区队里分配的，反正每个月给我们两三个指标，大家轮流着挨罚 我们矿管理不行，啥也不懂的人也能当领导，瞎指挥； 制度再多该出事故的照样还是出事	制度没有得到执行	
大家都是唯利是图； 上那些除尘设施，太费钱了，根本都没在用，检查的时候用一下； 领导抓安全都是为了自己头上的乌纱帽； 真出了事故，赔几个钱了事，谁知道他们有没有上报，能瞒就瞒	利益导向 不尊重生命	制度的背景
谁喜欢领导，但有的时候马屁还是要拍的； 官大一级压死人，哪都没有你说理的地方； 那些当官的都有钱，工资比我们都高十几倍，天天啥也不干	关系对立	
领导打人的现在少，但是骂人很常见	不尊重人	

　　总体归纳煤矿企业员工对企业安全监管制度的认知如下：首先，就制度本身而言，煤矿企业员工的认知复杂性不足，多数矿工根本不了解各项安全管理制度的方针目标是什么，大多数人对制度的认知仅停留在繁杂的

浅层次认知上，但在制度实施的过程中又能够明确地感受到制度内容规则的设计"与现实情况不符"。其次，煤矿企业员工对制度的认知更多集中在执行过程方面，他们关注制度的执行方式，执行是否公开、公正，通过观察同事及管理者的行动对制度执行的规范性和执行的效果进行认知评价，也表明煤矿企业员工的认知聚焦程度较高，他们并不能全面认知制度的设计及执行情况，多数依赖身边人的行动来进行信息的收集、加工和判断。总体上煤矿企业员工认为领导具有特权，制度执行不具备公正、公开的特性，总体上认为制度执行是不规范的，现有的安全监管制度也并没有从根本上有效改变制度相关人的行为，即"该怎么干还是怎么干"。再次，煤矿企业员工对制度的认知并不能脱离制度的背景，即制度的文化基础。"煤矿企业的文化基础反映职工对生命、生存、阶层、发展、权力、利益、手段、责任等关键要素内在、真实、基本的看法，是行动的真实依据"。从对访谈信息编码过程中可以看出，煤矿企业员工基于对制度的认知形成的基本态度受到制度文化背景的影响，更多表达的是消极的态度，包括企业经营利益导向，阶层分明，权力距离大，忽略对生命、人性的尊重，缺少责任承担等。

对普通员工的访谈信息整理可以获得他们对煤矿安全生产监管制度认知的总体印象，鉴于普通员工的认知局限，根据前述编码获得的线索和逻辑，本研究对管理人员进行了补充访谈，访谈资料整理如表5-3所示。

表5-3 管理人员访谈信息摘录整理

原始访谈资料举例	整理线索
制度每年都有修订，集成汇编； 所有的制度都是有必要的，煤矿生产比较复杂； 技术管理方面的一些操作规程和标准制订有一些难度，但是每个岗位涉及的内容并不太多，所以职工应该是可以做到的； 制度总体上是根据集团下发的总局和地方的一些文件来制定的，但也要结合我们矿的实际情况	制度设计
每周都要安排学习，都是先学习、再执行的； 很多岗位操作规程和标准都通过小卡片或者手指口述的方式执行； 煤矿制度执行难，工人不理解，有些非要按自己那一套来； 处罚是必要的，现在煤矿企业员工流动性大，人员素质不高，不严加约束对安全生产是很不利的；	制度执行方式

续表

原始访谈资料举例	整理线索
除了罚款，我们也有一些正面激励的手段，安全奖励，光荣称号一类的； 现场管理有时也有熊人的，光是熊他也不管用啊； 煤煤矿企业员工人素质不高，有时候需要强制管理	制度执行方式
制度执行都是一视同仁； 领导下井带班这些也是严格执行的，毕竟集团也是要监督的； 不存在走后门情况； 罚款资金的走向，比如安全奖励这些，财务都有账的； 财务制度是严格执行的，毕竟要接受审计	制度执行规范性
制度总体上发挥了效用，不否认有些制度是应付上级检查的； 安全生产管理成效还是不错的，我们已经连续 XX 个月没有发生一起事故了	制度执行有效性
对安全生产非常重视，不安全不生产，谁也不希望出事故； 部分管理人员工作方式不当，缺少技巧，导致和工人有冲突，其实安全了对大家都好	其他信息

按照相同的逻辑线索整理管理人员对制度的认知，在部分维度上两个层级的主体反映出几乎完全相反的信息和态度。可见在煤矿企业内部，制度的制定者、执行者和制度作用对象存在不同的效用准则和行为准则，对同样的制度体系与结构的认知存在很大的差距。

（三）基于情感线索的编码分析

认知与情感通常在人的心理活动中难以区分，个体在对特定事物进行认知的同时即产生了情感反应。在对制度相关人进行访谈以及对访谈信息进行编码的过程中，编码者辨析出被访谈者语意的同时，也能感受到被访者在说话时所表达的情绪（情感）。如表 5-2 中反映的信息，从制度设计不科学，逻辑不清晰；制度设计不符合实际情况；制度设计过程不民主；制度执行以处罚为主；制度执行不公正、不公开；组织氛围不尊重生命、关系对立、不尊重人等表达可看出，在原始陈述语句的基础上归纳出的词条都带有明显的情感色彩。

因此，研究者以情感为线索对所获的信息进行再次分析，如"我们矿上各种规章制度很多，我们也不是都知道，有些和工作有关的能记住，多数记不住"是一种对制度设计认知的中性表达，当被访者表示"制度太混乱了，一会儿上面下来一个文件就制定一个制度，是不是适用也不知道，有些根本都不适合矿上的实际情况，都是拍脑袋的活"，表达了被访者认为制度设计缺乏科学性的消极情感；"罚款也是为了大家好，不罚记不住，以后还得犯"，这表达了被访者对制度执行以处罚为手段的支持性的积极情感。因此，研究者将表达支持的积极情感和表达怀疑的消极情感的原始语句进行整理如表 5 - 4 所示。

表 5 - 4　情感线索的资料分析

原始访谈资料举例	情感表达	概念化	范畴化
制定这些安全管理制度的目的当然为了大家安全，对我们是有利的； 多数制度对实际生产是有指导作用的； 矿上对制度的宣传还是挺注重的，员工也比较了解每一项制度的核心思想； 矿上的领导会针对现有制度中的不足，去定期修改相关的安全制度，提高制度的科学性	积极	个体对制度设计的目标、科学性、完备性的认知与情感反应	对组织的积极/消极预期
多数制度是应付检查的，实际并没有在执行； 井下的情况太复杂，制度又太教条，都跟着干就没法生产； 矿上也没说哪些制度都在执行，知道最多的就是三违、质量标准化这些的，抓得严的，自然就遵守的多，抓得不严的，那就不管	消极		
制度那都是针对工人的，管不着领导； 安全奖励该奖励谁，没什么公平的，都是领导说了算； 领导也有自己的小算盘； 你说有些情况需要编措施、审批，走个流程费时间，他们也审不出什么来，还是按自己的来	消极	个体对制度执行的认知与情感反应	对制度执行者的积极/消极预期
我觉得大多数人都还是自觉遵守安全制度的	积极		
大家都差不多，罚得狠了，违章就少了，挣的还不够被罚的； 违章不可能杜绝，总有人要违反的，井下情况很复杂； 谁也不能保证会遇到什么情况，别人违不违章咱不知道	消极	个体对制度遵从行为的认知与情感反应	对制度执行者的积极/消极预期

态度理论表明，态度的形成遵循"认知—情感—行为意向"的心理过程，根据前述分析，煤矿企业员工（普通员工）通过观察周围人员行动对安全监管制度产生认知，产生相应的情感和行为意向。如表 5-4 中总结，持有积极制度情感的个体相信制度是科学的、有效的、公正的、维护员工和企业共同利益的，这种情感将直接导致个体产生"实施制度约定行为"的行为意向，并且使员工建立起基于制度的对其他制度相关人的信任。这种信任是煤矿企业员工群体基于对制度设计目的的正义性、内容的科学性、体系的完备性、制度执行的公正性等认知而产生的对组织或管理者基于制度的信任。

总结前述质性分析的结果，可以得出煤矿企业员工的认知复杂性低、聚焦性高，并不能获得制度本身的信息，即制度的内容、执行以及实际效果的全面和系统的信息，职工更多的是通过周围人的行动获取相关的制度认知信息，具有明显的不完全理性和群体趋同特征，并且其对制度的情感受所在环境氛围的影响较大。结构化提炼后，研究者认为矿工主要从以下几个方面对煤矿的安全监管制度进行认知理解和执行。第一，制度的方针和目标。制度的方针目标是制度设计的宗旨，而现实情境下很多矿工并不清楚企业为何要制定这些安全监管制度。第二，制度的内容和规则。制度的内容规则是制度设计的主要内容，目前煤矿企业的安全管理制度体系复杂，内容多，矿工多数并不能完全了解各项安全监管管理制度的内容和规则要求。第三，制度的执行过程。制度执行过程是绝大多数矿工认知某项安全监管制度的主要环节，他们通过观察他人的行动来了解某项安全监管制度，包括制度的行为准则是什么，违反制度的后果是什么，制度执行是否具有刚性，制度执行的效果如何，并以此作为行动的决策依据。第四，制度的背景。个体对任何事物的认知都基于其所在的特定背景，因此，组织的文化氛围，价值取向都将影响个体对安全监管制度的认知。基于社会认知理论的研究，认知是个体行动的基础，煤矿企业员工对安全监管制度的认知与其制度行为之间具有怎样的联系，其作用过程如何，仍需进行更加深入的探讨。

（四） 基于"认知—情感—意愿"的遵从/非遵从行为过程解析

如前所述，制度认知产生于制度相关人的主观构建。行为科学关于认知稳定性的理论描述了人们行为的产生和变化是渐进和路径依赖的。以 North 为代表的制度经济学者也认为相关人的认知对于制度变迁的重要作用，正是经过自己的认知和学习过程，人们才会有遵守或不遵守制度的行为，但这种学习过程是渐进的，通过文化传统习得的。因此，制度情境，即制度的文化意识形态构成制度有效性研究的前提，即制度行为选择与制度相关人的认知有着重要的关联，具有"认知约束"特点。人从产生认知到发生行为的过程中会受行为态度、行为意向的影响，认知有助于态度和意向的形成，进而产生行为。

根据社会认知过程的研究，人类的社会认知过程大概可分为 5 个阶段，第一阶段是注意和编码，即对社会性信息予以充分的注意和感知，选择有意义的信息；第二阶段是解释，人们基于已有的知识经验对获取信息的精细加工过程；第三阶段是搜寻反应，在基于上一阶段对社会性刺激的意义的解释产生可供选择的反应计划；第四个阶段是反应评估，对上一阶段的反应计划进行比较、预测各种反应的后果；第五阶段是执行反应阶段。人类的认知过程或者信息加工过程可分解为四个阶段：第一个阶段是注意和编码，第二个阶段是精细加工，第三个阶段是认知表征，第四个阶段是信息提取。每一个阶段都可能受到认知结构的影响。注意和编码是认知者对认知信息的选择过程。

在多数情况下认知者的注意将会集中在刺激域的最重要方面，突出的、生动的社会信息和环境线索往往成为注意的焦点。其他因素也可能对注意产生重要的影响，如认知者的态度、兴趣等。个体的情绪（情感、心境）以及其所处的情境会影响其认知。神经生理学的证据表明，信息加工中的情绪过程和认知过程是相互影响的。情绪影响认知变量中的记忆和判断，同时心境影响着主体的认知策略选择，情绪还可能干扰正在进行着的认知过程。[197]情境是影响认知的另一个重要因素，认知主体会根据情境需要在不同的情境中采取不同的策略。认知主体的因素对社会认知的过程和结果都有一定的影响。就像在同一个情境中，对一个观察对象，不同的人会做出不同的反应。研究发现，自我意识会影响注意的特征，私人自我意识强烈的人更容易注意自己的内部状态，即更加注意自己对外部环境线索的反应以及情绪，因而会夸大自己的情绪反应；而公共自我意识比较强烈的人更加注意外部环境线索的特征。个体的知识、经验及价值取向等影响个体认知的精细加工过程。[202]

认知是否一定能够预测行为？态度与行为研究表明，并非所有的态度都能准确预测行为，其受到情境和个体因素的影响。如自我调节理论的研究就表明，高自我调节者的行为极易随情境的变化而变化，因此很少显示出跨情境的一致性，低自我调节者比高自我调节者的行为更少随情境的变化而变化。

综合认知理论的研究表明，认知是一个复杂的过程，个体为了节约心智的付出，在特定的情境中，面对重复出现的认知对象，会形成惯有的认知模式，即一种固定认知习惯，帮助其快速对认知对象进行评价、推断并产生相应的行为。模式是个体遵循某种规律性、基本成型并有效发挥机能的潜在特征，它处于人的潜意识中，只有在经受巨大冲击时才有可能改变。据此，认知模式是主体（个体或团体）对特定事物的已经基本成型并影响对象行为的心理特征，是主体对事物根深蒂固的信念、假设、概括，它影响着主体如何理解认知对象以及如何采取行动。认知模式是在长期的认知活动中形成的占主导地位的心理与行为模式，包括对事物本质的固有看法、问题建模时常用方法以及解决问题的惯例。认知模式对认知起先入为主和方法论的作用，它影响个体或集体对信号的感知、解释及其响应，并最终影响行为。

图 5-2 描述了煤矿企业员工对煤矿安全监管制度认知的心理过程。

（1）现实煤矿企业安全监管制度内容繁杂

矿井作业人员有两种途径去认知企业安全管理制度，一种是体验式认知，如制度宣讲，企业通过授课的形式使其对制度内容进行学习，如手指口述，在实践中应用帮助职工巩固学习内容等；另一种是观察式认知，即矿井作业人员通过观察他人的行为进行制度学习。由于个体存在差异性，认知的方式、认知的时间基于认知形成的情感和行为意向并不会完全相同。

认知主体具有不同的认知特性，针对煤矿安全监管制度，本研究分析认知主体的差异体现在三个维度，即认知的复杂性、认知聚焦性以及认知惯性。认知的复杂性是指个体对复杂信息的认知能力，认知复杂性越高的

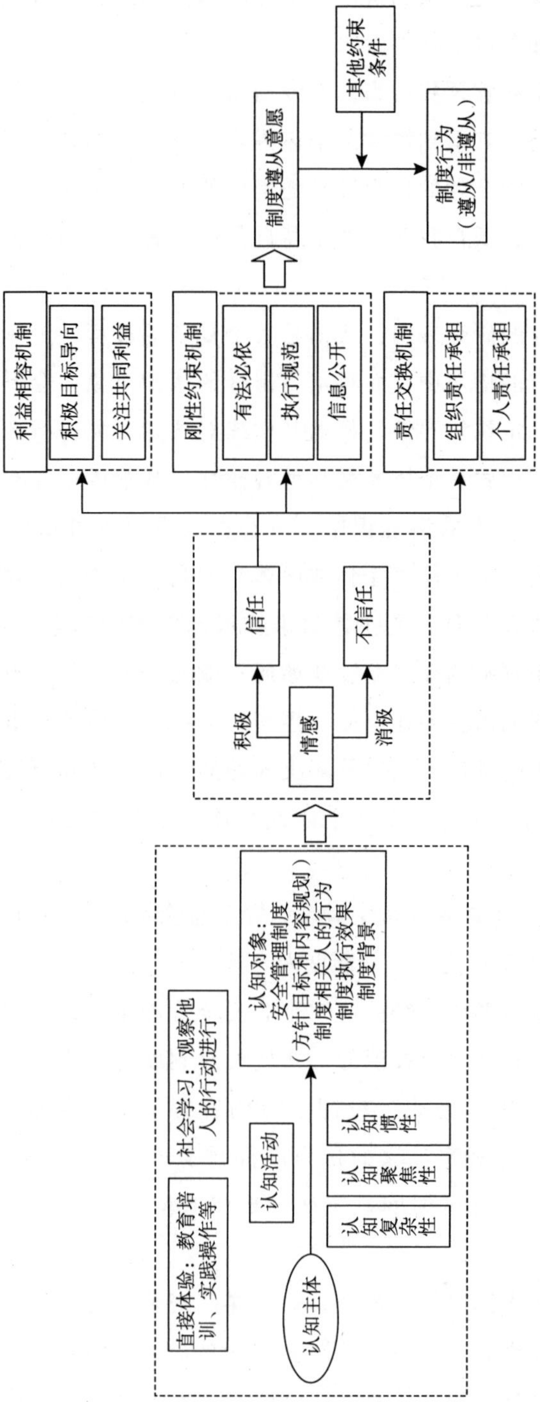

图 5 - 2 煤矿企业员工对安全监管制度认知的心理过程

个体越能够对制度内容进行全面、正确的理解与把握。认知聚焦性是指个体认知信息收集的范式，认知聚焦性越高，个体信息收集的范围越小、方式越简单直接，即认知聚焦性高的个体通常高度关注"身边人"信息。认知惯性是个体在不同的信息之间采取的学习、理解、判断的方式的重复性和相似性，认知惯性高的个体倾向于对不同的安全监管制度采取相同或相似的认知及行为策略。

如前所述，认知不仅包括信息获取，还包括对信息加工，及意义评价、信息推断和重组。矿井作业人员在对制度信息进行评价的过程中，评判的主导线索是制度执行对个体造成的"成本和收益"的影响，个体的评判过程同样是主观的，重点受到其价值观成熟度的影响。柯尔伯格（L. Kohlberg）在 1958 年研究了人的价值观成熟度问题，在他的研究中，个体的道德认知（价值观评判）水平可分前习俗水平、习俗水平和后习俗水平。据此，本研究假设前习俗水平的个体在制度评判上处于服从惩罚和利己定向；习俗水平的个体在制度评判上处于人际和谐、维护权威及社会秩序定向；后习俗水平的个体在制度评判上采取服从自我准则定向。

（2）认知与情感密不可分

美国心理学家阿诺德（M. R. Arnold）在 20 世纪 50 年代提出了情绪的"评定—兴奋"学说。这种理论认为，刺激情景并不直接决定情绪的性质，从刺激出现到情绪的产生，要经过对刺激的估量和评价，情绪产生的基本过程是"刺激情景—评估—情绪"。同一刺激情景，由于人们对它的评估不同，就会产生不同的情绪反应。评估的结果可能认为对个体"有利"、"有害"或"无关"。如果是"有利"，就会引起个体肯定的情绪体验，并企图接近刺激物；如果是"有害"，就会引起个体否定的情绪体验，并企图躲避刺激物；如果是"无关"，人们就予以忽视。而情绪是人和环境相互作用的产物，在情绪活动中，人不仅接受环境中的刺激事件对自己的影响，同时要调节自己对于刺激的反应。情绪活动必须有认知活动的指导，只有这样，人们才可以了解环境中刺激事件的意义，才可能选择适当的、有价值的动作组合，即动作反应。情绪是个体对环境事件知觉到有害或有益的反应。在情绪活动中，人们需要不断地评价刺激事件与自身的关系。具体来讲，有三个层次的评价：初评价、次评价和再评价。初评价是指人确认刺激事件与自己是否有利害关系，以及这种关系的程度。次评价是指人对自己反应行为的调节和控制，它主要涉及人们能否控制刺激事件，以及控制的程度，也就是一种控制判断。再评价是指人对自己的情绪和行为反应的有效性和适宜性的评价，实际上是一种反馈性行为。因此，煤矿企业员工基于对制度的评判，产生三种结果并形成相应的积极或消极的情绪体验，即形成特定的态度倾向。我们将煤矿企业员工对安全监管制度稳定积极的情感反应定义为制度信任。[205]

事实上制度和信任的关系非常复杂，里面包含了两个全然不同的因果关系——制度既是信任的基础，又是信任的对象。虽然强制的制度可以减少不确定性，增强社会运行的稳定性，但却不能消灭不确定性于无形，即使再复杂、细致、完善的制度，其履行都要依赖最起码的信任，或者说"最小信任"[206]。换句话说，建立在制度基础上的稳定的心理预期要以信任制度为前提，尤其是对于自上而下实施的外在制度，以及以实施这些制度为目的的正式组织而言，人们要判断是否信任制度本身。

前文质性分析已定义煤矿企业员工的制度信任是基于对制度设计目的的正义性、内容的科学性，体系的完备性，制度执行的公正性等认知而产生对组织或管理者基于制度的信任。从对制度的分析出发，我们可以更深入地了解制度信任的内涵。非正式的习俗、道德、正式的规定、法律等制度性因素都会被内化为社会成员的心理信念，从而影响社会成员的信任关系。在这种信任关系中，由于大家都对该规范、制度给予信任，从而使行动者之间产生信任关系，其实质是这些大家共同认可的规范、制度承担了对行动各方采取合作行动监督及不执行合作行动实施惩罚的功能。因此，本研究认为，制度信任的内涵是制度作为人们相互交往过程中的一种行动机制，也就是嵌入社会结构和制度之中的一种功能化的社会机制，使人们之间能产生合理的相互预期与认同。可以说，制度信任的关键是组织成员对制度或规则所达成的共识，依赖于成员对制度和规则认同和内化的程度。

如前述及，煤矿企业员工认知的低"复杂性"和高"聚焦性"使其对企业安全生产管理制度的认知主要依赖同事与管理者的行为信息，以及制度环境。根据制度相关人主体及制度认知评价的不同，将制度信任分为对制度设计者的信任、对制度执行监督者的信任和对制度对象的信任。对设计者的信任意味着制度作用对象相信制度的设计是遵循科学、适用、导向积极目标且关注利益相容的基本原则的；对制度执行监督者的信任意味着制度作用对象相信制度的执行是刚性的，且执行信息是公开的，即执行者将严格、规范、公正、公平地执行相关制度；对制度作用对象的信任意味着制度作用对象相信其他人在制度约束下有相同的收益机制，都会选择制度遵从行为，不会背叛。

制度是博弈的规则，是人类设计制约行为的约束条件。[38]在组织情境中，制度是管理者意志的体现[39]，是组织与员工交互的重要载体。制度有效的实质不仅体现在制度所产生的实际效果，还体现在制度与制度相关人的行为在特定环境下的契合关系[40]。理性行为理论认为，个体的行为是由其采取的行为意愿所决定的，行为是行为意愿的外部表现，因此煤矿企业员工的自主安全行为意愿能够预测其自主安全行为。制度信任是依据信任理论发展而来，信任是一种心理状态或心理预期[41~42]，也可以是一种行为选择[43]。人际间的信任以情感为纽带，情感的强弱会影响信任的强弱程度，而信任的强弱则会直接影响彼此间合作行为的发生与否。只有个体与个体间呈现出高信任状况，才会有效推动双方合作行为的发生[44]。随着社会分工的精细化以及差异化思维的日益渗入，信任已经从人际层面上升到制度层面[45]。制度信任是基于法律、政治等制度环境建立的不依赖于人际关系的信任，是个体行为意愿或行为选择的重要影响机制[46]。现有研究表明，制度信任对个体的行为意愿有显著的预测作用

（3）信任是双方建立积极关系进行积极互动的基础[47]

煤矿安全监管制度信任能够促进煤矿企业员工形成利益相容、刚性约束、责任交换的认知机制，进而提升其制度遵从行为意愿。首先，制度信任通过建立利益相容机制影响煤矿企业员工的制度遵从行为意愿。利益相容是个体追求个人利益的行为选择恰好与企业实现集体价值最大化的目标相吻合[48]。煤矿企业员工对安全生产管理制度的信任使煤矿企业员工感知到制度本身是科学、适用、导向积极目标的，且制度的设计关注企业与煤矿企业员工的共同利益。当煤矿企业员工获得了或预期将要获得其希望获得的收益，即个体收益与组织收益相容，个体会淡化安全行为可能付出的

成本，从而形成制度遵从行为意愿。其次，制度信任通过建立刚性约束机制影响煤矿企业员工的制度遵从行为意愿。一方面，制度信任有助于煤矿企业员工明晰安全生产管理制度规范，理解制度规范与内容，这些制度规范对个体行为选择具有约束作用，从而产生自主安全行为意愿。曹庆仁等研究表明，安全规程、安全教育培训和安全沟通会影响员工的安全态度和安全行为，能够抑制不安全行为的发生。[49]另一方面，制度执行越规范、信息越公开，个体逾越制度的心智成本就越高[50]，制度遵从行为意愿越强烈。最后，制度信任通过建立责任交换机制影响煤矿企业员工的制度遵从行为意愿。信任是交换的基础，能够促进合作的达成[51]。煤矿企业员工通过感知周边人的行为选择对组织责任的承担进行认知，在此基础上形成组织责任预期，员工通过预期组织承担责任的情况继而选择是否履行员工责任[3]。当煤矿企业员工对安全管理制度信任时，表现出较高的组织责任预期，个体会形成较为稳定的高员工责任履行意愿，由此达成"高组织责任—高员工责任"的心理契约状态，提高煤矿企业员工的制度遵从行为意愿。正如 Mearns 的研究结论，组织与员工的关系是相互的，当员工感受到组织对其安全的重视后，他会以积极的态度、行为等反馈于组织。[52]

需要进一步论述的是态度与行为也并非总是保持一致，积极的情感产生制度遵从的意愿，进而表现为内源性制度遵从行为。消极的态度也会产生制度遵从行为，只是这种行为更多是源于外部的调控，即外源性制度遵从行为，这种行为具有条件性，当遵从行为的条件不再具备时，个体将不再遵从制度的约束，转变为偏离行为。矿井作业人员对煤矿安全生产监管制度的认知是重复性的，某项制度的具体态度和具体行为又作为个体重复认知的反馈信息。

第三篇
寻租对生产力波动特征影响的实证研究

第六章 寻租与生产力关系的理论研究

一 寻租理论研究现状

经济学诞生之初，以亚当·斯密为代表的古典经济学家以"经济人"假设为基本前提，认为社会活动中个人在追求经济利益的本能作用下，同时在"看不见的手"对市场资源配置的指导作用下，各种生产和交易活动都会自动达到社会要素资源最优配置，市场均衡会自发形成，"看不见的手"无形之中调节着整个社会的专业分工、经济整体均衡以及社会经济效率。以马歇尔和瓦尔拉为代表的新古典经济学家也从资源稀缺和完全竞争市场条件下寻求一般均衡的角度进行资源最优配置的研究，应用数学模型更加系统地分析了"看不见的手"所发挥的作用。但是，无论古典经济学还是新古典经济学，都设定了现实情况中难以成立的假定条件，比如，完全竞争的市场条件，交易成本为零，个人经济活动无外部性、信息完全且对称等，科斯将这个时期的新古典经济学称为"黑板经济学"。

由于古典经济学和新古典经济学的研究与实际相差甚远，新制度经济学家不断尝试从更加贴近现实的角度修正假设条件。新制度经济学家否认了市场这只"看不见的手"完全自动调节市场的作用，提出市场在公共产品和外部性问题的调节失败可能性，政府成为市场活动的主体之一。归纳起来，新制度经济学家主要在四个方面补充了新古典经济学：第一是有关产权[53-54]和习惯法[55-56]的研究；第二是针对公共选择中寻租和分配结盟活动的研究[57]；第三是关于市场主体的相互作用机制研究，比如詹森和麦克林提出的"代理成本理论"[58]，罗纳德·科斯创造的"交易成本理论"[59]；第四是奥地利学派和新熊彼特学派试图用"看不见的手"和制度演进解释制度的发展过程[60-61]。虽然新制度经济学并不赞成政府干预市场，只是拉近了经济学与实际情况的距离，但是，新制度经济学承认了市场的自动调节作用并不是万能的，从而将研究主体扩展到企业内部利益相关人的决策制约因素以及政府干预对市场主体的选择策略影响方面，进而成为寻租理论诞生的理论基础。

其实，早在亚当·斯密时期市场失灵的现象已经出现，卡特尔等垄断组织的存在使得"看不见的手"失去作用。亚当·斯密说过："同行中人甚至为了娱乐或消遣也很少聚集在一起，但他们谈话的结果，往往不是阴谋对付公众便是筹划提高价格。"[62]史蒂芬·马吉把这种垄断称为"看不见的脚"，并认为这是"看不见的脚踩住了看不见的手"[63]。古典经济学家让·萨伊在代表作《政治经济学概论》中提出，"如果某个人或某个阶级能够得到政府的帮助阻止别人的竞争，他就取得特殊权利，而以整个社会为牺牲，使整个社会遭受损失。他就一定可得到不是完全来自他所提供的生产服务而是部分构成于为他私人利益向消费者征收的赋税的利润。这些利润通常由政府和他共分。政府不正当地给予他们帮助，就是因为这些利润。""这种制度，产生了特许公司和行业联合组织……专利或垄断继之而起，消费者给付这些特权代价，而享受特权的人则获得全部利益……这就是工商业部门的经营者极想使自己成为管制对象的真正原因。至于政府方面，通常乐意于满足这些人的愿望，因为可以从中大捞一把。"[64]可见，虽然萨伊并没有提出寻租的概念，但他研究的管制制度已经充分反映了寻租的基本思想，其中包含了寻租的成本收益以及追求人为稀缺性权利造成的寻租带来的社会资源浪费。但是，在当时主流的完全竞争市场假设条件下，这些观点没有引起经济学家的重视，即使萨伊提出的寻租思想，也只不过是抨击重商主义贸易研究的附属品，无法成为一种理论。值得肯定的是，市场失灵的观点使得越来越多的学者转向不完全竞争、特别是垄断的研究。

1954年，哈伯格在《美国经济评论》杂志发表《垄断与资源配置》一文[65]，测量了由于垄断引起的社会成本，也称为社会福利损失。

假设从长期来看，市场中企业的平均成本不变，边际成本与平均成本

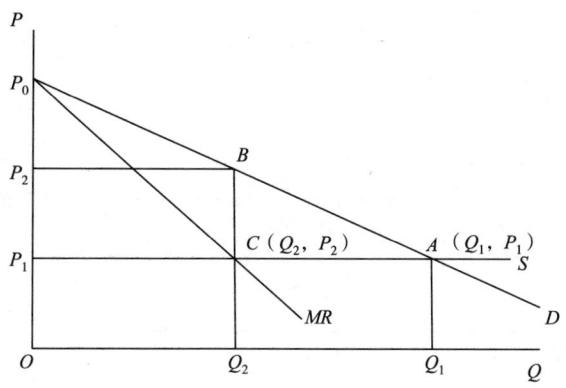

图 6 - 1　哈伯格三角

相等，那么水平线 P_1S 为产品供给曲线，P_0D 为产品需求曲线。在完全竞争条件下 P_0D 与 P_1S 的交点 A（Q_1，P_1）为供给需求均衡点，即企业边际成本等于市场价格。需求曲线高于市场价格的区域组成消费者剩余，即三角形 AP_0P_1；市场价格与企业边际成本相等，所以生产者剩余为零。当企业成为垄断者之后，根据边际成本与边际收益相等的原则，边际成本曲线 P_1S 与边际收益曲线 MR 的交点 C（Q_2，P_2）成为新的供需均衡点。此时消费者剩余为三角形 BP_0P_2，生产者剩余为四边形 BCP_1P_2。因此，与完全竞争条件下的消费者剩余相比，四边形 BCP_1P_2 的区域由消费者剩余转移成为生产者剩余，三角形 BP_0P_2 的区域仍保留为消费者剩余，但是，三角形 ABC 的区域既没有转移，也没有保留，成为企业获得垄断地位的社会福利损失。这种无谓的损失被命名为"哈伯格三角"（Harberger Triangle）。

但是，一些学者按照哈伯格三角原理进行实践测算，计算出来的社会福利损失极低[66-67]，完全不符合真实状况。有研究认为，获得垄断地位的企业不存在竞争压力，投入要素的非效率使用所带来的社会资源损失被忽略，因此提出了"X—非效率"概念。

莱本斯坦认为，"X—非效率"的存在使得企业成本线 $AC=MC$ 上升至 $AC'=MC'$，这样垄断造成的社会福利损失中除三角形 ABC 外，还包括四边形 $EFCP_1$ 区域。但是，哈伯格和莱本斯坦都没有考虑到企业在达到垄断地位的过程中所耗费的社会资源。

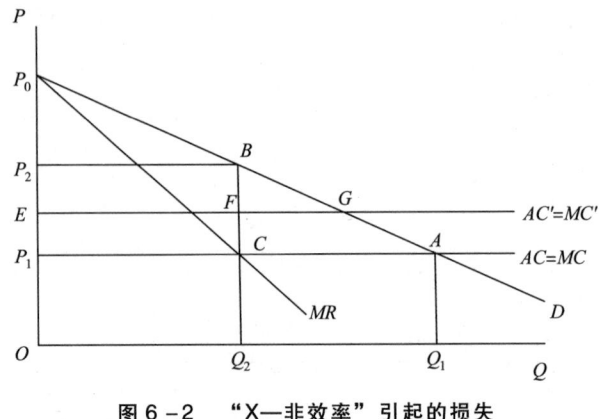

图 6-2 "X—非效率"引起的损失

1967 年，戈登·塔洛克发表了论文《关税、垄断和偷窃的福利成本》[15]，成为寻租理论研究的开山之作。塔洛克明确指出，企业在达到垄断地位的过程中需要花费资源，这就是寻租成本，即图 6-2 中四边形 P_2BCP_1 区域，这部分被命名为"塔洛克方块"（Tulloch's cube）。从全社会的角度看，福利总损失则为哈伯格三角与塔洛克方块的总和。1974 年，安妮·克鲁格在《美国经济评论》杂志发表了《寻租社会的政治经济学》一文[16]，首次对寻租造成的社会福利损失展开了系统、模型化的论述。克鲁格认为，政府干预市场是寻租产生的主要来源，寻租活动必然会造成社会资源的浪费和社会福利的损失。塔洛克和克鲁格成为寻租理论的开创者。

寻租理论提出后，引起了众多学者的研究兴趣。经济学领域出现了不同的流派剖析寻租现象，分析的视角涵盖公共选择理论、政府经济学、新制度经济学、国际贸易理论、发展经济学、现代产权理论、过渡经济学等。其中，最为著名的是国际贸易学派和公共选择学派，国际贸易学派以克鲁格、巴格瓦蒂为代表人物，公共选择学派以塔洛克、布坎南为代表。寻租行为的特点是，寻租主体以各种手段获取租金，寻求直接的非生产性利润可在多个层次进行。按照寻租活动的深入程度，布坎南将寻租活动分为三层。第一层面，寻租者通过游说、疏通、行贿等手段直接与政府行政官员发生关联，促使政府或管理部门干预经济活动，在干预的过程中形成租金并获取租金；第二层面，第一层面的寻租活动使政府官员得到了权力寻租的利益，诱使人们为获得官员职务而花费时间精力金钱，形成寻租；

第三层面，政府采取措施将暗租变为明租，但是明租却没有分配，只是转换为政府的财政收入，为争取明租的分配权，利益集团展开竞争形成的寻租。

波斯纳利用经济学的数学模型检验了垄断价格、产业供求弹性对成本的影响，统计出美国几大垄断产业的社会成本，提出了租金消散理论[55]。李和奥尔发现政府干预市场造成市场扭曲的程度越深，寻租机会和租金金额越大，政策改革越难，租金也就越难消散[68]。本森认为，寻租是个人或团体对既有产权的重新分配，市场交换或政府分配都可以达到分配产权的目的。当需要人为定义的产权增加时，政府的过多介入和机构膨胀会创造更多的寻租机会[69]。巴格瓦蒂将寻租定义为寻求直接非生产性活动[70]。现有文献中，主要有两种主要方式来表述寻租竞争的制度层面。基于寻租成功的概率随花费增多而增大的假设，一种观点认为，在寻租上面花费多少并不是决定寻租成功的唯一因素，一位付出很小努力的竞争者有可能获得成功，李和奥尔认为寻租活动的花费像是买彩票。[68]另一种观点，Hillman 和 Samet 认为寻租费用是唯一决定因素，花费最大的竞争者获胜。[207]

综合来看，国外在寻租行为研究方面的主要成果可概括为：①以道格拉斯·C. 诺思为代表的寻租遏制研究[71]。诺思在《经济史中的结构与变迁》中指出，法律制度形成制度约束，文化与道德形成道德约束，制度约束与道德约束共同遏制寻租活动[72]。必要的监督体系、奖惩机制等发挥着遏制寻租的作用，但从根源上消除寻租，还必须引导人们消除寻租思想，即用道德约束力量防范寻租的发生。②以让－雅克·拉丰与让·梯若尔为代表的寻租串谋研究[73-74]。让－雅克·拉丰与让·梯若尔于 1993 年合作出版《政府采购与规制中的激励理论》，将激励性规制的框架结构纳入了政府采购，认为组织效率低下的一个重要原因就在于串谋行为扭曲了激励机制，因此在激励机制的设计过程中必须考虑到防范串谋行为[75]。③以美国经济学家麦克切斯内为代表的政治寻租研究[76-78]。"政治创租"和"抽租"的概念由麦克切斯内提出[79]。"政治创租"是指政府官员利用手中权力，可以采用行政职权干预方式协助企业提高收益，创造出人为租金并诱使企业向其行贿以获取这部分租金的行为；"抽租"是指政府官员以制定使企业利益受损的政策为威胁，故意设置壁垒，要求企业提供部分既得利益给他们的行为。④ 以经济学家布坎南为代表的公共选择学派[80-82]。当制度不完善，政治分配效率低下时，寻租行为就可能成为普遍的社会现象，寻租活动与政府干预经济活动的程度与范围有关。布坎南认为，寻租基本是伴随政府活动产生的，所以限制寻租就要限制政府。⑤ 寻租资源浪费、寻租应用等[83-85]。

我国在 20 世纪 80 年代引入了寻租理论。我国实行计划经济时期，各种分配方式几乎都采用平均主义，造成人们对利益分配轻视。而实行市场经济以来，竞争激励机制建立，使一些人过度追求经济利益，逐利意识恶性膨胀，利用经济体制转轨期体制的不完善、政策法规的缺失追求利益最大化。因此，利益需求与满足程度的不匹配，扭曲的逐利动机和极端的利益思想，都成为权力寻租的思想源泉。大多数国内文献引用寻租理论解决中国发展过程中存在的寻租现象。1988 年，拉迪讨论了中国经济体制转型时期的寻租问题[86]，成为中国第一篇讨论寻租的论文。胡和立大致估算了1988 年我国寻租活动产生的租金，得出结论是我国的租金规模占整个 GDP 的 30%，引发了人们对政府行为的关注。[200] 卢现祥系统归纳了寻租理论，并应用寻租理论分析了制度变迁的条件和机制。[204] 贺卫等认为，政府应该出面正确引导整个社会的寻租行为，起到降低交易费用的效果。[203] 张维迎、马宇说明了寻租产生于市场和政府关系的不对称、不平等，价格双轨制导致了我国的寻租现象。余震宇建立博弈模型，用博弈论的方法分析了企业寻租行为的边界问题。目前的国内文献多是应用寻租理论分析经济增长的机制[87-88]、反腐败问题[89]、政府采购问题[90-91]、企业家寻租[92-93]等。

从寻租理论在中国的发展历程来看，随着我国改革开放的不断深入寻租理论也得了拓展和挖掘。从计划经济向市场经济转轨的过程中，新旧体制的差异、制度缺陷的存在都为寻租创造了空间。政府对经济活动的干预，监督体制的不完善，都是寻租产生的根源。

二 寻租行为生产力特征研究现状

（一）寻租破坏生产力的研究

目前文献中普遍认为寻租造成资源浪费，和寻租相关的社会资源损失比较大。克鲁格分析了印度和土耳其的进口许可证问题，在印度由寻租造成的社会损失是 GNP 的 7%，土耳其高达 15%。[16]塔洛克认为中国古代科举制度是寻租社会的典型代表，大量优秀人才为追求科举重文轻理且被录用概率很低，忽略了生产力的科技进步，耗费了大量资源，这也是一种寻租造成的浪费。[68]塔洛克在 1984 年的研究中认为，英国克伦威尔革命之后，国会人数众多造成寻租成本增大，企业家开始依靠专利保护来维护自己的利益，从而引发了工业革命。穆罕默德和威利认为印度的这个比率应该更高[94]。波斯纳调查了美国工业界中垄断造成的损失[95]，估计认为一些行业中寻租占到销售额的 10% ~ 30%。安哲罗普洛斯等学者经估算，认为在欧洲，为取得政府提供的特权而寻租的社会成本，包括收入转移、补助、特惠税收，占到 GNP 的 7%[96]。

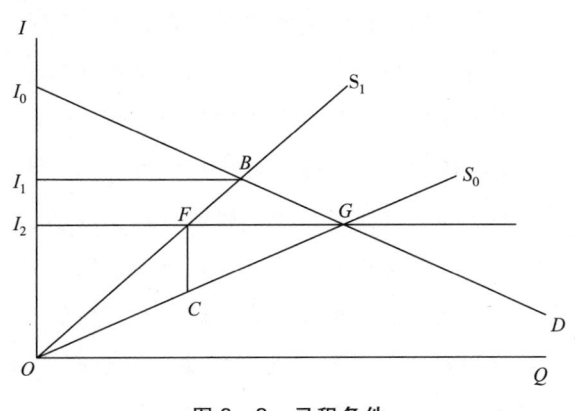

图 6 - 3 寻租条件

冯研究了政府管制条件下产生的"人为剩余"、"对人为剩余的寻求"（contrived – surplus – seeking）、"对人为租金的寻求"（contrived – rent – seeking）[97]。麦切尼提出，政府官员通过增加企业利润、人为创租等行为获取租金的行为称为"政治创租"（political rent creation），强迫企业共同分享利润的行为为"榨租"或"抽租"（rent extraction）[194]，并认为，当图 6 - 3 中企业生产者剩余（三角形 OGI_2）大于政府官员管制带来的租金（四边形 I_1BFI_2）时，企业会选择贿赂政府官员以换取政府的不管制。托利森又增加了避租（rent avoidance）情境，即认为已取得经济租金的行为人会采取措施防止其他行为人分享其既得租金。[18]

布鲁克斯和海德拉比较了寻租竞争和科技竞争对社会生产力的影响，认为在同一时点进行的科技竞争会促进生产力提高，而寻租竞争不仅浪费了资源，还抑制了生产力发展。[195]贺卫、王浣尘认为政府的无意创租、被动创租和主动创租不利于社会经济的发展，应当在根本上消除制度租金，在方式上加大寻租成本，从而减少寻租现象。[98]同时，贺卫认为，从社会福利的角度看，经济人追求自身经济利益最大化的活动分为两类：一类是对生产性利润的追求，包括物质资本和人力资本的投资，技术和制度创新以及生产、研究、开发活动，这种活动以促进生产力发展为目标，增加社会福利；第二类是以谋求特权与优惠的游说活动、权钱交换、偷税漏税、走私放私为代表的非生产性寻租活动。所以寻租活动仍然耗费了社会经济资源，生产可能性边界向内萎缩，导致经济停滞[99]。但是，同样一种活动被定义为寻利还是寻租，需要在特定的制度环境下进行评判。

相关研究中经常将寻租与腐败联系在一起。莱福认为，发展中国家的腐败行为并非只有消极作用，还具有积极的社会效用。比如，腐败使得政府成为一种经济活动主体的代表，鼓励促进经济发展的行为；得到贿赂的官员和行贿的投资者之间形成保障系统；腐败有利于鼓励创新，通过借助腐败手段突破保守势力的阻碍获得政策支持；腐败可以作为打破垄断的方式获取资源和机会，为获得期望利润和为打破垄断支付的高额贿赂，企业必须保证有效的竞争和效率；腐败可通过贿赂化解政府推行的不利政策。戴维贝利认为，发展中国家的腐败具有有利的一面。在一定条件下，政府制定的政策是否有利并不能被准确评估，在相关活动的影响下，政府可能会掌握更多信息，调控政策；腐败活动引发的公务员收入增高，吸引更多有才干的人才进入公务员系统，改善政府运作质量；政府形成的关系网辅助正式的工作网络，可以增大社会力量对政府的支持；政府制定的社会和经济发展规划中可能没有顾及各方利益主体的权益，各利益主体利用各自手段反映自身需求，最后形成利益平衡。塞缪尔·亨廷顿认为，在僵化的和过度集权的政治体系下，政府管理权不断扩大，腐败的存在将复杂而僵化的行政制度变得稍加灵活，如果坚决杜绝腐败，一些利益集团可能完全背离现行政治体系，所以腐败在维护政治稳定方面具有一定作用[100]。韩国《中央日报》于1993年刊载的一篇文章中也表明，没有一定的腐败，公务员制度就会僵硬，经济发展就受影响[101]。张幼文认为，寻求租金的领域虽然不规范，但却是市场存在的表现，无租可寻的领域也否定了市场的存在[102]。张宇燕认为，在由计划经济向市场经济过渡的过程中，新兴利益集团的寻租活动松动了市场进入壁垒，为其他潜在竞争者创造了参与市场竞争的机会，从而也动摇了阻碍市场改革的利益集团的地位，有利于促进市场经济发展[103]。姜洪认为，寻租促进了计划经济向市场经济的转轨，没有寻租，行政权力下的计划经济不可能被打破，而且寻租促进了效率[104]。

综合起来，寻租造成的负效应是相当显著的。第一，既定制度结构下的寻租致使资源配置扭曲，使原本稀缺的资源流失到非生产活动中，降低了社会生产效率和社会总效用。对于我国而言，寻租保护了一批生产效率低下的国有企业，国有企业有较多机会通过寻租方式获取一定利益，对于整个社会的经济效率而言具有损害作用。第二，一些政策性寻租加大了社会资源分配的贫富差距，社会不公平感加强，从而引发社会矛盾。纯经济性质的市场主体正常的市场空间和利润空间被寻租主体的寻租行为所占据，市场公平交易被打破，市场经济的建设和健康的经济秩序受到阻碍，最终使我国经济发展受到抑制。第三，从资源配置的角度看，一些比如地方保护、贸易壁垒的政策性寻租，不仅无法实现市场调节下供需平衡的完美均衡，还会引发国际之间的政治冲突。第四，寻租也会引发腐败、恶性竞争等违法行为。

（二）寻租促进生产力的研究

随着寻租理论的进一步发展，也有学者认为寻租并不一定造成资源浪费。麦塔西和帕里斯重新探讨了"塔洛克悖论"，假设某个行业的进入退出成本较低且寻租者收益是递增的，如果市场失灵的话，寻租能够促进关键资源的开发利用，不寻租反而造成社会资源的浪费[105]。按照刘启君的研究，综合亚当·斯密地租、李嘉图级差地租、马克思地租理论、马歇尔准租金概念等，租金来源于自然界资源的稀缺性以及人为创造性劳动。并认为寻租是指寻求经济租金，不包括一般租金。新古典寻租理论认为寻租必然造成浪费，"哈伯格三角"和垄断成本"塔洛克方块"引起了社会福利损失，但是，刘启君指出，达成垄断的行为方式、动机、手段影响了是否造成资源浪费的结论；如果寻租的结果只是造成了财富转移，那么就不造成浪费；有些寻租在经济效率层次造成了浪费，但是在效用层次上不一定造成浪费；新古典经济学的寻租浪费计算出现重复累加性；寻租活动是否造成浪费必须以既定制度下的社会总效用的增减作为评判标准；寻租促进了制度进步，比如，拉坦和速水在菲律宾水稻生产中发生的诱致性制度变迁[106]。而且，寻租的存在也促使制度制定者考虑得更加全面，防范寻租。赵娟认为，寻租是在寻求某种权利，任何事物只有具备了一定权利才可发挥作用，因此，寻租并不是引起资源浪费的活动[107]。蒲艳、邱海平通过研究寻租均衡理论的新发展后也认为，当社会制度存在缺陷时，寻租可以起到一定的矫正作用，比如产权制度和法律制度不够完善时，寻租能够使企业避免冗繁的规章制度的限制，提高经营效率。这种寻租活动有利于提高经济产出，是不同于游说政府限制竞争或保护垄断的[108]。

在社会、经济实践中，通过寻租行为获得垄断地位逐渐形成竞争的行业，以寻租获取利益的行业在多个角度推动了经济、社会的发展与改革，社会、经济按照"平行四边形法则"运动。另外，寻租加大了市场竞争，提高企业活力，是企业、社会发展的动力。企业通过寻租行为获得了竞争优势或垄断地位，强化了自己的核心竞争力，巩固并扩大了自己的生存与发展空间。多方企业参与寻租行为，整个市场的竞争性大大加强，激发了市场竞争；企业之间形成了不平等的竞争态势，迫使企业不断进步。从大环境和长期来看，寻租行为拉开了竞争力较强企业之间的距离，企业再通过学习缩小距离，从而形成整体的前进，最后使竞争趋于完全。这个动态、永无止境的前进过程也促使了社会经济的发展。从这个意义上讲，寻租行为是扩大企业竞争能力差距和缩小企业竞争能力差距的"双刃剑"，迫使企业进步、发展的同时，也推动着社会经济进步。

企业竞争理论也指出，企业人创造竞争优势的方式有两种：一是传统一般意义上的寻租，即通过游说、行贿获取政府支持，依靠政府管制性政策设置进入壁垒，或通过获取政府稀有政策支持来获取垄断地位；二是开拓性寻租，即企业依靠资源、技术或管理方式创新提升企业核心竞争力，从而使企业以高素质、高能力、高市场份额获取竞争优势。如果寻租行为创造出的社会财富减去创造垄断的成本后，净收益高于不寻租时带来的社会总收益，那么这种寻租还是对社会资源有利的。寻租是测试社会经济制度是否有效的试金石，但无法评判寻租绝对有利或绝对有害。

三 生产力内涵与测量研究

生产力即生产的能力和方式，指人类利用和改造自然、生产物质生活资料的能力[109]。最先提出生产力概念的是法国重农学派经济学家魁奈，随后亚当·斯密、大卫·李嘉图、威廉·汤普逊都对生产力进行了初步论述。19世纪40年代，德国经济学家李斯特系统研究了生产力，并提出了"物质资本"和"精神资本"的概念。李斯特认为，一个国家的生产力应包括物质方面和精神方面的力量，精神力量诸如脑力劳动者在社会发展中发挥的重要作用，生产力不仅需要直接投入生产的物质资料，也需要社会和精神手段支持。[110] 目前对我国影响最为深远、最具有系统性、最为我国学者接受的生产力思想源于马克思对生产力的科学论述。马克思在其著作中多次提到，生产力应从物质生产力和精神生产力两方面共同分析，如明确指出发展生产力主动轮是从物质生产力和精神生产力方面，或者在物质生产力发展到一定程度某些生产关系才会解体的论述中，添加精神生产力附注。[111] 因此在马克思主义的历史唯物主义中，生产力是由物质生产力和精神生产力构成的，物质生产力是指人的劳动、物质资料等创造的社会生产力，精神生产力是指由知识、技能、主观能动性和社会智慧构成的科学生产力。

（一）物质生产力概念

物质生产力的概念基本是沿袭马克思在《〈政治经济学批判〉序言》中使用的物质生产力概念，是指直接生产过程中创造物质产品或使用价值的能力[112-113]。这种物质生产力，既包括了直接生产过程中的生产方式以及蕴含在生产过程中的生产资料、劳动者的生产力，也将消费、分配和交换方式纳入其中，甚至包括了上层建筑、生产关系等反作用于经济基础的生产力。按照马克思的观点，物质生产力的产出必然以使用价值即物质财富的形式表现出来[114]。狭义的生产力可单指物质生产力[115-116]。

所有直接创造社会财富的劳动都可纳入物质生产力中，马克思在《资本论》中明确指出，生产行业的劳动可称为劳动生产力，比如生产钢铁、煤炭、机器的部门或者建筑行业。人在劳动的过程中，通过劳动资料改变劳动对象的状态，使其成为人们期望的使用价值和物质状态。这种物质生产力，是人们在劳动过程，即一般意义上的生产过程中所表现出的创造使用价值的能力，生产效率取决于这种能力的有用劳动，有用劳动产生的生产力决定了劳动产品富余或贫瘠[117]。物质生产力受多种因素影响，如自然环境、工艺应用、科学技术、生产资料效能、工人操作技能、社会支持等[118]。

（二）精神生产力概念

马克思在著作中强调，只有当物质生产力达到一定水平，某些关系才会解体，并特别指出精神生产力的存在。他提出，大自然并没有先天存在机器、纺织机、机车、铁路等，而是通过人类智慧、器官改造的自然物质，反映了人类的劳动和知识。固定资本的增长让知识逐渐转变为越来越重要的直接生产力，智力因素改造了人类社会的生活条件。生产力不仅表现为智力形式，也表现为直接参与到社会生产的人类器官[111]。这里的社会知识其实是关于精神生产力的表现形式的统称，人类器官产生的生产力即物质生产力，物质生产力与精神生产力共同成为创造社会财富的源泉。没有了精神生产力，物质生产缺乏人的劳动性和创造性无法进行，只能以物的形式存在；而没有了物质生产力，精神生产力就只是空洞存在的思想和理论，无法物化成为实际存在的价值形态。尤其当生产力发展到一定阶段后，物质生产力的发展会越来越依靠精神生产力的作用。

精神生产力指精神生产领域创造精神产品的生产力，马克思所说的精神生产领域，就是不同于铁、煤、机器的生产或建筑业等生产领域，而是自然科学、应用或思想价值体系的进步[111]。精神生产力是马克思提出的知识形态上的社会生产力，是社会智慧的一般生产力，是生产力的精神因素[119]。精神生产力包括自然科学和社会科学生产力，作为意识形态的政治、法律、宗教、艺术、哲学、道德等影响劳动者头脑和观念、影响劳动者生活方式和生存态度的一般科学都属于精神生产力的范畴[120]。李辉、丁社教等学者认为，精神生产力是指人类在有意识、有目的的创造各种社会意识、价值尺度、社会心理、社会关系的生产过程及其精神交往过程中，为人类提供思想意识、文化观念、科学知识、价值取向、行为规范、人文特征与品格及与其统一的目标等主动性能力[121]。马克思在《资本论》中强调，劳动过程中除了人的一些器官工作外，意志因素也需要通过注意力的形式投入劳动过程中，意识、思想等都是作为精神生产力的表现形式[111]。王秀阁认为，蕴含在劳动产品中的体力劳动属于物质力量，引导劳动的智力、意志属于精神力量，智力因素、意志因素都属于精神生产力的范畴，是指挥劳动者决定劳动生产力发挥程度的意识力量。智力因素指劳动者的经验、技能、新事项接受力、反应力、创新能力等，反映劳动者的智力水平；意志因素指决定劳动者体力和智力发挥程度的思想指导因素，比如是否主动，意愿是否强烈等，从本质而言生产力是物化的实践行为，实践必然离不开意志因素的指导[122]。

王小锡以道德为例说明精神生产力如何转化为社会劳动生产力，为组织发展创造价值，认为精神生产力可以通过影响生产关系的存在方式，从而影响生产力内部要素之间的关联方式和相互作用程度。精神生产力包括三个要素：精神生产主体、精神生产客体、精神生产手段[123]。精神生产主体的个体素质或群体素质对精神生产创造力起着核心决定作用，决定着一定范围内的精神生产环境。精神生产客体包括两种：一种是存在于思想意识之中的、可以用来进一步发展改造以形成生产力的思想资料，这种思想资料容易被加工深化形成新的精神生产形式，比如人类对自然的改造思想；另一种是由精神生产解释的现实世界的存在状态，这种存在状态是固定且客观的，但精神生产可以逐步演化，比如自然科学对宇宙存在的解释。精神生产手段是精神生产主体使用的工具或资料，比如实验设备、原始文献等，精神生产手段同精神生产主体结合在一起，才有可能产生精神生产力。

因此，物质生产力是一种创造物质产品或使用价值的能力，这种能力受到工人熟练程度、科学水平、工艺设备、外部环境、自然因素等的影响。精神生产力是创造自然科学、社会科学知识等智力因素和价值尺度、思想意识等意志因素的能力，物质生产力和精神生产力结合在一起，且两者相互作用，才能产生出一定的物质产品和精神产品。物质产品、精神产品的产生路径，如图6－4所示。

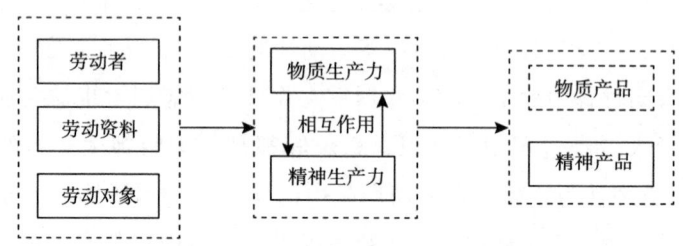

图6－4　物质产品、精神产品产生路径

（三）生产力的测量

目前经济学领域的众多学者都认为，用一定量的资源生产得越多，生产力越高；生产力代表生产中投入量与产出量之比，在操作层面上产品或服务具有同质性时，产出量可用生产物品的数量代替[124-126]。麦克综述公共部门生产力测量的文献指出，生产力的测量可由绩效、效能、成本降低、输入输出、管理提升、方法改进、工作标准、项目评估等的测量表示，前提是要对生产力有不同的界定标准[126]。刘亚丽等研究了双龙湖初级生产力的测量，认为水体生物生产力是指水体生物生产产品的能力，用自养生物在单位时间、单位空间内合成有机物质的量进行测量[127]。宋国宝等利用植被覆盖度作为测量植被净生产力的指标[128]。

宋锦洲提出政府绩效比较中，生产力测量有三个基本维度，即效率、效能和质量。效率是指为了达到给定数量的产出所需的最小投入，或者对于给定的投入所能获得的最大产出[124]。比如服务的效率指输出（产品或服务）与输入（劳动力、资金、原材料或能源）之比[131]。服务的效能是机关或项目目标达成的程度，如对顾客满意度的测量[132]。以公共生产力为例，效能涵盖的范围包括：完成服务目标任务的水平，预期外负面效应，提供的服务质量，其中服务质量特指服务水平、时效性、方便性、精确性和反应性，并提出，改变工作过程、改变雇员和改变管理文化是发展生产力的三种方法。博科特认为，生产力的一个直接要素是改变雇员质量，因为雇员质量的变化会影响员工生产能力，劳动力质量是生产力的决定因素之一[133]。潘峻岭、圣章红引用《马克思恩格斯选集》中"劳动资料不仅是人类劳动力发展的测量器，而且是劳动借以进行的社会关系的指示器"说明，在马克思看来，生产力的本质其实是劳动资料、生产工具的发展状况，因此生产工具是反映生产力水平的测量器[134]。曹花蕊、张金成研究了服务生产力的测量，服务生产力是能够转化为客户价值的投入，包括服务结果质量、服务过程质量、服务中的互动质量、顾客参与，并受大量因素的影响，将服务生产力表示为投入产出比与服务质量的加权和[125]。格罗鲁和奥查萨罗提出，测量服务生产力的唯一理论上正确、实践上可行的方法是用基于财务测量的基础性的生产力计算[136]。所以服务生产力的测量方式从成本影响、收入影响、"成本—收入"影响等考虑。孙大飞、徐婷通过研究文化生产力的价值，明确指出高科技仪器、现代科研和教学工具、文化设施、印刷设备等，都是服务于精神文化的物质生产资料。精神生产力创造的价值，并不能通过图书形式直接表现，而是借助物质资料为载体体现精神文化产品的无形价值，精神文化的价值衡量尺度是原创性和社会的接受程度[135]。有学者将科研生产力定义为科学研究、理论拓展、技术开发等的产出能力，可分为知识创造的能力和知识运用的能力，科研生产力的直接成果是知识的增值，但通常是非物质的、无形的、难以进行衡量和评价，所以科研生产力应该用论文、专著、专利、荣誉、奖励来进行测量[138-139]。

综合可以看出，生产力的测量一般都是选择生产力的直接产出结果来衡量，物质生产力能够创造物质财富，使用物质资料创造的生产率、效率、产出量等指标来测量；精神生产力一方面发展了自然科学、社会管理科学的知识形态的智力精神产品，另一方面也创造出文学、哲学、道德、宗教、艺术、价值意识等关注人类思想状态的意志精神产品。意志是指主体在一定的理性支配下，自觉地确定活动的目的，并为实现预定的目标而有意识地控制、调节其行为的心理过程[140]。

（四）与寻租相关的生产力研究

结合上一节关于寻租行为生产力特征的研究所述，寻租对物质生产力造成的影响可以归纳为以下几个方面：①提供更多的竞争机会，促进经济发展打破原有的体制障碍，通过寻租获取政府支持提升效率；②减少投资风险，扩大投资机会，活跃资本市场；③提供经济转型的润滑剂；④造成社会资源的浪费，寻租活动中用于疏通关系花费的时间、精力、金钱，创租者筹划创租、抽租花费的时间、精力、资源等，这些资源本应用于企业的生产经营和管理部门改善全社会福利；⑤寻租带来的部分利益主体高效以牺牲整体高效为代价，短暂而局部性的正效应以长久和全局性的负效应为代价；⑥通过寻租获得政府特许的垄断地位，缺乏动力进行技术创新、优化服务、提升核心竞争力，从长期来看降低了全社会经济效益，且寻租扭曲的资源配置使利益主体过多关注寻租的方式方法，忽视企业自身的竞争力，对全社会企业造成方向上的误导，损害整体经济利益。

也有学者提出了寻租行为可能给社会精神层面带来的影响。比如，大量经验事实也说明，如果寻租活动以改变无效率的产权结构为目的，这种寻租活动是有利的[141]。腐败和贿赂有利于使用相对较小的代价顺利推进改革[142-143]。这说明，寻租如果以较小的成本进行改革，有利的一面使得政府进行经济改革的意愿得以提高，这种改革的意愿也是精神生产力的表现形式。因为寻租的存在，新兴利益集团的寻租活动松动了市场进入壁垒，为其他潜在竞争者创造了参与市场竞争的机会，这其实是改变了政府受制于垄断集团的形式，而吸收了更多新兴集团的利益需求，可能使政府决策考虑更多利益主体的要求[144-145]，也是精神生产力的作用方式。而且，大部分研究寻租的文献中，尤其是国内文献，普遍认为寻租的非法所得引发政府的腐败，利用公共权力为个人谋利，甚至政府与企业合谋，利益导向型败坏社会风气；社会法规制度力量弱化，权力背景下的晋升、利益分配极其不公平，做出绩效的企业和个人却无法获得应有的地位，社会对政府缺乏信任，引发政府的信任危机，社会价值观和公平感也发生扭曲。

（五）煤矿安全监管中的生产力

综合分析，煤矿安全监管中寻租行为的生产力特征应从物质生产力和精神生产力两方面进行研究。一般意义上的物质生产力是人们在一般的劳动过程中生产物质产品或使用价值的能力，且物质生产力的测量一般选择使用这种生产力的直接产出结果。精神生产力是指精神生产主体结合精神生产手段，为人类提供精神生产客体，诸如思想意识、文化观念、价值取向、行为规范、人文特征与品格等的主动性能力。个人一般生产力是人具有的一般劳动能力，包括体力、智力、精神力[146]，这些思想意识、文化观念、价值取向、行为规范、人文特征与品格等精神力决定了人类体力、智力发挥的程度，都应归属于意志因素的范畴，最终反映在人的精神产出行为方面。马克思也提到，"有目的的意志"是精神生产力的表现形式，因此我们在分析精神生产力时应着重从意志因素方面进行分析。对于寻租而言，物质生产力应指人们在寻租过程中创造物质产品或使用价值的能力；煤矿安全监管中寻租行为的精神生产力是指，煤矿管理者与管理部门的寻租行为对员工的思想意识产生的影响能够影响员工的工作表现，进而对组织目标产生影响，比如，在寻租行为的影响下，员工认为关系重于能力，从而减少工作投入，在关系方面投入大量精力；或者员工认为寻租行为是煤矿管理者有能力的表现，煤矿会发展得更好，从而更愿意在煤矿继续工作；或者员工因为煤矿安排了管理部门的"关系户"在本不应该安排的岗位上而滋生不公平感，工作不积极甚至不愿意继续在煤矿工作等。物质生产力和精神生产力共同决定了煤矿的安全产出和经济产出等物质产品以及企业文化等精神产品。在物质层面上这种产出结果集中体现在煤炭产量、生产效率、安全条件方面，所以，煤矿安全监管中的寻租行为的物质产品应指寻租行为在煤矿安全监管方面对生产煤炭产量、生产效率、安全条件改善的作用。寻租行为对员工精神状态的影响表现为影响了员工的智力因素和意志因素，从而使员工在工作中表现出不同的主动性、积极性、创造性，也是精神生产力最为直接的体现。寻租行为的生产力特征以煤矿安全监管中的寻租行为为研究对象，系统探寻煤矿安全监管中寻租可能造成的对物质生产的影响和对精神世界的冲击，这也为我国煤矿安全监管突破管理瓶颈、建设我国和谐社会提供新的思路。

四 寻租行为生产力特征的理论模型设计

(一) 寻租子模型

目前，与世界上大多数国家类似，我国煤矿实行的是"国家监察，地方监管，企业负责"的安全监管体系，存在着相互制约、相互合作的博弈关系，其实是一种"委托—代理"关系，对三者之间博弈关系的探讨能够使煤矿安全监管中各主体的利益关系、制约机制、寻租条件更加明晰。根据煤矿调研，相关监管部门可能会存在监督、不监督两个选择，具体执行的安监部门人员存在寻租、不寻租两个选择，煤矿企业在应对寻租时可以选择行贿、不行贿或反向寻租。

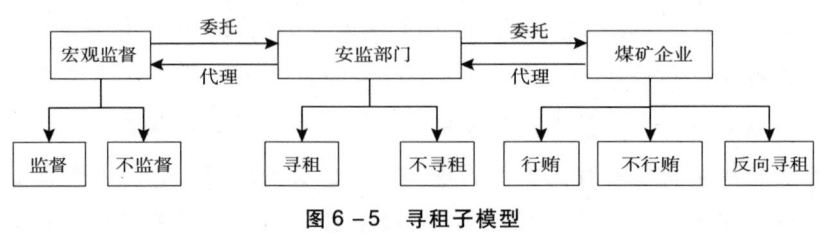

图6-5 寻租子模型

(二) 生产力子模型

根据生产力的内涵，物质生产力是人们在一般的劳动过程中生产物质产品或使用价值的能力，且使用反映生产力产出的产品产量、生产效率、安全状况进行测量。荆全忠认为，煤矿安全生产能力评价指标包括人的因素、技术因素、环境因素、管理因素，其中人的因素是指文化程度、技能水平、安全教育培训，技术因素包括开采工艺、安全装备、信息化技术，环境因素包括瓦斯、水、粉尘及顶板与岩体稳定性，管理因素包括安全规程、管理人员素质、规章制度、安全教育培训、监察力度等[144]。段洁指出，煤矿安全生产能力评价指标体系包括人员素质、自然环境、设备设施、安全管理，人员素质包括文化素质、技能水平、安全意识，自然环境包括瓦斯浓度、水文条件、煤尘爆炸高危性、自燃发火可能性、顶板稳定性，设备设施包括装置齐全、可靠性、机械化水平、日常维护、定期检修，安全管理包括现场管理、安全监管制度体系、安全监管规章制度、安全培训[148]。王志亮等提出了煤矿生产能力核定计算方法，认为煤矿生产能力包括基础生产能力，直接生产能力和综合影响因素，基础生产能力是指新核定生产能力、资源储量变化、矿井剩余服务年限，直接生产能力指矿井提升、排水、供电、井下运输、采掘、通风、地面生产等各系统装备，综合影响因素包括灾害防治、日常管理、安全状况等[148]，其中灾害防治包括瓦斯、突出、发火、水害等灾害防治能力。董觅彦也提出，煤矿生产力是由员工的工作生产力和煤炭资源生产资料共同产生的，一部分包括煤炭本身的资源、煤矿企业的装备、技术、安全保障手段等获取资源的能力，另一部分包括员工素质，源于管理高效、员工技术素质和员工安全素质、安全意识等带来的生产力也是煤矿生产力必不可少的决定性力量[149]。国家发改委、国家安全生产监督管理总局、国家煤矿安全监察局联合印发的《煤矿生产能力管理办法》《煤矿生产能力核定资质管理办法》《煤矿生产能力核定标准》文件显示，井工矿主要核定采掘系统、供电系统、排水系统、井下运输系统、通风系统、地面生产系统等的生产能力，并核定煤层赋存条件、资源储量、矿井剩余服务年限等资源基础生产力状况，生产、技术、安全管理制度须健全，各系统安全防控设备运转正常，防治水害、瓦斯、自燃、突出、顶板、煤尘爆炸等事故。

　　研究综合煤矿生产能力的文献可以看出，煤矿的生产力取决于煤矿的自然环境或基础生产能力、设备设施、灾害防治能力、技术能力、管理水平、员工素质等。概括起来，物质生产力层面包括资源基础生产能力、装备生产能力、技术生产能力、灾害控制能力等，且资源基础生产能力主要从核定生产能力、资源储量变化、矿井剩余服务年限等方面的生产力测量，装备生产能力、技术生产能力主要从采掘、机电、井下运输、通风、排水、地面生产系统的生产能力和技术生产力进行测量，灾害控制能力运用瓦斯突出与爆炸、煤尘突出与爆炸、矿井火灾、水灾、顶板事故五大灾害和其他灾害的防治能力所带来的生产力进行测量。

　　煤矿精神生产力主要从人的角度和管理角度探讨精神方面为煤矿安全生产带来的生产力。在王志亮等人的煤矿生产能力指标体系中，也将技术能力、管理水平、员工素质等纳入提升煤矿生产力的因素中，而且，马克思等也多次强调人的能力、意愿等在生产力提升中发挥的作用。现代企业运营中，管理水平的提高带来的生产力更是成为企业生死存亡的关键，以近50年企业数据为样本统计发现，装备等固定资产增加1%，生产力提高0.2%，高素质管理人员增加1%，生产力可提高1.8%[148]，可见管理能力能够为企业带来较大程度的生产力提升。结合对煤矿的了解，煤矿经营中高效的管理水平、员工安全与技术素质、员工进行安全操作的意识等对煤矿安全生产发挥着重要作用，因此精神生产力从管理能力带来的生产力、员工工作能力带来的生产力、员工工作动力带来的生产力三个方面测量。精神生产力三个维度利用感知程度进行测量。对于被社会学家称为"敏感问题"的测量，比如腐败问题或寻租问题，可能会出现一个问题，即被询问的人不太愿意回答，"民主信息基金会"调查的关于政府机构腐败程度的问题，其实是被询问者关于腐败程度的评价和感知，这种评价性回答较为客观准确。毛友根认为，感知是感受人对某种刺激有意义的体验[152]，感知是影响个人决策的重要因素，受到个人价值观的制约。管理能力带来的生产力逐渐成为现代企业运营中重要的生产力，对其他生产力要素优化配置，产生更高的生产力。对企业而言，管理生产力主要体现在制定的规章制度是否能够有效提升工作效率，制度的实施是否公平合理且收到良好的规制效果，对规章制度是否建立了有力的保障机制，各种行为是否严格按照规章制度执行等方面。因此，煤矿安全监管中管理能力带来的生产力主要从规章制度科学性、规章制度实施有效性、安全监察有效性、管理活动规范性四个方面测量。

精神生产力是人们从事价值意识、科学知识等精神产品的能力，这种能力包括人们自身具备的在长期学习或实践中积累的经验、知识水平等智力因素，以及指导人们行为选择的思想意识、价值尺度等意志因素。智力因素是原本存在于人类头脑中的知识积累，煤矿管理者和管理部门的寻租行为可能使员工在安全生产方面更依靠寻租，而忽视了安全监管技术的创新和制度的改进；同时，寻租行为也会对员工的价值尺度或精神状态产生影响，使员工在工作中表现出不同的主动性、积极性。因此，我们使用煤矿工人在寻租行为影响下感知到的智力生产力和意志生产力来测量精神生产力。彭聃龄提出，意志的结构包括独立性、果断性、自制性、坚韧性[153]，朱智贤等人提出，意志的结构包括自觉性、果断性、自制性、坚韧性[154-155]；有学者也认为，意志结构包括主动性、自制性、坚韧性、果断性、勇敢性，或认为意志表现为坚韧性、顽强性、果断性、自控性、目标清晰性、自信心等[156-157]；或者认为意志因素包括主动性、积极性、创造性。鉴于寻租行为对员工精神状态产生的影响，我们用在工作中是否具有主动性、工作状态是否积极向上、工作目标是否清晰、工作作风是否果断来衡量员工受到的寻租影响。因此，智力生产力是寻租行为影响员工社会科学知识的能力，在安全监管中包括安全技术创造性、安全制度创造性；意志生产力是寻租行为影响员工思想意识的能力，反映在员工在工作中的主动性、积极性、目标清晰性、果断性方面。因此，结合煤矿实际运营，员工工作能力生产力包括员工现在及未来可能给企业带来的收益，用员工目前的工作胜任力、创造力、未来的工作潜能三个维度测量，员工工作动力从企业文化积极性、员工队伍活力、员工工作目标清晰性、工作积极预期方面进行测量。

综上所述，物质生产力和精神生产力共同决定了煤矿的安全产出和经济产出等物质产品以及企业文化等精神产品。煤矿安全监管中的寻租行为的物质产品指寻租行为在煤矿安全监管方面对生产煤炭产量、生产效率、安全条件改善的作用；精神产品从整体管理水平、员工的智力因素和意志因素测量。因此，本研究所定义的生产力子模型，如图6-6所示。

综合上述文献分析，可得生产力的各维度如下。

物质生产力包括资源基础生产力、装备的生产能力、技术的生产能力、灾害的控制能力四个维度，其中，资源基础生产力包括核定生产能力、资源储量变化生产力、矿井剩余服务年限生产力三个维度；装备的生产能力包括采掘系统装备生产力、机电系统装备生产力、井下运输系统装备生产力、通风系统装备生产力、排水系统装备生产力、地面生产系统装备生产力六个维度；技术的生产能力包括采掘技术生产力、机电技术生产力、井下运输技术生产力、通风技术生产力、排水技术生产力、地面生产技术生产力六个维度；灾害的控制能力包括矿井瓦斯控制能力、煤层自燃

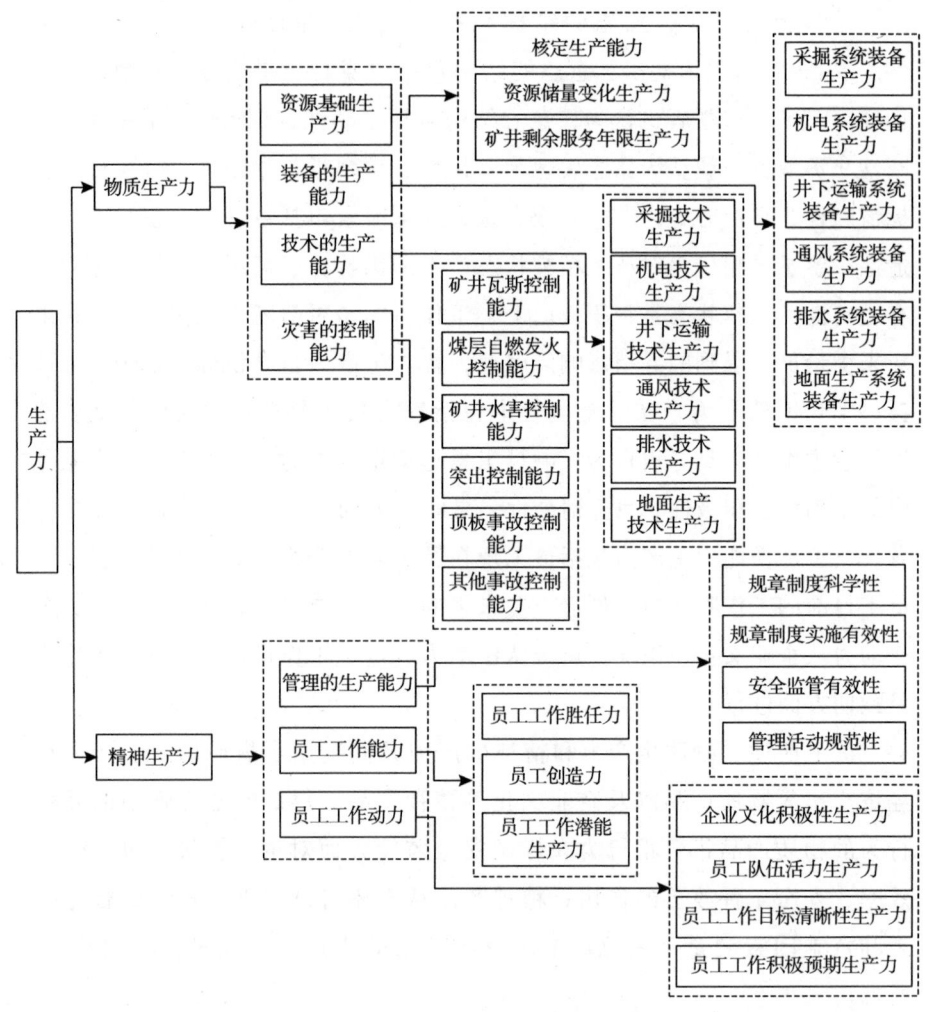

图6-6 生产力子模型

发火控制能力、矿井水害控制能力、突出控制能力、顶板事故控制能力、其他事故控制能力六个维度。

精神生产力包括管理的生产能力、员工工作能力、员工工作动力三个维度，其中，管理的生产能力包括规章制度科学性、规章制度实施有效性、安全监管有效性、管理活动规范性四个维度；员工工作能力包括员工工作胜任力、员工创造力、员工工作潜能生产力三个维度；员工工作动力生产力包括企业文化积极性生产力、员工队伍活力生产力、员工工作目标清晰性生产力、员工工作积极预期生产力四个维度。

（三）关系子模型

1. 行为主体与关联事项

煤矿安全受到各级管理部门的监管，监管部门主要监察煤矿的日常安全运营、安全专项措施落实、煤矿安全证件的审批、煤矿开采权力的认定、煤矿事故的预防与处理、煤矿安全资质审查等。本研究选择三大煤电集团公司为研究对象，探寻煤矿安全监管中可能与煤矿发生寻租行为的利益主体及行为事项。

三家煤炭企业具有典型代表性，本研究对三家企业的门户网站新闻及活动信息进行归类，系统总结三家企业 2012 年 1 月至 2013 年 8 月期间管理部门与煤矿企业发生关联的事项，以其中一家煤矿集团为例显示部分调查结果，如表 6 - 1 所示，并将事项按照主体进行分类如图 6 - 7、6 - 8、6 - 9 所示。

表 6 - 1　管理部门与煤矿企业关联事项举例

层面：一类管理部门（宏观层面掌握重要政策与资源的部门）

1	时间：2012 年 12 月 8 日 任务：来某煤电集团检查指导安全生产工作 方式：此次检查分为井上和井下两个小组，采取听取汇报、查看资料和现场实地检查的方式开展
2	时间：2012 年 11 月 5 日至 16 日 任务：分别进行现场抽查，并召开集团公司、部分矿井负责人座谈会，就《煤矿安全规程》修订工作进行了座谈，征求了相关修改建议 方式：安全专项督查通报会，听取汇报、查阅资料和现场抽查
3	时间：2012 年 7 月 6 日 任务：对"打非治违"专项行动进展情况以及安全生产工作开展情况进行检查指导 方式：到矿听取了集团和煤矿的专题汇报，查阅了有关资料，询问了有关情况后，并深入该矿井下开展安全生产隐患排查治理督查和指导
4	时间：2012 年 6 月 7 日至 8 日 任务：对 6 对矿井进行安全高效矿井检查验收 方式：听汇报和深入现场实地调研

续表

	层面：二类管理部门（中观层面掌握重要政策与资源的部门）
1	时间：2013 年 5 月 24 日 任务：到集团煤矿检查指导防治水工作 方式：听取了该矿有关负责人有关防治水工作汇报，对相关资料进行认真检查，并深入井下现场查看了泵房、炸药库等处。重点检查了矿井水害的综合防治情况、水害应急处理预案情况、雨季三防物资储备情况、周边的水害影响及防治情况等
2	时间：2012 年 10 月 9 日至 10 日 任务：到煤电集团检查指导安全生产工作，并赴煤矿井下现场实地检查矿井安全生产工作 方式：在听取该矿有关负责人关于矿井基本概况、隐患排查与治理、煤与瓦斯综合治理、防治水、安全培训等工作情况汇报，并观摩了员工岗位"双述"演练后，又深入到井下 II7322 工作面，对矿井在现场安全管理、工作面质量标准化建设等方面工作情况进行了实地检查指导
3	时间：2012 年 2 月 14 日至 16 日 任务：按照煤矿安全监察局《关于开展国有重点煤矿瓦斯综合治理重点安全监察的通知》要求，到煤电集团进行了监察 方式：听取了煤电集团安全工作汇报，查阅了相关资料后，对煤矿进行了瓦斯治理现场监察，下井检查了 11 个采掘头面。并在召开的监察通报会上，对监察结果进行了通报
	层面：三类管理部门（微观层面掌握重要政策与资源的部门）
1	时间：2013 年 7 月 11 日 任务：查看了项目建设进度，询问了资金使用情况以及产品未来市场走向，强化安全管理，调整产业结构，加快经济转型 方式：调研
2	时间：2013 年 3 月 29 日 任务：调研企业发展、项目推进和煤化一体化项目建设情况，并现场协调解决有关问题企业希望继续加大支持力度，帮助解决项目进展中遇到的问题，为项目早日建成提供保障 方式：现场调研、座谈
3	时间：2012 年 11 月 27 日 任务：到煤矿进行走访调研 方式：汇报和座谈交流
4	时间：2012 年 7 月 24 日 任务：调研工作 方式：座谈

······

部门	职责	
国家安全生产监督管理总局		
矿山救援指挥中心	组织协调矿山应急救援，国家矿山应急救援体系建设，起草矿山救援的规章、规程、安全技术标准，应急救援新技术、新装备的推广应用，矿山救护比武、矿山救护队伍资质认证，矿山救护技术培训，矿山救护技术交流与合作	
政法司、规划司 人事司	注册安全工程师执业资格考试及注册管理，指导全国安全生产培训，组织安全资格考核，监督工矿安全培训，承担国家安全生产监察专员日常管理工作，安监专员负责组织协调、参加特别重大事故的调查处理，安监队伍建设及安全培训考核	
煤矿安全监察局	监察煤矿执行法规情况、安全生产条件、设备设施安全，查处不具备安全条件煤矿，煤矿建设工程安全设施的设计审查和竣工验收，煤矿安全生产准入管理，重大煤炭建设项目的安全核准，指导监督煤矿整顿关闭，检查指导地方煤矿安全监督管理	
安全监察司		
事故调查司	煤矿安全事故和职业危害事故的调查处理，拟订煤矿职业卫生规章标准，监督检查作业场所职业卫生，协调或参与煤矿事故应急救援，监督煤矿安全生产执法，指导监督煤矿事故与职业危害统计及申报，承担国家煤矿安全监察专员日常管理工作	煤矿
科技装备司	参与起草煤矿安全生产、监察法律法规、行业规范标准，组织煤矿安全生产科研及科技成果推广，监察煤矿设备、材料、仪器仪表安全，审核国有重点煤矿安全技术改造和瓦斯综合治理与利用项目	
行业安全基础管理指导司	指导监督煤矿安全基础管理、安全标准化工作，指导监督煤矿建立、落实安全隐患排查、报告和治理制度，指导监督地方煤矿行业管理部门开展煤矿生产能力核定工作，监督检查中央煤矿企业安全生产，指导管理煤矿有关资格证的考核颁发，指导监督相关安全培训工作	
国土资源部 （矿产开发管理司）	承办探矿权、采矿权审批登记发证的管理，确定探矿权、采矿权使用费，组织划定国家规划矿区，承担矿产资源保护和保护性开采特定矿种的管理，下达开采总量控制指标，管理矿业权市场，协调重大矿业权权属纠纷	
国家发改委	经济运行调节司：监测经济运行态势，协调解决经济运行中重大问题，组织煤、电、油、气的紧急调度和交通运输协调等 资源节约和环境保护司：拟订、实施能源资源节约、综合利用、发展循环经济的规划和政策措施，承担国家有关节能减排的具体工作 重大项目稽察特派员办公室：稽察重大建设项目，跟踪检查相关行业落实国家政策情况，监督检查中央财政性建设资金	
国家能源局（煤炭司）	承担煤炭体制改革工作，协调开展煤层气开发、淘汰煤炭落后产能、煤矿瓦斯治理和利用工作	

图6-7 主要的一类管理部门职责汇总

另外，通过对相关安全生产监察的统计，存在涉及煤矿安全生产监管但与安全监管联系较少的部门，主要可分为两类：相关管理部门、与煤炭产业相关的各种协会。煤矿作为关系国计民生的企业，是当地政府的主要财政收入来源。为了了解煤矿状况，督促煤矿企业更好、更快发展，各类管理部门会经常视察煤矿企业，安全管理是其中重要的部分。在分析中，这些部门也根据级别和职责的不同被纳入一类、二类、三类部门的范围。

省国资委	监管国有煤矿企业资产，监督国有资本收益使用，任免、考核所监管企业负责人，并根据经营业绩奖惩，向所监管企业派出监事会履行监事会日常管理
省经济和信息化委员会 省工业和信息化厅	煤炭工业生产管理和安全生产监督管理，衔接平衡煤炭重点企业发展规划和生产建设计划，核定煤矿生产能力，承担煤矿生产经营许可、矿长和特种作业人员资格管理、瓦斯等级鉴定、煤层气开发利用、小煤矿整顿关闭等
煤炭工业办公室	
安全生产处	提出安全生产规划建议，指导安全生产管理和重点行业安全隐患排查治理，监督重点项目安全生产"三同时"措施落实，参与重特大生产事故的调查处理
节能监察总队	监督检查单位执行节能法规情况，日常节能监测和节能评估监察，处理浪费能源违法行为
省煤矿安全监察局	监察国有重点煤矿企业执行安全法规、安全生产条件、设备设施安全等，监督监察煤矿建设项目安全设施"三同时"情况，组织煤矿建设工程安全设施的设计审查和竣工验收，颁发管理煤矿企业安全生产许可证，组织、指导煤矿安全程度评估，参与煤矿作业场所职业卫生监察执法，监督检查为煤矿服务的矿井施工、煤炭洗选安全生产，现场处理或行政处罚煤矿安全生产违法行为，依法查处不符合安全标准的煤矿
安全监察一处	
事故调查处	组织或参与煤矿事故调查处理，监督事故处理落实情况，拟订事故处理、职业危害防治的制度规定，监督检查煤矿作业场所职业卫生情况，查处职业危害事故和违法违规行为，颁发管理职业卫生安全许可证，职业卫生服务机构资质认可与监督管理，受理煤矿事故和职业危害举报
人事培训处	负责对二、三级煤矿安全培训机构资质考核发证及监督检查，协调组织煤矿从业人员安全培训专项监察，管理煤炭行业注册安全工程师
省安全生产监督管理局	指导协调、监督检查省市政府安全生产工作，监督考核并通报安全生产控制指标执行情况，监督事故查处和责任追究落实情况，承担工矿商贸行业安全生产监督管理责任，承担职业卫生监督检查责任，组织查处职业危害事故和违法违规行为，监督检查重大危险源监控和重大事故隐患排查治理工作，查处不具备安全条件的单位，组织省政府安全生产大检查和专项督查，组织较大、重大事故调查处理和结案，指导监督特种作业人员的考核和管理人员安全资格考核，监督检查安全生产和职业安全培训，指导协调和监督全省安全生产执法
省发展和改革委员会 （能源局）	负责能源行业规划、宏观管理和综合协调，衔接平衡能源重点企业发展规划和重大生产计划，负责审查、上报、核准煤炭建设项目
省国土资源厅	拟订、实施矿产资源开发管理政策，管理矿业权审批登记发证，监督管理矿业权市场，保护矿产资源，管理保护性开采的特定矿种、优势矿产，监管矿产资源勘查、开采活动，调处重大矿业权权属纠纷
矿产开发管理处	
资源恢复整治处	组织协调和指导采煤塌陷区综合治理，编制矿山地质环境保护规划，监督管理矿山地质环境保护
执法监察局	监督检查国家土地资源、矿产资源、测绘法律法规执行，查处违法案件
省煤炭工业厅	组织实施煤炭行业关井压产，指导全省煤炭行业安全基础管理，负责煤矿安全生产执法检查和安全生产专项整治，督促煤矿企业对重大危险源的安全管理与监控，指导全省煤炭行业安全纠察工作

右侧：煤矿

图6-8　主要的二类管理部门职责汇总

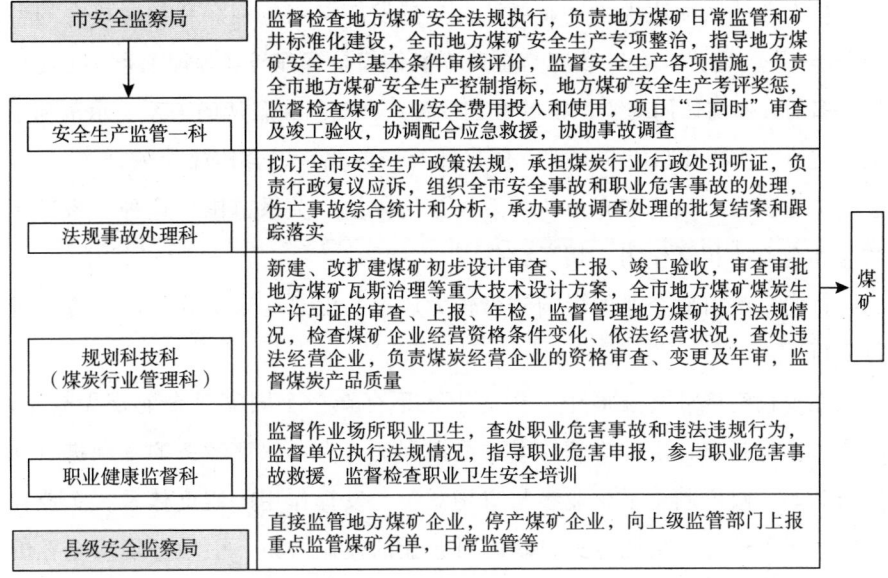

市安全监察局	监督检查地方煤矿安全法规执行，负责地方煤矿日常监管和矿井标准化建设，全市地方煤矿安全生产专项整治，指导地方煤矿安全生产基本条件审核评价，监督安全生产各项措施，负责全市地方煤矿安全生产控制指标，地方煤矿安全生产考评奖惩，监督检查煤矿企业安全费用投入和使用，项目"三同时"审查及竣工验收，协调配合应急救援，协助事故调查
安全生产监管一科	
法规事故处理科	拟订全市安全生产政策法规，承担煤炭行业行政处罚听证，负责行政复议应诉，组织全市安全事故和职业危害事故的处理，伤亡事故综合统计和分析，承办事故调查处理的批复结案和跟踪落实
规划科技科（煤炭行业管理科）	新建、改扩建煤矿初步设计审查、上报、竣工验收，审查审批地方煤矿瓦斯治理等重大技术设计方案，全市地方煤矿煤炭生产许可证的审查、上报、年检，监督管理地方煤矿执行法规情况，检查煤矿企业经营资格条件变化、依法经营状况，查处违法经营企业，负责煤炭经营企业的资格审查、变更及年审，监督煤炭产品质量
职业健康监督科	监督作业场所职业卫生，查处职业危害事故和违法违规行为，监督单位执行法规情况，指导职业危害申报，参与职业危害事故救援，监督检查职业卫生安全培训
县级安全监察局	直接监管地方煤矿企业，停产煤矿企业，向上级监管部门上报重点监管煤矿名单，日常监管等

图6-9 主要的三类管理部门职责汇总

通过归纳，本研究将煤矿安全监管中可能与煤矿发生寻租行为的主体按照层级关系分为一类、二类、三类管理部门，并结合对煤矿管理事项的分类，以及煤矿企业管理者的建议，将最可能发生寻租行为的行为事项归纳为监察执法、行政审批、整顿关闭、事故调查等。

2. 寻租行为影响因素

煤矿安全监管中寻租行为的利益主体为多级管理部门，尤其是具有监管职责、审批职责的部分管理部门人员，寻租行为是否发生受诸多因素的影响，这些因素应从政府与企业之间关系或利益影响进行分析。企业寻租政府与企业之间、社会与企业之间都存在着万般联系，这些关系对寻租行为具有重要影响。在煤矿安全监管中，管理部门——煤矿企业之间的寻租行为的影响因素是决定寻租行为是否可能发生、如何发生的关键。

（1）政府和企业关系

作为社会上占有重要地位的公共机构，企业与政府之间存在合作与竞争的矛盾统一的关系。按照一般的政府与企业关系，政府处于主导地位，企业处于被动地位，反映出的是一种管理与被管理的关系。从税收政策到其他规章制度，政府对企业有着必要的管理职责和权力；而且，政府制定出保护企业的法律法规，企业靠社会支持发挥着创造利润和就业机会的各种职能[159]。现代社会，政府与企业不能仅仅是管理与被管理关系，也应增加更多的合作与认同理念，拓展为五种关系：规制和服从的关系、示范和跟从的关系、认同和归依的关系、催化和反应的关系、合作伙伴关系[160]。对于生产力而言，政府和企业的关系应该纳入生产关系范围，这种关系基于政府和企业的相互作用、相互影响[161]。

首先，政府对企业的影响研究较为广泛，汇总起来主要从以下方面进行分析。

在现代经济社会发展中，世界上还不存在一个国家对企业毫无规制，所有企业都是在一定的规范约束下追逐利润，为了保证经济的顺利进行和国家利益，政府制定了企业参与市场竞争、发挥作用的制度体系，企业在制度体系下运营。由此可见，政府对企业的规制政策、引导环境对企业的发展至关重要，影响到企业发展方向，这种规制也逐渐成为学者们讨论的焦点。卡罗尔认为，政府制定企业运营的规则，也是企业产品和服务的消费者，同时又为企业提供补贴，拥有雄厚财政能力，推动着经济增长，保护企业开发的利益主体，存储着社会意识，再分配社会资源等。[163]关于政府对企业的管制，大部分学者认为，适当的、一定程度的规制是必不可少的，有利于为消费者和企业职工提供利益保障，督促企业履行社会责任，保护环境；但是，过多的、冗余的规制也会带来程序繁杂、文件杂多的问题，同时也给政府寻租创造了条件。

其次，企业对政府的影响可从利益相关者理论、社会交换理论等方面进行探究，主要包括以下方面。

随着企业在经济发展中占据着越来越重要的地位，与政府的关系也日益密切，政府成为企业运营中极其重要的利益相关者。企业也开始参与政府活动，在政府机构中寻求对自身有利的政策或权利。企业怎样以及是否通过种种方式影响政府决策，基于企业追求利润的本质，仍然是以利益为主要出发点。

从利益相关者理论来看，企业在追求利润时要超越利润最大化的思想，企业利益必然受到某些个人、团体的利益影响，所以企业不得不考虑利益相关者的利益。弗里曼提出，利益相关者一词由斯坦福研究所 1963 年最早提出，指的是企业经营过程中可能会影响企业的生存和发展、与企业有利益关系的群体，包括竞争者、消费者、雇员、消费者利益鼓吹者、所有者、地方社区组织、政府、供应商、环保主义者、特殊利益集团等[162]。1995 年，首要利益相关者和次要利益相关者被区分开来[164]。首要利益相关者是指与企业经营密不可分的团体，次要利益相关者是指能够影响企业经营，或者受到企业的影响，但并不是至关重要和起决定作用的。这种分类是基于利益相关者与企业经营的关系密切程度划分的。同样是按照利益相关程度，波斯特等人将利益相关者分为"第一级利益相关者"和"第二级利益相关者"。因此可以看出，利益相关者之间存在利益等级划分。

利益相关者的模型中，企业位于各种相关关系的中心部分，企业追求利益相关者的整体利益。对于企业和政府关系的研究，大多数学者使用利益相关者模型，将利益相关者按照利益相关程度分别命名为主要利益相关者、次要利益相关者。卡罗尔企业社会责任模型基于利益相关者分类，将企业利益相关者分为股东、员工、消费者、社区、政府等[163]。可见企业与政府等利益相关者具有一定的相互联系。了解不同的利益相关者需求，并尽可能保障他们的权利，企业在经营过程中才能最大限度地获取各方面支持。

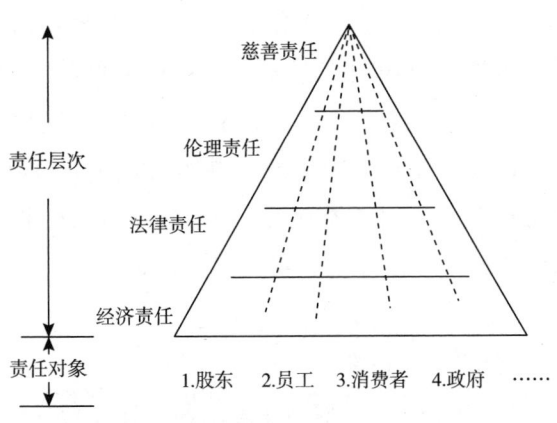

图 6 - 10　企业对利益相关者尽责状况

基于社会交换理论，埃莫森认为社会交换过程中"权力"源于依赖性，权力大小取决于他人对自己的依赖程度。对他人依赖性越大，权力越小，越处于被动地位。汤姆森基于"权力—依赖"理论，认为一方组织对另一方组织的依赖程度取决于对方能够提供的资源。依赖于外部资源，组织不得不形成潜在的屈从状态，双方组织权力不平等，则依赖性与可替代资源的多少成反比。应用于政企关系方面，政府能在多大程度上控制企业取决于企业在多大程度上依赖政府提供的资源，这种依赖性取决于政府掌握资源的多少，其他替代资源的数量和成本大小。而当其中一个权力部门比其他部门拥有更大的权力，这个权力部门很可能利用权力去寻找其他可以获得额外资源的机会。如此一来，政府和企业之间的权力出现不平等状况，且企业对政府资源具有的依赖性，都促使官商勾结和腐败寻租的产生。此外，政府与企业的资源交换关系可能是一对多的关系，一个政府机构可能同时面对多个企业，多个企业只能向一个政府机构获取资源；也可能是多对多的关系，企业可以同时向多个政府机构获取资源。这就造成了资源依赖性的不同。比如，在煤矿安全监管中，安全生产许可证等文件的审批只能由煤矿安全监察局来完成，这种资源是高度依赖的；而煤矿企业在申报各种成果奖励时，可以申报煤炭工业部的奖项，也可以申报国家能源局的奖项，这种资源不具有垄断性质的依赖性。因此，管理部门部分人员和煤矿企业之间是否可能发生寻租行为时，政府权力是否具有直接依赖性、直接影响性就必然成为影响因素。

而且，对于煤矿企业而言，安全监管中各级管理部门对安全监察具有不同的利益相关性，影响程度不同，设租和寻租发生的机会也不同；而且，在利益主体中，已经发生的寻租行为会让煤矿企业形成判断依据，租金能否起作用以及作用的效果怎样，基本可以由以往经验推断而得，这个因素本研究称为"作用的有效性"。因此，利益的相关程度、影响的直接性、作用的有效性都是政府管理部门与企业之间寻租行为的影响因素。

（2）"政府—企业"利益维护

作为企业的利益相关者，政府与企业之间也存在利益维护关系。社会交换理论认为，企业以有倾向性的投票与政府政策制定者有倾向性的法律法规进行交换，企业以投票权或其他利益换取行业进入壁垒和各种补贴取得权，以满足最大化自身利益为目的[166]。公共利益理论认为，政府公共政策制定的过程其实是各个利益团体为自身利益竞争的过程，企业作为一个利益整体，与其他团体相互竞争，同时企业内部各企业、各行业也不断竞争[167]。利益相关者理论认为，企业为维持与政府的利益关系需投入资源，而企业对政府的依赖程度大小是决定投入资源的主要依据。若政府和企业之间存在某种合同或监管关系，或某种政策的出台会带来企业成本的大幅增加，则企业更愿意花费资源用于维护与政府的良好关系，或通过其他途径影响公共政策的制定。因此，可以看出，企业选择政企关系时会权衡企业维护利益花费的成本、企业可能得到的利益等因素。同样地，在煤矿安全监管中，煤矿在管理部门部分人员寻租时也会考虑寻租的维护成本、租金额大小、时间精力成本、发生频次等，以及寻租可能给自己带来的收益。我们将这几个因素定义为维护成本、时间精力成本、花费额度、发生频次。

（3）政府对企业的管制

现有文献多从政府采购行为、公共投资行为、国有资产管理等角度分析寻租活动，寻租主体一般是政府等权力部门，在政府与企业博弈过程中，一般都提出"寻租可能会被揭发""寻租被揭发后的罚款""处罚等后果"[168-170]。"智猪博弈"的分析结果显示出个人理性和集体理性的矛盾，博弈双方都只从个人利益出发，却可能造成集体利益的损失。当前我国处于经济发展转型时期，政府与企业之间往往存在个人理性与集体理性的矛盾。如果政府或企业仅仅追求自身单方面的利益，就可能给社会带来总体的利益损失。在这种情况下，很多国家利用政府干预企业利益的分配，却促使了寻租的发生。政府官员拥有控制企业的行政权力，企业为达成自身利益而向政府官员行贿，资源分配的结果从而取决于企业的贿赂数量，政府本身的职责无法起到应有的作用，而且，企业也为寻租担负较高的法律风险和贿赂成本。政府和企业都无法完全发挥应有的职能，这种非正常关系造成了双方和社会的总体不利[171]。可以看出，政府和企业之间的博弈关系也将被揭发的风险、贿赂成本等考虑在内。在煤矿安全监管中，揭发可能性和后果严重性也是管理部门人员和煤矿企业发生寻租行为的影响因素。

综合上述理论分析，结合煤矿的实际运营，我们将一类、二类、三类部门可能与煤矿安全生产监管发生关联的、可能发生寻租行为的概率影响因素汇总如下。

利益相关程度：各类管理部门都在煤矿安全监管中对煤矿负有监管责任，但煤矿自身性质的不同和管理层级的不同使得煤矿和管理部门之间呈现不同的利益相关程度，如国有重点煤矿与一、二类管理部门具有更强的利益关系，乡镇煤矿与三类管理部门的利益交互更强，因此利益相关程度是管理部门和煤矿企业之间是否存在寻租行为的因素之一。

影响的直接性：即管理部门对煤矿在安全监管方面的影响程度，管理部门对煤矿的事项申请具有完全决策权，或者需要与其他部门共同决策，或者在决策过程中仅起到辅导作用。具体体现在行为事项方面，比如三类管理部门在监察方面可自主决策，但在许可证的审批方面可能没有决策权。

作用的有效性：煤矿企业根据以往寻租经验预测寻租行为是否能够取得效果。管理部门的层级不同，煤矿企业应考虑其权力寻租行为是否对企业有利。

维护成本：煤矿企业为维持与管理部门的关系而在日常活动中花费的成本，成本大小也是煤矿企业考虑的因素之一。

花费额度：煤矿在处理某一与管理部门发生关联的事项时，可能发生的成本。

时间精力成本：煤矿企业为应对寻租所花费的时间、精力。各级管理部门为监察、审批、调研而到煤矿实地调查，煤矿企业需花费时间精力配合与陪同，尤其是在存在寻租行为时需要花费更多的时间精力。

发生频次：管理部门到煤矿企业履行监管职责的频率，可作为花费额度、时间精力成本的综合考虑因素。

公开化可能性：寻租行为被揭发的可能性，煤矿企业在考虑如何应对管理部门人员寻租时，也将被揭发的可能性纳入影响因素。

后果严重性：寻租行为被揭发的后果严重程度，一般后果较为严重，可作为公开化可能性的综合考虑因素。

关系子模型主体分为一、二、三类管理部门，行为事项包括监察执法、行政审批、事故调查、整顿关闭，关系维度包括利益相关程度、影响直接性、作用有效性、时间精力成本、花费额度、公开化可能性、发生频次、维护成本、后果严重性。煤矿企业根据关系维度确定选择行贿、不行贿、反向寻租的概率。据此，本研究给出嵌入寻租利益主体作用关系系统的概念模型。

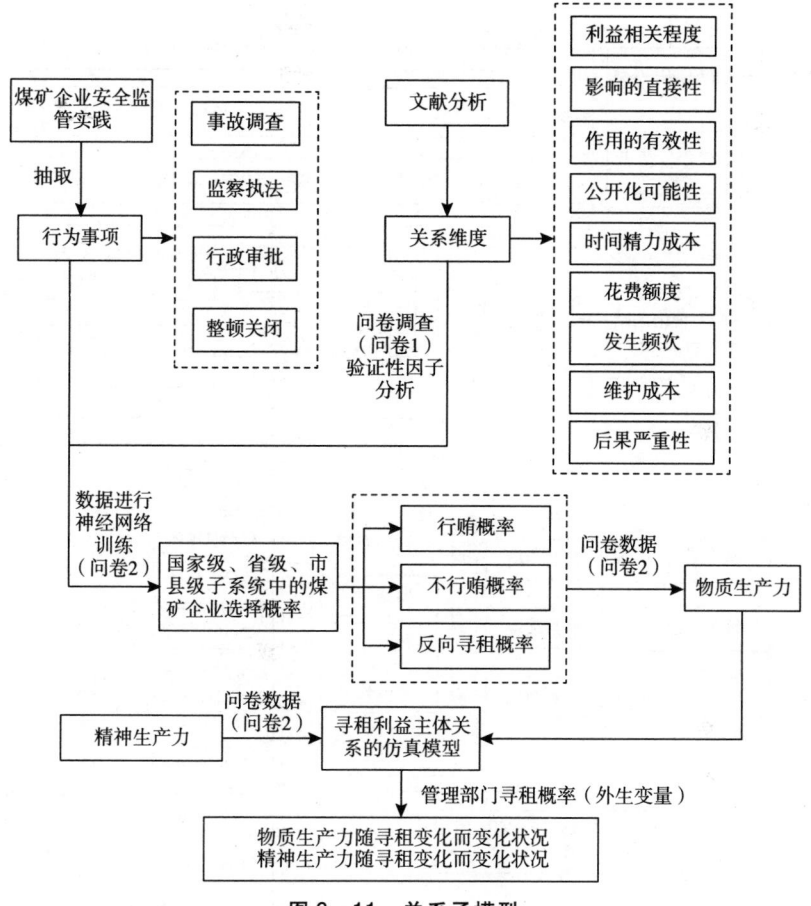

图 6-11　关系子模型

（四）总体概念模型

从我国煤矿安全生产监管的法律法规、制度发展历程可以看出，良好的煤矿安全状况不仅需要健全的制度，也需要责权利明晰的行政管理体制。目前我国煤矿安全监管体系均建有健全的安全监管机构，同时，各级管理部门的存在也为寻租创造了机会。各级管理部门在煤矿安全监管中发挥着不同的作用，监管对象、职责、权责范围各不相同，其表现出的生产力特征也各不相同，因此，本著作研究寻租行为的生产力特征时，将分别从一、二、三类系统进行分析，以得出不同的管理部门为主体形成的寻租行为对生产力产生的影响。本著作的总体概念模型如图 6 - 12 所示。

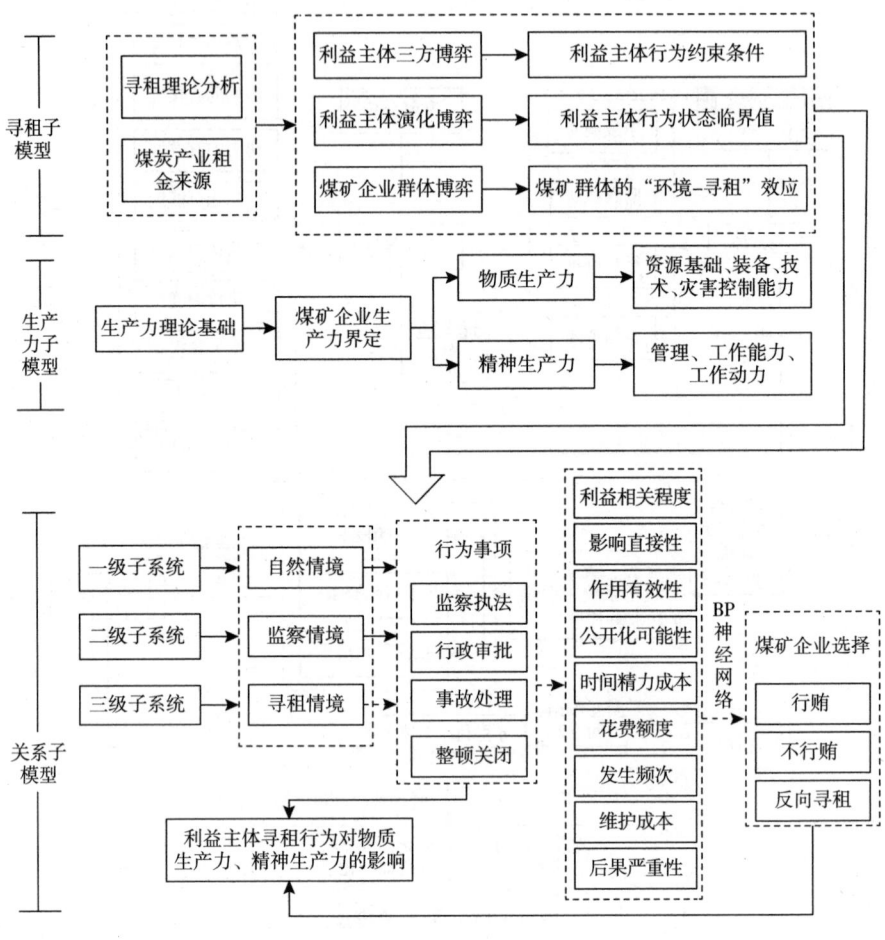

图 6 - 12　总体概念模型

本部分内容主要包括对煤矿安全监管中寻租行为进行了界定和解释，给出生产力的内涵，并从煤矿安全监管法律法规执行效果、煤矿事故致因、煤矿的安全状况发展阶段等方面，运用数据统计分析的方法对我国煤矿安全现状做了详细阐述。在以上分析寻租、生产力的理论基础上，本章提出了寻租行为生产力特征的理论模型，用于指导全文的理论架构。通过文献分析和煤矿调研，得出寻租行为的影响因素，包括利益相关程度、影响的直接性、作用的有效性、维护成本、租金价值、时间精力占用、发生频次、公开化可能性、后果严重性等。

五 煤矿安全监管中寻租行为的生产力体现

寻租理论在我国引起广泛关注之后，学者们开始借鉴西方发起的寻租理论解析我国经济中的某些消极现象。20 世纪 80 年代，大多数学者认为，政府过多行政干预引起了寻租活动；寻租行为危害之一在于资源流失所造成的社会财富巨大浪费，腐败开始盛行，经济效益持续低下等，应用寻租理论来解释腐败在我国泛滥的深层原因。也有学者把腐败等价于寻租，寻租成为腐败的代名词，或者把腐败定义为权力寻租，探讨腐败的根源。腐败与寻租之间的行为主体都握有公共权力，且行为一般是非法的，谋求的对象都是租金，这种现象被称为"寻租性腐败"[172]。其实，可以说寻租是实现腐败的一种方式，两者是密不可分的，即使在寻租的经典文献《寻租社会的政治经济》中，也把腐败纳入了新政治经济学的研究范畴，正式提出的寻租概念也是将腐败看成政府官员的寻租行为。因此，研究寻租行为对生产力的影响，与腐败对生产力的影响密切关联。

（一）寻租促进生产力的发生条件

寻租对生产力具有正向影响来源于腐败的"润滑油"理论，即"有效腐败论"[173-174]。以莱夫为代表的微观经济理论研究学派认为，腐败可以暂时缓解政治官僚带来的困境，是提高资源配置效率的一种手段。在一些国家的实际操作中，尤其是还未发展成熟的发展中国家和转型国家，制度建设尚未完善，体制的缺陷导致政府机构低效、无能和管理不当，这种情况下如果不考虑使用向官员行贿的方式，一些经济事项根本无法进行下去，或者需要承担极高的成本，腐败和寻租反而是协助活动进行下去的手段。因此，在僵化管理形成时，腐败和寻租是僵化管理向常规管理转变的"润滑剂"，有利于减少制度摩擦、提高制度运行的效率。当然腐败和寻租只是暂时性地缓解了这些摩擦，并没有从根本上解决这些扭曲。[105]麦塔西和帕里西也指出，如果市场失灵，寻租能够促进关键资源的开发利用，不寻租反而造成社会资源的浪费。赵娟认为，寻租是在寻求某种权利，任何事物只有具备了一定权利才可发挥作用，因此，寻租并不是引起资源浪费的活动。蒲艳，邱海平也认为，当社会制度存在缺陷时，寻租可以起到一定的矫正作用，比如产权制度和法律制度不够完善时，寻租能够使企业避免冗繁的规章制度，提高经营效率。这种寻租活动有利于提高经济产出。[108]

近年来随着寻租理论研究的深入，"有效腐败论"也不仅仅停留在理论研究层面，逐渐使用数据进行实证检验。比如，宋艳伟以 1998 ~ 2006 年省级面板数据为样本计算，发现腐败正向作用于民营经济的发展，验证这种情况下腐败有效论的成立。同时也指出，腐败的存在减少了政府的侵占和干预是有利于民营经济发展的重要原因。

通过总结文献和实际调查，寻租促进生产力的观点主要分为以下几方面。

寻租是社会制度尚未成熟阶段规避制度缺陷的一种手段。在国家制度体系存在缺陷时，官僚程序复杂、政府低效、管理混乱，寻租可以绕开因制度体系造成的时间成本，缓解与政府矛盾，是解决效率低下问题的"高速货币"。如果在制度缺陷时期不存在寻租，整个社会生产力反而受到更大的抑制。

寻租也是资源配置的一种方式，甚至可能更有效率，寻租的目的是获取更加有利的资源发展自己。政府机构利用权力设置了壁垒，企业通过给租方式获得打破壁垒的机会，整个寻租过程可以看作企业追求资源补充的过程。从寻租的目的来看，企业依靠不公平的资源配置方式获取外界支持，也反映了对产品价值的追求意愿，是增加社会生产力的一种方式。

寻租带动了行业竞争，提高了市场活力，是生产力前进的推动力。寻租行为使一部分企业强大起来，无形中削弱了其他企业的竞争力，激发了市场竞争，促使各企业不断学习，形成新的竞争优势。市场中企业形成相互追赶状态，推动着整体生产力的前进。

企业通过寻租活动可能占领市场有利地位，但同时，为了保证其领先地位，企业也需要不断投入资源、管理创新、提升能力来创造出使自己继续保持竞争优势的条件。从社会财富价值看，如果企业自身能力提高后创造的社会财富减去寻租成本要高于不寻租时创造的财富,那么这种寻租应该是有价值的。

(二)寻租抑制生产力的发生条件

与"有效腐败论"直接对立的是"有害腐败论"。"有害腐败论"完全否定腐败带来效率的结论,从根本上否定"有效腐败论"的假设前提,认为腐败提高效率的观点以一系列假设为前提,这些假设前提是不符合现实状况的,所以这种观点无法具有说服力。

有效腐败论认为,腐败可以规避和克服政府低效等产生的非正常障碍,但是,存在的一个问题是,腐败和这些障碍都是基于体制的不健全、制度缺陷而产生或加强的,都在体制内部相互作用,不能论证政府低效产生了腐败,还是腐败造成了体制低效。将腐败定义为"高速货币",利用腐败缩短文件在政府机构的停滞时间,促使人员提高办事效率,也存在着这种问题。腐败效率论中也存在一个难以确定的问题:腐败无法得到法律的保护。由于行贿产生的行贿交易服务也不具有约束力,所以效率也不一定能够得到保障。腐败提高效率的理论也受到质疑。腐败投入资源用于寻租活动,除了投入的资源外,还需要在隐藏腐败、预防官员道德风险、讨价还价、达成合谋等方面花费资源精力,这些成本也是社会的无形损失,即使提高了效率,在这些方面花费的成本也应纳入寻租成本中。公共选择学派认为,寻租理论形成之初就产生了有害腐败论,寻租浪费社会成本、产生垄断低效、浪费资源;此外,如果社会上过多资源都被用于寻租活动,生产获得的回报远低于寻租换取的回报,社会生产活动就无法拥有足够的吸引力调动人们从事生产活动的动力,越来越多的人会加入寻租队伍中,促进腐败滋生和盛行[175]。如果腐败长期存在,经济增长必然受到损害。

20世纪90年代后,很多学者加入有害腐败论的论证中。Shleifer和Vishny详细讨论了腐败为何能够引发高额的经济成本,一是中央政府若处于弱势地位,没有办法阻止下属机构向企业或其他机构进行寻租,索要单独贿赂(independent bribes),这为企业和其他机构增加了成本;二是保密的腐败行为改变了国家制定的投资结构,将符合发展需要的企业挤出竞争队伍，投资结构的转变势必会使经济产生大的震荡。[175]Mauro 首先从实证角度探讨腐败与经济增长之间的关系，分析了 58 个国家的样本数据，发现腐败负向作用于投资在 GDP 的占比，即腐败损害经济发展[176]。在此基础上，Mo 证明腐败的广泛存在会造成社会动荡、人力资本的损失，显著抑制经济发展[177]。Pellegrini 和 Gerlaph 从投资政策、贸易政策的角度分析，认为腐败通过政策影响抑制经济发展[178]。Blackburn 等建立了经济发展、行贿、避税的均衡模型，得出腐败破坏经济发展的结论[179]。Swaleheen 运用腐败与人均收入的关系分析得出腐败对经济增长具有负向影响作用[180]。这些研究不仅得出腐败、寻租与经济增长之间的关系，也提供了两者的作用途径。

可见，寻租抑制生产力的条件可概括为以下几点。

寻租产生制度低效，制度低效引发寻租，寻租是政府机构低效、程序烦冗、管理失效的推动剂。寻租的存在让政府官员故意降低办事效率，各种复杂程序通过寻租得以完成，就使得程序或体制改革的迫切性并不明显。若没有寻租，大量文件堆积，排队企业生产无法进行，这种低效的制度体制可能会尽快改变。即使寻租短时间内对某个官员、某个企业的效率有所提升，但从根本上却保护着这样一种扭曲体制继续存在，效率越发低下。

寻租不仅浪费了本该用于生产的资源，致使这部分资源落入某些个人或部门手中，而且在寻租过程中用于掩盖寻租行为、确定官员偏好、达成合谋、寻找寻租途径等也浪费了寻租双方的时间精力，使得本该用于生产提升、社会服务的资源用作寻租方面，这也是社会资源的浪费。寻租行为为企业管理者、政府官员提供了一种非生产性的、偏离发展轨迹的途径。

寻租行为导致生产性活动发展缓慢，社会风气浮躁，唯金钱、关系思想对社会价值观产生不良影响，并容易引发不公平感，甚至社会动乱。寻租行为获得的收益高于生产活动取得的收益，社会上容易形成金钱主义者、关系主义者，认为金钱万能，贫富差距加大，不公平感加深，社会矛盾问题凸显，对经济发展危害极大。

（三）寻租双向作用于生产力的发生条件

随着研究的深入，越来越多的学者采用辩证的视角看待寻租或腐败对经济的影响，强调制度环境的差异会造成寻租与经济发展生产力之间关系的不同。Barreto 从信息不对称角度和公共部门资源分配角度进行理论拓展，使用简单的两阶段二乘法，探寻衡量腐败程度的国际商业指数和真实人均 GDP 增长率之间的关系，发现腐败对经济增长具有促进作用，但添加除国际商业指数以外的变量为自变量时，腐败对经济增长的作用弱化了[181]。Pellegrini 和 Gerlagh 研究发现，腐败与经济增长两个变量间相关关系不显著，两者基本无影响[178]。Rock 和 Bonnett 通过研究新加坡、巴西等新兴工业化国家腐败与经济增长的关系，发现新兴工业化国家在政府集权制度下，腐败与经济增长之间呈正相关，而其他发展中国家的腐败与经济增长之间呈负相关[182]。应用 141 个国家 1995～2004 年的数据研究，有研究发现，制度是否完善是决定残余腐败与经济增长之间关系的因素，制度不完善情况下残余腐败与经济增长呈现正向关系，制度完善情况下残余腐败与经济增长呈现负向关系。Méndez 和 Sepúlveda 利用腐败指数和平均经济增长率数据进行计算，研究发现对一个自由国家而言，腐败和经济增长并不是简单的单调关系，如果整个国家腐败较少，腐败正向作用于经济水平；如果整个国家腐败较多，腐败负向作用于经济水平[183]。Aidt 等提出，腐败是否有利取决于制度体系是否完备，在高质量、高成熟度的政治制度水平下，腐败对经济增长具有显著负向作用；在低质量、低成熟度的政治制度水平下，腐败不会对经济增长产生影响[184]。Méon 和 Weil 证明，制度完善与否对腐败发挥的作用影响较大，若制度不完善，腐败和经济是正向关系，至少不会损害经济增长[185]。Aidt 特别说明，只有制度存在缺陷的国家才适用有效腐败论，除此之外腐败是不利于一个国家的经济发展的[186]。Dong 和 Torgler 发现，不能单纯评价腐败的正负效应，腐败在对经济发展的作用中正负效应都存在，在每一种具体的制度环境下，表现出来的影响作用可能是正效应与负效应相互平衡的结果[187]。借鉴 1998～2006 年的面板数据，陈刚、李树和尹希果对我国的腐败与经济增长关系进行了探索，发现现阶段我国腐败程度与经济增长呈现显著负效应，腐败程度每上升 1%，经济增长速度就下降 0.4～0.6 个百分点；但同时，腐败可以改善我国的经济效率，腐败水平每上升 1%，技术效率增加率提升 3.9～4.1 个百分点[174]。阔大学，罗良文通过对多国面板数据进行实证研究发现，发达国家的腐败不利于经济增长，发展中国家的腐败与经济增长呈现倒 U 型关系，且指出我国目前处于倒 U 型的右半部分，目前腐败不利于我国经济增长[188]。

因此，寻租如何双向作用于生产力取决于具体的制度、文化情境，不能简单地说寻租对生产力有利，还是有害，或者对生产力无影响作用。得出不同情境下寻租对生产力的影响，是探寻寻租行为生产力特征的指导思路。

第七章　生产力结构实证检验

一　问卷设计与调研

本研究问卷包括两大部分，第一部分是物质生产力量表，包括资源基础生产力量表、装备的生产力量表、技术的生产力量表、灾害的控制能力生产力量表；第二部分是精神生产力量表，包括管理的生产能力量表、员工工作能力量表、员工工作动力量表。

本调研分为预试调研和正式调研两部分。为保证样本数据的代表性，选择开滦煤矿、神华准能、山西平鲁矿区、晋煤高平赵庄煤矿、朱集西煤矿、淮南矿业集团、济宁矿业集团等多个煤矿企业的部分生产管理人员、安监管理人员作为调研对象，调研方式选择现场访谈和集中填写方式。2013年12月进行预调研，预试调研收集问卷100份，有效问卷76份，样本有效率为76%。预试调研后，2014年1~2月在开滦煤矿、徐矿集团庞庄矿、旗山矿、夹河矿、拾屯矿等下属煤矿、神华准能、山西平鲁矿区、晋煤高平赵庄煤矿、朱集西煤矿、淮南矿业集团、济宁矿业集团等煤矿企业进行正式调研，调研对象为生产管理人员、安监管理人员。正式调研发放问卷400份，主要采用现场集中填写、邮寄等方式，回收有效问卷288份，样本有效率为72%。

二　预调研信效度检验

在本研究数据处理过程中，如果题项属于反向题目，数据都已进行了反向处理。

1. 内容效度

本著作第二章理论基础和第三章各生产力的维度结构为量表开发奠定了基础，本研究的量表开发是基于前文的文献研究和理论分析，经过汇整、转换而来的。问卷初稿经过调整和修改，并参考了学术界专家和从事煤矿安全监管的专家的意见，以增加问卷的内容效度。因此，本研究问卷符合一定程度的内容效度。

2. 结构效度

各分量表的 KMO 抽样适度检验和 Bartlett 球形检验结果如表 7 - 1 所示。

表 7 - 1　KMO 和 Bartlett 球形检验结果

总量表	分量表	KMO	Bartlett 球形检验		
			Chi - Square	df	Sig.
物质生产力量表	资源基础生产力量表	.714	87.662	3	.000
	装备的生产力量表	.936	2282.390	435	.000
	技术的生产力量表	.930	2367.635	435	.000
	灾害的控制能力生产力量表	.908	2265.969	435	.000
精神生产力量表	管理的生产能力量表	.904	1051.028	136	.000
	员工工作能力量表	.925	651.391	55	.000
	员工工作动力量表	.885	904.238	120	.000

根据 Dziuban 和 Shirkey 提出的因子分析条件，上述量表均可进行因子分析[196]。应用主成分因子分析法，根据设定的标准，因素分析因子负荷超过 0.71 被认为是优秀，0.63 被认为非常好，0.55 被认为是好的，0.45 被认为尚可，0.32 被认为较差。首先删除因子负荷小于 0.5 的题项。因为物质生产力量表中的装备的生产力量表、技术的生产力量表、灾害的控制能力生产力量表内均是测量采掘系统、机电系统、井下运输系统、通风系统、排水系统、地面生产系统的状况，量表结构相似，所以将直接用验证性结构分析进行验证。

资源的基础生产力归纳为一个因子，各因子系数为 0.898、0.845、0.891。

管理的生产能力量表采用主成分因子分析法，删除因子负荷小于 0.5 的 97、98、99、105 题项后，再次进行探索性因子分析，并使用方差最大正交旋转。删除题项后的问卷累计可解释变异量的 76.619%，共分为 3 个因子，因子 1 命名为"规章制度科学性"，因子 2 由规章制度实施有效性和安全监管有效性合并命名为"规章制度有效性"，因子 3 命名为"管理活动规范性"。正交旋转后的各因子负荷矩阵如表 7 - 2 所示。

表 7 - 2　正交旋转后的因子负荷矩阵

管理的生产能力量表	因子负荷		
	1	2	3
94 规章制度符合实际情况	.700		
95 规章制度符合行业相关要求	.864		
96 规章制度很科学	.748		
100 规章制度提高生产效率		.542	
101 规章制度改善安全状况		.792	
102 安全监管有效		.614	
103 安全监管流于形式		.735	
104 安全监管促使遵守制度		.587	
106 安全监管抑制管理者违章		.696	
107 各项管理活动规范			.677
108 不存在特权、人情办事			.881
109 制度面前人人平等			.631
110 矿上管理松散			.721

同理分析员工工作能力量表，删除题项 118、119 后，再次进行探索性因子分析，删除题项后的问卷累计可解释变异量的 81.734%。可得三个因子，分别命名为"员工工作胜任力""员工创造力""员工工作潜能"。

表 7 - 3　正交旋转后的因子负荷矩阵

员工工作能力量表	因子负荷		
	1	2	3
111 干部、工人胜任工作	.797		
112 干部、工人遇到困难很好应对	.771		
113 员工非常胜任工作	.712		
114 员工充满创造力		.797	
115 员工技术革新、改造成果层出不穷		.690	
116 员工擅于找到科学、高效工作方式		.729	

续表

员工工作能力量表	因子负荷		
	1	2	3
117 员工工作思路积极		.541	
120 员工工作经验丰富			.840
121 提高工作要求，员工也能做好			.793

同理分析员工工作动力量表，删除题项 122、123、127、133 后，再进行探索性因子分析，删除题项后的问卷累计可解释变异量的 78.442%。可得 3 个因子，因子 1 命名为"企业文化积极性"，因子 2 命名为"员工队伍活力"，因子 3 由员工工作目标清晰性、员工工作积极预期合并命名为"员工工作预期"。

表 7 - 4　正交旋转后的因子负荷矩阵

员工工作动力量表	因子负荷		
	1	2	3
124 矿上靠关系晋升	.871		
125 矿上呈现拉关系风气	.882		
126 员工对待工作积极向上		.674	
128 员工迫于生计而工作		.776	
129 员工应付工作，得过且过		.876	
130 员工充满干劲，有活力		.813	
131 员工有清晰的工作目标			.587
132 员工很清楚工作的目标要求			.731
134 员工对自己工作前景很有信心			.775
135 员工普遍觉着工作没有前途			.712
136 员工觉着矿上能发展更好			.758
137 员工相信矿上一年比一年发展更好			.833

3. 信度检验

对物质生产力量表和精神生产力量表进行信度检验。鉴于 Cronbach's α 值均大于 0.8，可见量表信度较好（见表 7 - 5）。

表 7 - 5 量表信度检验

总量表	分量表	标准化 Cronbach's α 值
物质生产力量表 （Cronbach's α = .990）	资源的基础生产力量表	.833
	装备的生产力量表	.978
	技术的生产力量表	.981
	灾害的控制能力生产力量表	.979
精神生产力量表 （Cronbach's α = .977）	管理的生产能力量表	.954
	员工工作能力量表	.943
	员工工作动力量表	.937

三 生产力结构实证分析

对生产力子模型（图6-6）进行实证分析，利用验证性因素分析等验证生产力子模型的结构维度。

1. 物质生产力量表验证性因素分析

（1）信效度检验

物质生产力量表及其各量表的信效度检验值如表7-6所示。

表 7 - 6 物质生产力量表信效度检验结果

量表	KMO	Bartlett 球形检验			标准化 Cronbach's α 值
		Chi - Square	df	Sig.	
物质生产力量表	.985	24193.645	4278	.000	.992
资源基础生产力量表	.728	346.808	3	.000	.841
装备生产力量表	.987	6958.149	435	.000	.978
技术生产力量表	.988	7200.092	435	.000	.979
灾害控制能力生产力量表	.984	6256.156	435	.000	.975

鉴于 Cronbach's α 值均大于0.8，可见量表信效度较好（见表7-6）。

（2）装备的生产力验证性因子分析

在 AMOS 软件中选择最大似然估计对装备的生产力结构方程模型进

行参数估计（见表7-7），主要参数估计值在0.05水平下显著。装备的生产力模型的$x^2/df = 1.056$，$RMESA = 0.014$，$NFI = 0.943$，$RFI = 0.936$，$IFI = 0.997$，$CFI = 0.996$，假设模型与现实数据拟合度较高。所有路径系数（图7-1）在$P = 0.05$的水平上具有统计显著性，各个观察变量能够很好地预测潜变量。因此，装备的生产力包含采掘系统、机电系统、井下运输系统、通风系统、排水系统、地面生产系统的生产能力。

表7-7　装备的生产力结构方程模型参数估计

参数	标准化估计	标准误	临界值	P	参数	标准化估计	标准误	临界值	P
z_{13-2}	0.773	0.056	15.437	***	z_{8-1}	0.772	0.055	15.425	***
z_{12-2}	0.778	0.057	15.573	***	z_{7-1}	0.780	0.056	15.674	***
z_{11-2}	0.771	0.056	15.375	***	z_{6-1}	0.785	0.055	15.816	***
z_{10-2}	0.758	0.057	15.021	***	z_{5-1}	0.745	0.053	14.690	***
z_{28-5}	0.763	0.055	15.185	***	z_{4-1}	0.719	0.057	13.994	***
z_{27-5}	0.756	0.056	15.015	***	z_{18-3}	0.747	0.051	14.713	***
z_{26-5}	0.768	0.053	15.332	***	z_{17-3}	0.782	0.056	15.707	***
z_{25-5}	0.802	0.056	16.329	***	z_{16-3}	0.788	0.056	15.898	***
z_{24-5}	0.783	0.056	15.781	***	z_{15-3}	0.770	0.056	15.375	***
z_{9-2}	0.755	0.053	14.934	***	z_{14-3}	0.802	0.057	16.293	***
z_{19-4}	0.773	0.055	15.512	***	z_{33-6}	0.758	0.058	15.113	***
z_{20-4}	0.783	0.056	15.808	***	z_{32-6}	0.765	0.055	15.313	***
z_{21-4}	0.812	0.057	16.682	***	z_{31-6}	0.772	0.055	15.510	***
z_{22-4}	0.813	0.056	16.711	***	z_{30-6}	0.811	0.057	16.636	***
z_{23-4}	0.805	0.058	16.442	***	z_{29-6}	0.751	0.056	14.912	***

注：*** 表示在0.05水平下显著。

（3）技术的生产力验证性因子分析

运用AMOS软件分析，技术的生产力模型主要参数估计值（见表7-8）在0.05水平下均显著。技术生产力模型的$x^2/df = 0.940$，$RMESA = 0.000$，$NFI = 0.951$，$RFI = 0.945$，$IFI = 1.003$，$CFI = 1.000$，假设模型与现实数据拟合度较高。所有路径系数（图7-2）在$P = 0.05$的水平上具有统计显

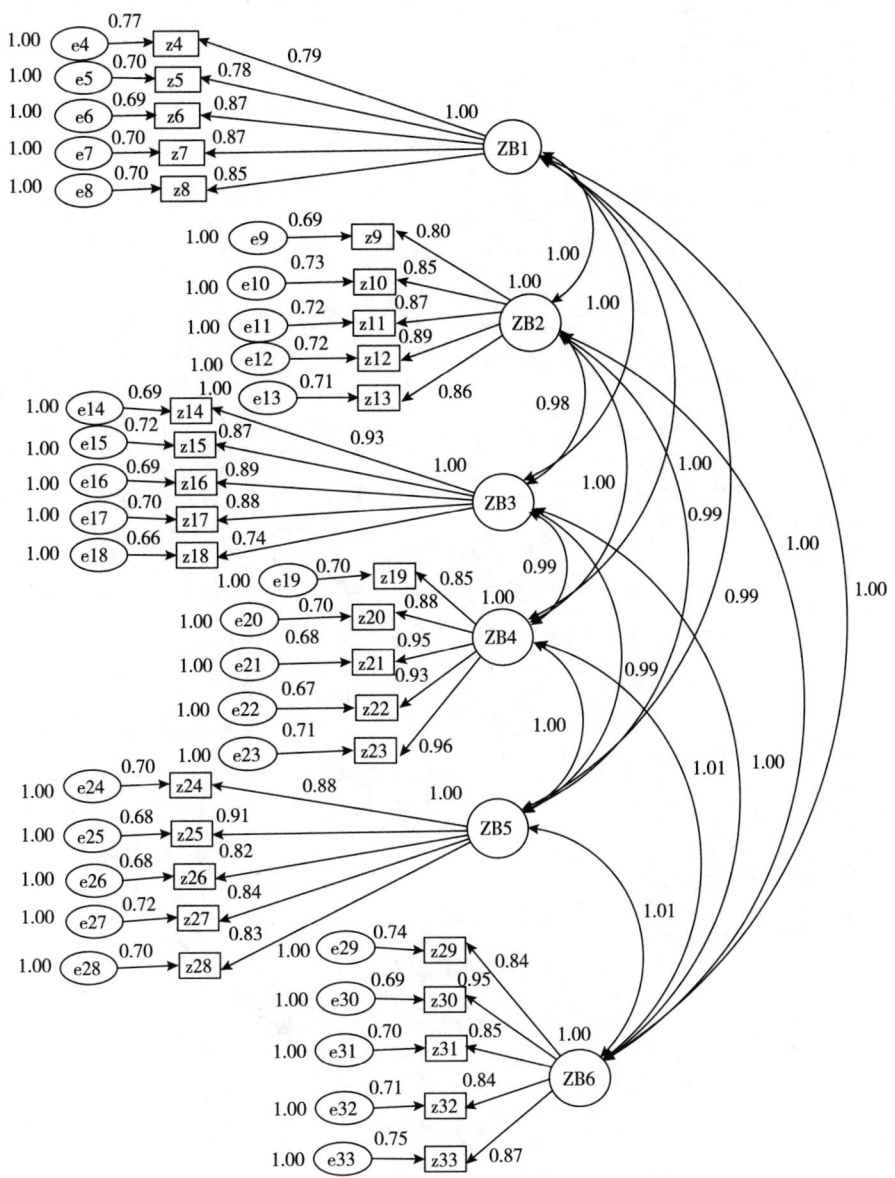

图 7 - 1 装备的生产力结构方程模型路径系数

著性，各个观察变量能够很好地预测潜变量。因此，技术的生产力包含采掘技术、机电技术、井下运输技术、通风技术、排水技术、地面生产技术的生产能力。

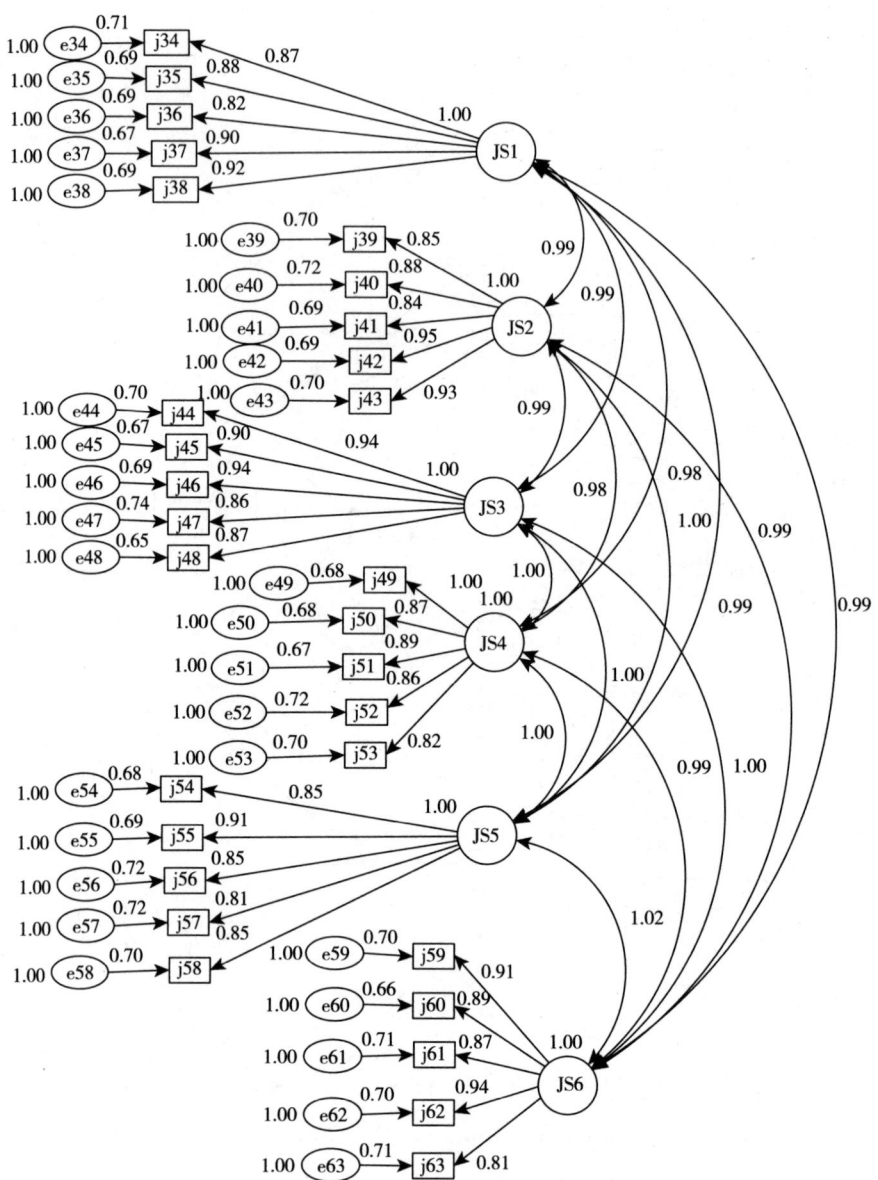

图7-2 技术的生产力结构方程模型路径系数

（4）灾害的控制能力验证性因子分析

运用AMOS软件分析，灾害的控制能力生产力模型主要参数估计值（表7-9）在0.05水平下均显著。技术生产力模型的$x^2/df = 1.042$，RMESA = 0.012，NFI = 0.937，RFI = 0.930，IFI = 0.997，CFI = 0.997，假设模

型与现实数据拟合度较高。所有路径系数（图 7-3）在 P=0.05 的水平上具有统计显著性，各个观察变量能够很好地预测潜变量。因此，灾害的控制力包含瓦斯防治、煤层自燃发火防治、突水防治、突出防治、顶板事故防治以及其他事故防治。

表 7-8　技术的生产力结构方程模型参数估计

参数	标准化估计	标准误	临界值	P	参数	标准化估计	标准误	临界值	P
j_{43-2}	0.799	0.058	16.213	***	j_{38-1}	0.801	0.057	16.277	***
j_{42-2}	0.807	0.058	16.459	***	j_{37-1}	0.805	0.055	16.380	***
j_{41-2}	0.770	0.055	15.369	***	j_{36-1}	0.764	0.054	15.189	***
j_{40-2}	0.775	0.057	15.502	***	j_{35-1}	0.787	0.056	15.861	***
j_{58-5}	0.773	0.055	15.509	***	j_{34-1}	0.774	0.056	15.461	***
j_{57-5}	0.749	0.055	14.851	***	j_{48-3}	0.799	0.053	16.263	***
j_{56-5}	0.763	0.056	15.237	***	j_{47-3}	0.757	0.057	15.053	***
j_{55-5}	0.798	0.056	16.256	***	j_{46-3}	0.807	0.057	16.493	***
j_{54-5}	0.781	0.054	15.76	***	j_{45-3}	0.803	0.055	16.384	***
j_{39-2}	0.771	0.055	15.397	***	j_{44-3}	0.805	0.057	16.445	***
j_{49-4}	0.826	0.058	17.037	***	j_{63-6}	0.754	0.054	14.977	***
j_{50-4}	0.790	0.055	15.941	***	j_{62-6}	0.804	0.057	16.434	***
j_{51-4}	0.800	0.055	16.244	***	j_{61-6}	0.773	0.056	15.505	***
j_{52-4}	0.767	0.056	15.276	***	j_{60-6}	0.806	0.054	16.484	***
j_{53-4}	0.762	0.054	15.153	***	j_{59-6}	0.794	0.056	16.136	***

注：＊＊＊表示在 0.05 水平下显著。

表 7-9　灾害的控制能力生产力结构方程模型参数估计

参数	标准化估计	标准误	临界值	P	参数	标准化估计	标准误	临界值	P
h_{73-2}	0.744	0.055	14.604	***	h_{68-1}	0.767	0.06	15.288	***
h_{72-2}	0.742	0.057	14.543	***	h_{67-1}	0.745	0.056	14.691	***
h_{71-2}	0.733	0.058	14.299	***	h_{66-1}	0.752	0.058	14.873	***
h_{70-2}	0.777	0.055	15.516	***	h_{65-1}	0.756	0.058	14.99	***

参数	标准化估计	标准误	临界值	P	参数	标准化估计	标准误	临界值	P
h_{88-5}	0.745	0.060	14.687	***	h_{64-1}	0.770	0.060	15.363	***
h_{87-5}	0.746	0.058	14.71	***	h_{78-3}	0.736	0.057	14.325	***
h_{86-5}	0.788	0.054	15.905	***	h_{77-3}	0.718	0.057	13.841	***
h_{85-5}	0.765	0.056	15.233	***	h_{76-3}	0.721	0.058	13.915	***
h_{84-5}	0.778	0.055	15.602	***	h_{75-3}	0.758	0.059	14.924	***
h_{69-2}	0.755	0.057	14.882	***	h_{74-3}	0.711	0.057	13.673	***
h_{79-4}	0.745	0.060	14.676	***	h_{93-6}	0.765	0.052	15.154	***
h_{80-4}	0.757	0.058	15.01	***	h_{92-6}	0.771	0.059	15.307	***
h_{81-4}	0.754	0.058	14.913	***	h_{91-6}	0.764	0.058	15.127	***
h_{82-4}	0.781	0.053	15.679	***	h_{90-6}	0.785	0.057	15.724	***
h_{83-4}	0.728	0.056	14.215	***	h_{89-6}	0.756	0.057	14.889	***

注：***表示在 0.05 水平下显著。

（5）物质生产力量表验证性因子分析

在总体层面上对物质生产力量表进行验证性因子分析，利用 AMOS 软件得出物质生产力量表的主要估计参数。物质生产力模型主要参数估计值（见表 7 - 10）在 0.05 水平下均显著。物质生产力模型的 $x^2/df = 1.323$，RMESA = 0.034，NFI = 0.977，RFI = 0.973，IFI = 0.994，CFI = 0.994，说明假设模型与数据拟合适配度较理想。由路径系数（图 7 - 4）可知，模型路径系数检验显著，各观察变量能很好预测潜变量。因此，物质生产力量表包括资源基础生产力、装备的生产力、技术的生产力、灾害的控制能力生产力。

2. 精神生产力量表验证性因素分析

（1）信效度检验

删除题项后的精神生产力量表及其各量表的信效度检验值如表 7 - 11 所示。

因 Cronbach's α 值均为 0.9 以上，可见量表信效度较好。对管理的生产能力量表分析因子载荷，删除题项 104 后，各因子负荷如表 7 - 12 所示，删除题项后的管理的生产能力量表问卷累计可解释变异量的 72.388%。三个因子的因子负荷可得如表 7 – 12 所示。因子 1、因子 2、因子 3 分别为"规章制度科学性""规章制度有效性""管理活动规范性"。

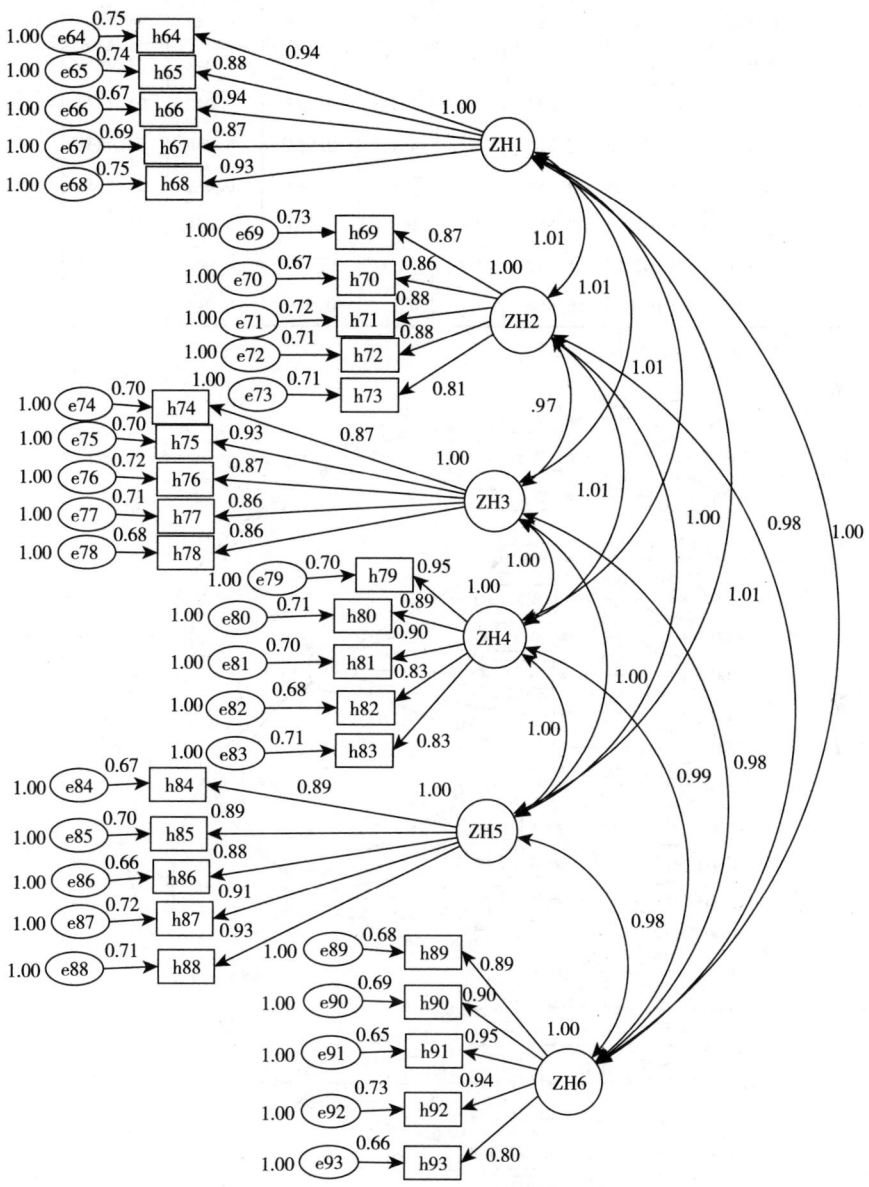

图 7 – 3　灾害的控制能力生产力结构方程模型路径系数

表7-10 物质生产力结构方程模型参数估计

参数	标准化估计	标准误	临界值	P	参数	标准化估计	标准误	临界值	P
W_{8-2}	0.943	0.041	21.407	***	W_{4-2}	0.829	0.04	21.259	***
W_{7-2}	0.952	0.042	21.799	***	W_{21-4}	0.939	0.041	20.648	***
W_{6-2}	0.939	0.041	21.247	***	W_{11-3}	0.925	0.042	21.156	***
W_{5-2}	0.936	0.041	21.111	***	W_{12-3}	0.937	0.042	21.485	***
W_{20-4}	0.932	0.041	20.933	***	W_{13-3}	0.945	0.042	21.122	***
W_{19-4}	0.929	0.041	20.818	***	W_{14-3}	0.936	0.040	21.483	***
W_{18-4}	0.907	0.040	19.963	***	W_{15-3}	0.945	0.041	21.595	***
W_{17-4}	0.925	0.040	20.661	***	W_{3-1}	0.947	0.055	15.763	***
W_{16-4}	0.937	0.042	21.147	***	W_{9-2}	0.789	0.042	21.651	***
W_{1-1}	0.777	0.059	16.969	***	W_{10-3}	0.949	0.041	21.235	***

注：*** 表示在0.05水平下显著。

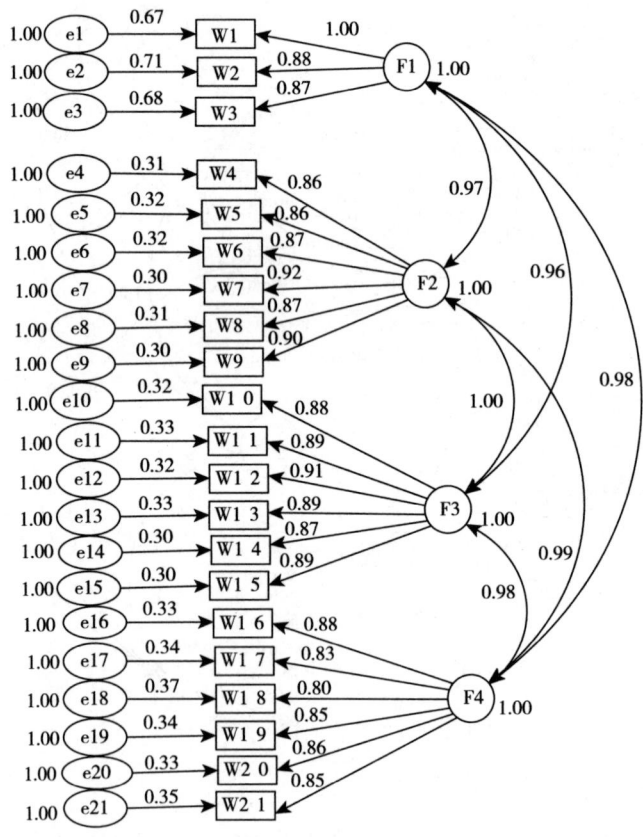

图7-4 物质生产力结构方程模型路径系数

表 7 – 11　精神生产力量表信效度检验结果

量表	KMO	Bartlett 球形检验			标准化 Cronbach's α 值
		Chi – Square	df	Sig.	
精神生产力量表	.986	8340.358	561	.000	.984
管理的生产力量表	.973	2713.975	78	.000	.954
员工工作能力量表	.955	1726.394	36	.000	.936
员工工作动力量表	.969	2496.365	66	.000	.951

表 7 – 12　正交旋转后的因子负荷矩阵

管理的生产能力量表	因子负荷		
	1	2	3
94 规章制度符合实际情况	.754		
95 规章制度符合行业相关要求	.496		
96 规章制度很科学	.687		
100 规章制度提高生产效率		.620	
101 规章制度改善安全状况		.729	
102 安全监管有效		.375	
103 安全监管流于形式		.624	
106 安全监管抑制管理者违章		.656	
107 各项管理活动规范			.480
108 不存在特权、人情办事			.693
109 制度面前人人平等			.632
110 矿上管理松散			.437

分析员工工作能力量表因子载荷，各因子负荷在接受范围内，问卷累计可解释变异量的 76.730%。三个因子分别为"员工工作胜任力""员工创造力""员工工作潜能"（见表 7 – 13）。

表 7 – 13　正交旋转后的因子负荷矩阵

员工工作能力量表	因子负荷		
	1	2	3
111 干部、工人胜任工作	.742		
112 干部、工人遇到困难很好应对	.335		
113 员工非常胜任工作	.734		
114 员工充满创造力		.780	

续表

员工工作能力量表	因子负荷		
	1	2	3
115 员工技术革新、改造成果层出不穷		.621	
116 员工擅于找到科学、高效工作方式		.448	
117 员工工作思路积极		.347	
120 员工工作经验丰富			.622
121 提高工作要求,员工也能做好			.539

分析员工工作动力量表因子载荷,共抽取为 2 个因子,"企业文化积极性"和"员工队伍活力"因子合并,重新命名为"企业文化活力",调整后的问卷累计可解释变异量的 69.298% 。因此,员工工作动力量表包含"企业文化活力"和"员工工作预期"。

表 7 - 14   正交旋转后的因子载荷矩阵

员工工作动力量表	因子负荷	
	1	2
124 矿上靠关系晋升	.496	
125 矿上呈现拉关系风气	.605	
126 员工对待工作积极向上	.772	
128 员工迫于生计而工作	.363	
129 员工应付工作,得过且过	.558	
130 员工充满干劲,有活力	.712	
131 员工有清晰的工作目标		.424
132 员工很清楚工作的目标要求		.353
134 员工对自己工作前景很有信心		.792
135 员工普遍觉着工作没有前途		.471
136 员工觉着矿上能发展更好		.575
137 员工相信矿上一年比一年发展更好		.552

(2) 管理的生产力量表验证性因子分析

运用 AMOS 软件分析,管理的生产力模型主要参数估计值(见表 7 - 15)在 0.05 水平下均显著。管理的生产力模型的 $x^2/df = 1.143$,RMESA $= 0.022$,NFI $= 0.977$,RFI $= 0.970$,IFI $= 0.997$,CFI $= 0.997$,假设模型与现实数据拟合度较高。所有路径系数(见图 7 - 5)在 P $= 0.05$ 的水平上具有统计显著性，各个观察变量能够很好地预测潜变量。因此，管理的生产力模型包含"规章制度科学性""规章制度有效性""管理活动规范性"三个维度。

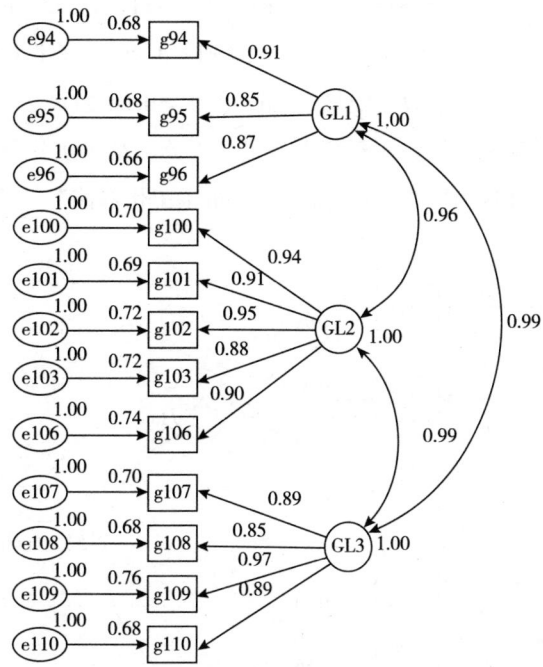

图7-5　管理的生产力结构方程模型路径系数

表7-15　管理的生产力结构方程模型参数估计

参数	标准化估计	标准误	临界值	P
g_{96-1}	0.796	0.055	15.851	***
g_{95-1}	0.783	0.055	15.454	***
g_{94-1}	0.802	0.057	16.008	***
g_{106-2}	0.773	0.059	15.327	***
g_{103-2}	0.772	0.057	15.294	***
g_{102-2}	0.800	0.059	16.108	***
g_{101-2}	0.798	0.057	16.035	***
g_{100-2}	0.802	0.058	16.154	***
g_{110-3}	0.794	0.056	15.947	***
g_{109-3}	0.788	0.062	15.761	***
g_{108-3}	0.782	0.054	15.598	***
g_{107-3}	0.785	0.057	15.689	***

注：***表示在0.05水平下显著。

（3）员工工作能力生产力量表验证性因子分析

运用 AMOS 软件分析，管理的生产力模型主要参数估计值（见表 7 - 16）在 0.05 水平下均显著。管理的生产力模型的 $x^2/df = 1.532$，RMESA $= 0.043$，NFI $= 0.979$，RFI $= 0.968$，IFI $= 0.993$，CFI $= 0.993$，假设模型与现实数据拟合度较高。所有路径系数（见图 7 - 6）在 P $= 0.05$ 的水平上具有统计显著性，各个观察变量能够很好地预测潜变量。因此，员工工作能力生产力模型包含"员工工作胜任力""员工创造力""员工工作潜能"三个维度。

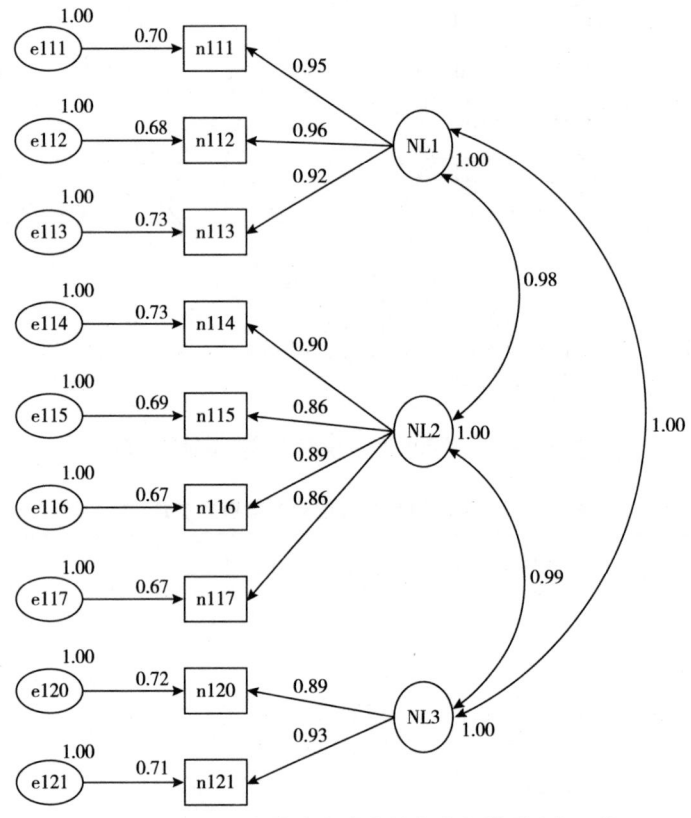

图 7 - 6 员工工作能力生产力结构方程模型路径系数

表 7 - 16 员工工作能力生产力结构方程模型参数估计

参数	标准化估计	标准误	临界值	P
n_{113-1}	0.783	0.059	15.482	***
n_{112-1}	0.813	0.058	16.35	***

续表

参数	标准化估计	标准误	临界值	P
n_{111-1}	0.806	0.059	16.131	***
n_{117-2}	0.79	0.055	15.699	***
n_{116-2}	0.799	0.056	15.97	***
n_{115-2}	0.781	0.056	15.448	***
n_{114-2}	0.775	0.059	15.256	***
n_{121-3}	0.797	0.06	15.464	***
n_{120-3}	0.777	0.059	14.962	***

注：***表示在0.05水平下显著。

（4）员工工作动力生产力量表验证性因子分析

同理运用 AMOS 软件分析，员工工作动力生产力模型主要参数估计值（见表 7 - 17）在 0.05 水平下均显著。因题项 124、125、135 的路径系数在 0.50~0.95 范围之外，所以删除题项 124、125、135，删除题项后的员工工作动力生产力模型中，$x^2/df = 1.203$，RMESA = 0.027，NFI = 0.982，RFI = 0.974，IFI = 0.997，CFI = 0.997，假设模型与现实数据拟合度较高。删除题项后的所有路径系数（见图 7 - 7）在 P = 0.05 的水平上具有统计显著性，各个观察变量能够很好地预测潜变量。因此，员工工作动力生产力模型包含"企业文化活力"和"员工工作预期"两个维度。

表 7 - 17　员工工作动力生产力结构方程模型参数估计

参数	标准化估计	标准误	临界值	P
d_{130-1}	0.741	0.058	14.390	***
d_{129-1}	0.763	0.059	14.983	***
d_{126-1}	0.803	0.056	16.135	***
d_{134-2}	0.759	0.060	14.874	***
d_{132-2}	0.790	0.056	15.782	***
d_{131-2}	0.796	0.057	15.943	***
d_{128-1}	0.771	0.058	15.195	***
d_{136-2}	0.783	0.058	15.577	***
d_{137-2}	0.804	0.056	16.208	***

注：***表示在0.05水平下显著。

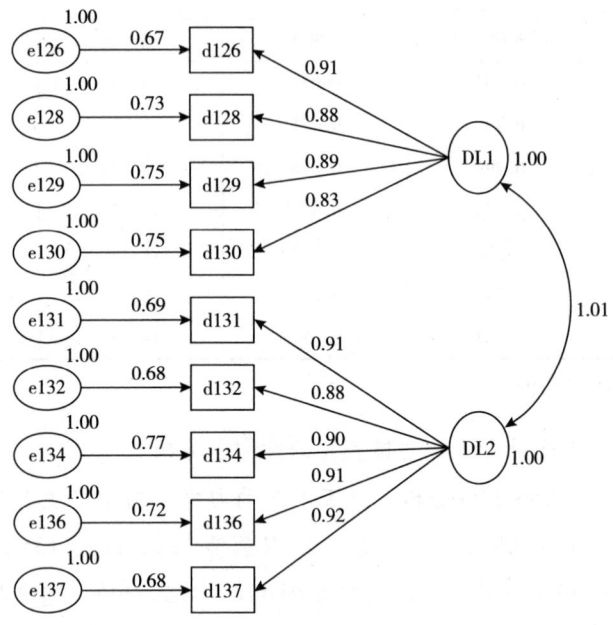

图 7 - 7 员工工作动力生产力结构方程模型路径系数

（5）精神生产力量表验证性因子分析

在总体层面上对精神生产力量表进行验证性因子分析，利用 AMOS 软件得出精神生产力量表的主要估计参数，主要参数估计值（见表 7 - 18）在 0.05 水平下均显著。精神生产力模型的 $x^2/df = 1.073$，RMESA $= 0.016$，NFI $= 0.994$，RFI $= 0.990$，IFI $= 1.000$，CFI $= 1.000$，说明假设模型与数据拟合适配度较理想。由路径系数（见图 7 - 8）可知，模型路径系数检验显著，各观察变量能很好预测潜变量。因此，精神生产力量表包括"管理的生产能力""员工工作能力""员工工作动力"三个维度。

表 7 - 18 精神生产力结构方程模型参数估计

参数	标准化估计	标准误	临界值	P
J_{3-1}	0.937	0.042	21.098	***
J_{2-1}	0.937	0.043	21.118	***
J_{1-1}	0.89	0.043	19.295	***
J_{6-2}	0.87	0.049	18.571	***

续表

参数	标准化估计	标准误	临界值	P
J_{5-2}	0.921	0.043	20.407	***
J_{4-2}	0.911	0.047	20.053	***
J_{8-3}	0.926	0.043	20.585	***
J_{7-3}	0.899	0.042	19.592	***

注：*** 表示在 0.05 水平下显著。

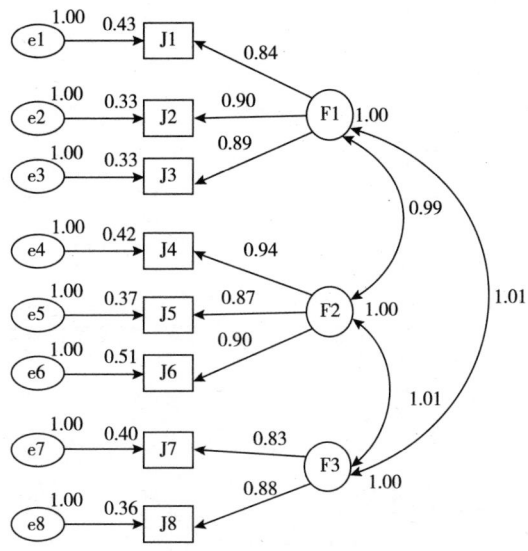

图 7 - 8　精神生产力结构方程模型路径系数

四　检验结果

汇总各检验结果，可知物质生产力包括资源的基础生产力、装备的生产力、技术的生产力、灾害的控制能力生产力；精神生产力包括管理的生产能力、员工工作能力、员工工作动力。装备的生产力包含采掘系统、机电系统、井下运输系统、通风系统、排水系统、地面生产系统的生产能力；技术的生产力包含采掘技术、机电技术、井下运输技术、通风技术、排水技术、地面生产技术的生产能力；灾害的控制能力生产力包含瓦斯防治、煤层自燃发火防治、突水防治、突出防治、顶板事故防治以及其他事故防治。管理的生产力包含规章制度科学性、规章制度有效性、管理活动规范性三个维度；员工工作能力包含员工工作胜任力、员工创造力、员工工作潜能三个维度；员工工作动力包括企业文化活力和员工工作预期两个维度。

第八章 煤矿安全监管寻租行为生产力特征仿真研究

一 煤矿安全监管中寻租与生产力的关联

由前文可以看出，寻租具有"促进—抑制"生产力的双重效应，煤矿企业在安全监管方面需要与多级、多个管理部门发生关联，发生寻租机会的主体、程序、行为事项很多，但少有研究特别地把煤矿安全监管中的寻租行为和生产力相结合。这里我们以煤矿企业办理安全生产许可证为例，借鉴 Lui 关于贿赂的探讨[190]分析煤矿安全监管中寻租行为可能与生产力具有的影响关系。

根据煤矿企业办理安全生产许可证的程序，首先提出下列假设。

（1）煤矿企业按到达顺序进行排队，到安全监管部门办理许可证的规律符合泊松分布，平均每单位时间到达 n 个煤矿企业。

（2）在队列最前方，安监部门人员负责为煤矿企业办理市场价值为 G 的许可证，办理许可证的时间符合 $1/e$ 的指数分布。

（3）t 代表每个煤矿企业的时间价值。由于每个煤矿企业的时间价值不同，t 是一个随机变量。$M(t)$ 表示 t 的累积分布函数。假设所有煤矿企业都知道 $M(t)$，$M(t)$ 在区间上导函数连续。

（4）当一个煤矿企业到达队列末尾时，可以采取两种策略：一是循规蹈矩排在队列末尾，二是向安监部门行贿 x 以换取插队资格，此时该企业将位于行贿多于 x 与行贿少于 x 的煤矿企业之间。并且，行贿 x 的煤矿企业预期时间成本为 $F(x)$。

（5）在行贿存在的条件下，安监部门将首先为行贿者办理许可证，这些行贿的煤矿企业成为一个队列，其他煤矿企业排在队列之外。

令 x^* 表示安监部门人员接收的最大贿赂金额，$D(x)$ 为 x 的截断分布函数且为连续函数，表示所有前来办理许可证的煤矿企业中，行贿不超过 x 的煤矿企业所占比例；因为所有行贿的煤矿企业组成了队列，不行贿的煤矿企业排除在队列之外，所以 $D(x^*)$ 表示所有前来办理许可证的煤矿企业中，在队列中的煤矿企业所占的比例，$D(x^*) \leqslant 1$。

在上述前提下，用积分原理证明，煤矿企业行贿 x 后对排队的预期时间是：

$$F(x) = \lambda/n \left[1 - \lambda D(x^*) + \lambda D(x)\right]^2, \quad (\lambda = n/e)$$

这里需要进一步探讨煤矿的贿赂数额怎样和时间价值联系起来，使得整个队列性能最优。即需要知道若使得煤矿企业的排序是正确的，行贿函数 $x(t)$ 的限制条件。

为了决定队列的最优准则，首先注意到煤矿企业花费的真实的时间成本具有不同的时间价值 t。那么考虑这个队列是否能够最小化此队列中煤矿企业所花费的平均时间成本价值，这由 $\dfrac{\int_0^{t^*} tF[x(t)]dM(t)}{\int_0^{t^*} dM(t)}$ 进行界定，

其中 t^* 是队列中煤矿企业的最大时间成本价值。

对一个队列中给定数量的煤矿企业而言，如果所有煤矿企业花费的平均时间成本价值最小，那么在既定的平均服务时间下，这个队列是社会拟最优的。因此，对于任意给定的 $M(t)$，如果行贿函数 $x(t)$ 是 t 的严格递增函数，这个队列是社会拟最优的。这里应用拟最优的而不是最优的，是因为只有当煤矿企业数量给定的前提下这个队列才是最优的。

从博弈论角度，社会拟最优或集体拟最优往往与个体最优矛盾，因此，需要判断行贿函数是社会拟最优和个体最优的情况。首先，创造一个可区分的行贿函数，满足社会拟最优产出要求。然后判断是否所有的煤矿企业都服从这个行贿函数，而不是做出其他决策。

令 $r = nGM$，若 $\lambda > r/(1+r)$，计算后得出，行贿函数可表示为：

$$x(t) = \frac{1}{nM}\left(1 + r - \frac{1}{[1/(1+r) + \lambda Mt]} - \frac{\lambda Mt}{[1/(1+r) + \lambda Mt]^2}\right) \qquad (8-1)$$

若 $\lambda \leqslant r/(1 + r)$ ，则行贿函数可表示为：

$$x(t) = \frac{1}{n}\left[\frac{1}{M(1 - \lambda)} - \frac{t\lambda}{(1 - \lambda + \lambda Mt)^2} - \frac{1}{M(1 - \lambda + \lambda Mt)}\right] \quad (8 - 2)$$

经证明，在式（8 - 1）条件下，若煤矿的时间价值 v 高于 t^*，则此煤矿企业不加入队列，其余煤矿选择加入队列，这时形成纳什均衡状态，整体队列是社会拟最优的；在式（8 - 2）条件下，所有煤矿企业都加入队列，此时的纳什均衡状态下整体队列是社会拟最优的。

可以看出，煤矿企业的贿赂金额受到 n，λ ，M，G，t 的影响，其中 n，λ ，M，G 都是常数，t 为变量，若煤矿企业估算出自己的时间价值，那么煤矿企业的行贿金额可由式（8 - 1）、式（8 - 2）计算得出。

另外，从管理部门的角度出发，说明安监部门人员的收益状况。

当 $\lambda < r/(1 + r)$ 时，所有煤矿企业都选择行贿加入队列，利用式（8 - 2）计算得：

$$\bar{x} = \int_0^{t^*} \frac{1}{n}\left[\frac{1}{M(1 - \lambda)} - \frac{t\lambda}{(1 - \lambda + \lambda Mt)^2} - \frac{1}{M(1 - \lambda + \lambda Mt)}\right]Mdt$$

$$= \frac{t^*}{n(1 - \lambda)} + \frac{t^*}{n} + \frac{2\ln(1 - \lambda)}{\lambda nM} \quad (8 - 3)$$

所以 $\dfrac{d\bar{x}}{d\lambda} = \dfrac{t^*}{n\lambda^2}\left[\dfrac{3\lambda^2 - 2\lambda}{(1 - \lambda)^2} - 2\ln(1 - \lambda)\right] > 0$ ，即 $\dfrac{d\bar{x}}{d\frac{1}{e}} > 0$ ，式（8 -

3）为递增函数，说明在式（8 - 2）条件下，提高每个煤矿企业的平均服务时间将使得管理部门收到的贿赂增加。

当 $\lambda > r/(1 + r)$ 时，

由式（8 - 1）可得，

$$\bar{x} = \int_0^{t^*} \frac{1}{nM}\left(1 + r - \frac{1}{[1/(1 + r) + \lambda Mt]} - \frac{\lambda Mt}{[1/(1 + r) + \lambda Mt]^2}\right)Mdt \quad (8 - 4)$$

则 $\dfrac{d\bar{x}}{d\lambda} = \dfrac{1}{nM\lambda^2}\left[2\ln(1 + r) - \dfrac{r(r + 2)}{1 + r}\right] < 0$ ，即 $\dfrac{d\bar{x}}{d\frac{1}{e}} < 0$ ，式（8 - 4）

为递减函数，说明在式（8 - 1）条件下，提高平均服务时间将使得贿赂减少。

式（8-1）和式（8-2）的分界点在 $\lambda = r/(1 + r)$，如果管理部门的目标是最大化贿赂收益，并且他可以自由改变服务速度，他将设置 $\lambda = r/(1 + r)$，即他的服务时间 $\frac{1}{e} = \frac{r}{n(1 + r)}$。当低于这个临界时间时，煤矿企业都没有进行行贿的动机，而高于临界时间时，愿意加入行贿队列的煤矿企业也太少。综上所述，煤矿行贿金额和管理部门之间的收益可用图8-1表示。

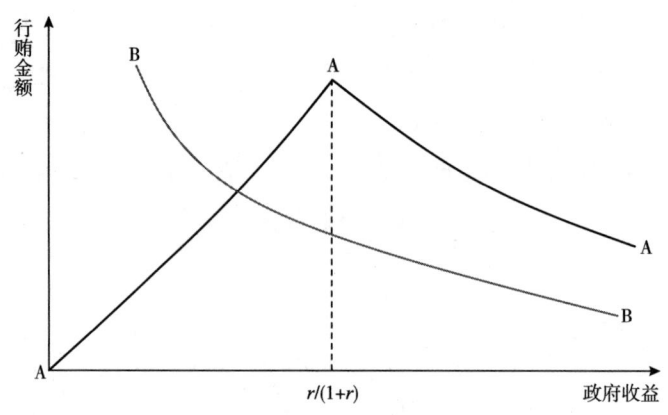

图 8-1　行贿金额与政府收益关系

注：AAA 表示政府获得的行贿收益函数 x（λ）；BB 表示 λ 的总成本函数。

二　仿真设计

（一）仿真目标

本研究以近三十年的煤炭产业安全生产监管体系发展历程，安全监管制度的相关利益主体寻租行为产生的综合背景、必然性和行为特征为基础，借鉴成本约束、微观环境约束、文化情境约束条件下的基于我国管理实践背景特征的寻租博弈模型，利用 MATLAB 进行仿真设计，旨在通过各类制度参数和行为参数的变化，分析不同情境的系统中寻租主体的一般策略，探讨煤矿企业与各寻租主体之间存在的管理关系及互动模式，研究该系统中生产力阻碍型寻租和生产力促进型寻租的表现形式、作用方式、调节机制等，具体表现为寻租对物质生产力和精神生产力的组成要素如何进行影响变化，最终将其系统归纳煤矿安全监管系统中寻租行为的生产力特征。

（二）建模仿真方法适用性

MATLAB 全称是 Matrix Laboratory，软件工具的开发最初为了解决复杂矩阵或向量的运算。随后，在 MATLAB 矩阵计算和绘图功能基础上，又开发了不同领域的工具包，如控制系统工具包（control systems toolbox）；系统辨识工具包（system identification toolbox）；信号处理工具包（signal processing toolbox）；鲁棒控制工具包（robust control toolbox）；最优化工具包（optimization toolbox）等。1992 年，MathWorks 公司推出 4.0 版本，融合了交互式动态系统仿真功能；以后的 5.0、6.5.1 等版本丰富了数据结构，功能更加强大。发展至现在，MATLAB 已广泛应用于多种学科，逐渐发展成为数据结构和类型丰富、面向对象友善、图形可视性精良、数学和数据分析资源广博的应用开发和仿真工具，成为涵盖范围较广、功能强大的一门技术语言。

作为一种应用于科学、工程运算的高级软件工具，MATLAB 集神经网络、动态仿真、复杂运算、图形设计等于一体，编程与图形化界面相结合，仿真形象生动。在国内外高等院校中，应用数学、时间序列分析、动态系统仿真、计算机模拟等课程的教学和实验应用中，MATLAB 都被作为最基础的、适用的工具。除了用于理论教学，在具体的工程实践、研究设计中，MATLAB 也被作为频繁使用的软件之一。MATLAB 已成为仿真设计的成熟软件。

MATLAB 具备仿真设计的诸多优点。在编程设计方面，MATLAB 包含了一系列工具，用于方便用户使用其中的函数和文件，图形用户界面更为用户提供了便利。MATLAB 桌面可创建一个或多个窗口，涵盖命令窗口、历史命令窗口、编辑器和调试器等。用户通过程序设计对数据运算进行操纵，显示的数据类型可根据需要进行调整，图形界面设计可自主调整不同的风格。编程环境简洁，调试系统功能完备，运行时出现错误能够及时反映错误类型和原因。在矩阵运算方面，MATLAB 可处理实数矩阵和复数矩阵，内嵌了许多操作矩阵的函数，转置、四则运算、乘方、逻辑、排列等功能俱全。在绘图方面，MATLAB 绘图工具丰富，可绘制各种二维图形或三维图形。在数据分析方面，MATLAB 可进行矩阵分解、微积分运算、方程和多项式计算、曲线拟合、函数运算等。此外，MATLAB 还具有丰富的仿真工具箱扩展功能，如状态方程、传递函数、零点增益等，时域、频域分析工具主要有脉冲响应、阶跃响应、任意输入模拟、波德图和奈奎斯特图等，并具有各种函数工具。

（三）专家问卷设计

1. 问卷设计

由于寻租问题的隐蔽性和复杂性，数据收集成为测评的难点。由于寻租与腐败某种程度的相似性，本研究借鉴腐败问题测量的方式进行。在国际上，腐败测度用来表示评估腐败的程度，如何建立合理、科学的腐败测度标准一直是一项重大课题，目前应用最多的主要有主观测度、客观测度和融合主客观的综合测度方法。

客观测度使用客观数据评估腐败程度，例如，用腐败案件的数量来测量，或者使用腐败造成的经济损失来测量，或者使用新闻媒体对腐败的报道来测量。客观数据可以分为两类指标，一类是参与到腐败行为中的主体和人员的数量、层级、职务类型等行为指标，另一类是腐败行为发生的频率、腐败行为带来的社会经济损失等后果指标。使用客观数据评估腐败的案例不多，较为经典的案例之一是 Reinikka 通过跟踪的方法调查公共开支腐败，为获取数据，他长期跟踪乌干达在教育方面的公共投资。另一个案例是，Knack 和 Keefer 将工具变量加入腐败测量模型中，利用"黑市价格"的变动趋势推测"白市"的腐败情况[192]。但是，客观测量法的实施存在较多困难，比如观察周期较长，难以获取真实数据。

主观测度法更强调被调查者的主观评价，要求被调查者给出对腐败问题的主观印象、感知、评价或感觉，用这些数据评判一个地区或国家的腐败程度。调查方式多选用调查问卷、电话调查、网络调查等，希望不同层级的社会团体给出腐败水平的主观评价。20 世纪 90 年代以来，一些国际组织投身于主观测度法，最为著名的各国政府腐败状况研究机构主要是透明国际（Transparency International，TI）和世界银行（World Bank）。TI 利用清廉指数（Corruption Perception Index，CPI）、行贿指数（Bribe Payers Index，BPI），世界银行利用腐败控制指数，瑞士国际管理发展学院利用非法支付、司法腐败、贿赂和回扣指数，及其全球竞争力报告指标（The Global Competitiveness Report，GCR）等，评估世界各国政府的腐败程度并形成报告予以发布。尤其是自 1995 年起，TI 每年公布《全球腐败年度报告》，其中的行贿指数和清廉指数被学者们广泛应用[194-195]。该指数统计的国家或地区很多，已覆盖 145 个国家的样本。

综合测度法提取了主观、客观方法的优点，综合两种方法的思想和操作过程来测度腐败。韩国首尔市、我国台湾的台北市都是运用综合测度法构建廉政评价的体系。在首尔市的"反腐败指数"体系中，"反腐败印象指数"（Anti-Corruption Perception Index，ACPI）和"反腐败努力指数"（Anti-Corruption Efforts Index，ACEI）是两个重要的测度指标。

随着我国经济发展中腐败现象的出现，腐败问题也越来越成为大众关注的焦点，如何测量腐败成为我国理论研究和实践探索的热点。王传利利用腐败频度和波动周期预测了我国总体的腐败程度。汤艳文、敬乂嘉、刘春荣评估地方政府在治理腐败方面的投入及成效，使用投入产出比衡量处理腐败的效果。

严格地讲，对寻租或腐败进行直接的客观度量可行性较小，原因是这种交易是秘密进行的，通常的替代做法是采用间接的主观度量。因此，大多数对腐败进行测量的问卷调查中，度量的是人们对腐败的感觉而不是腐败本身，客观测量法适用于对寻租或腐败的现实分布状况与危害的分析。本研究旨在调查寻租行为对生产力的影响作用，为确保数据真实可靠和易得性，问卷设计中采用主观测度方法，主要以煤矿安监人员的感观为分析基础测量煤矿的寻租行为各指标和对生产力作用的指标，所以，问卷结合主观测度方法的设计思想自主开发。

2. 问卷内容

问卷以煤矿管理人员对寻租行为的感知来测量寻租的相关数据。煤矿可能与管理部门人员发生关联的主要事项包括监察执法、行政审批、整顿关闭、事故调查。各级部门及事项在问卷中进行了说明。

监察执法：指管理部门具有考核煤矿是否执行安全法规的权力和职责。

行政审批：指管理部门具有审查煤矿行为合法性、真实性，以及审批采矿许可证、安全生产许可证、煤炭生产许可证等许可证的权力和职责。

整顿关闭：指管理部门具有下达整顿关闭指标、对煤矿进行整顿关闭督查的权力和职责。

事故调查：指管理部门具有调查煤矿事故、处理情况、责任落实的权力和职责。

问卷设计中，分事项对各级管理部门部分人员的寻租行为进行调查，共分为四个部分：监察执法部分、行政审批部分、整顿关闭部分、事故调查部分，各个事项的调查内容相似，但由于事项本身的差别采取的问题表现形式有所不同。每部分问卷共有题项27项，分别以数字1、2、3、4、5表示对事项问题的事实描述或感知程度。以监察执法事项为例，调查各级管理部门与煤矿企业的利益相关程度、影响直接性、作用有效性、公开化可能性、花费成本、时间精力成本等，以及煤矿企业可能选择行贿、不行贿、反向寻租的可能性等。

（四）仿真系统开发参数设置

1. 仿真主体

在煤矿安全监管仿真设计中，主体共分为两类。

一是管理部门人员，主要包括在煤矿安全监管中可能与煤矿发生关联的管理部门。管理部门具有寻租与不寻租两种行为选择。

二是煤矿企业，仿真设计中将煤矿企业看作一个利益主体，煤矿企业在面对不同的管理部门寻租时，会做出不同的应对决策。煤矿企业具有行贿、不行贿、反向寻租三种行为选择。

2. 事项属性

仿真中的事项包括：行政审批、监察执法、整顿关闭、事故处理。

煤矿安全监管中，每一级别的管理部门都可能具有行政审批、监察执法、整顿关闭、事故处理职能，且每一事项的属性值不同。职能和权力范围就为寻租创造了机会。各级管理部门人员对各个事项存在寻租机会时，煤矿企业需考虑到此管理部门人员在此事项中所具有的利益相关程度、影响直接性、作用有效性、公开化可能性、时间精力成本、花费金额，并以此作为决定自身行为的依据。煤矿企业会根据管理部门人员的级别不同、事项的不同而调整事项属性值。

在仿真系统设计中，利益相关程度、影响直接性、作用有效性、公开化可能性、时间精力成本、花费金额来源于煤矿企业的调研数据，其初始值为所调研的典型煤矿专家问卷的平均值。

表 8 - 2　关系维度初始值

	调研煤矿 1	调研煤矿 2	调研煤矿 3	调研煤矿 4	调研煤矿 5	调研煤矿 6	调研煤矿 7	调研煤矿 8	均值
利益相关程度	4.16	4.83	4.66	4.83	4.91	4.83	4.83	4.91	4.8
影响直接性	3.33	4.00	4.41	4.50	4.41	4.25	4.25	4.08	4.2
作用有效性	3.16	3.66	4.75	4.91	4.91	4.91	4.66	4.66	4.5
公开化可能性	1.00	2.41	1.75	2.00	1.58	1.91	1.50	2.58	1.8
时间精力成本	3.33	4.25	1.91	2.41	2.16	2.33	1.83	2.08	2.5
花费金额	2.50	3.58	2.66	2.83	2.75	2.41	3.00	2.16	2.7

3. 仿真主体行为属性

管理部门人员寻租与不寻租的行为属性主要是寻租强度，取决于管理部门人员本身，为外界输入变量，会影响仿真系统内部的变量变化。寻租强度取值区间为 [0, 1]。

煤矿企业行贿行为属性包括行贿金额、行贿影响的整改天数、行贿影响的罚款金额、煤矿总收益、对物质生产力和精神生产力各因素的影响；不行贿行为属性包括整改天数、罚款金额、煤矿总收益、对物质生产力和精神生产力各因素的影响；反向寻租行为属性包括反向寻租影响的整改天数、反向寻租影响的罚款金额、煤矿总收益、对物质生产力和精神生产力各因素的影响。三种行为都对下一阶段的煤矿运营产生影响。

4. 生产力属性

主要包括物质生产力和精神生产力两方面的要素属性。物质生产力即资源基础、装备、技术、灾害控制等的生产力，精神生产力即管理、员工工作能力、员工工作动力的生产力，煤矿企业的各要素属性包括当前水平、自然衰减水平、企业自主补充水平、外界监管影响、外界寻租影响、煤矿企业选择影响等。在仿真设计中，认为资源基础生产力在较短时间内不变，而且其本身受外界影响较小，因此在仿真模型中将其水平固定不变。其余要素随仿真条件变化而变化。

在仿真系统中，由于生产力属性是由煤矿企业对自身企业的生产力判断，其值大小并不影响仿真结果的显示。因此选择代表型企业济宁矿业集团的生产力状况为初始值，即资源基础、生产装备、技术水平、灾害控制能力、管理能力、员工能力、员工动力初始参数分别设为4.8、4.5、4.7、4.1、4.2、4.8、5.0。

（五）寻租仿真设计

对煤矿安全监管中可能存在的寻租情境进行分类，并模拟寻租主体在这些情境中对生产力造成的影响，能够得出不同情境下、不同主体的寻租行为的生产力特征，为煤炭行业安全监管政策的制定和实施提供参考依据，如图8-2所示。

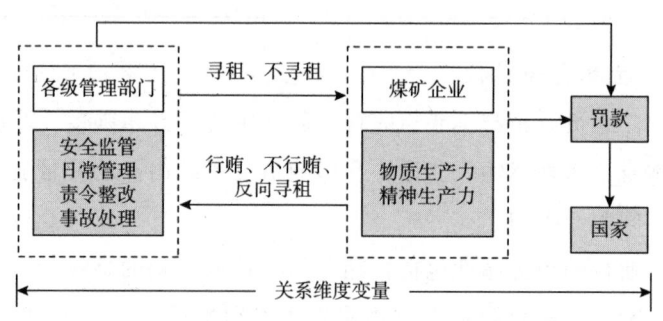

图8-2 管理部门人员与煤矿企业关系仿真思路

在寻租行为生产力特征系统中，国家层面的管理部门、省级层面的管理部门、市县级层面的管理部门具有不同的职责范围和监察形式，与煤矿企业可能发生寻租关系的途径与概率存在差异，且煤矿企业在应对各级管理部门人员的要求时具有不同的选择，本研究从国家层面管理部门、省级层面管理部门、市县级层面管理部门三个层面对寻租行为的生产力特征进行仿真设计，如图8-3所示。

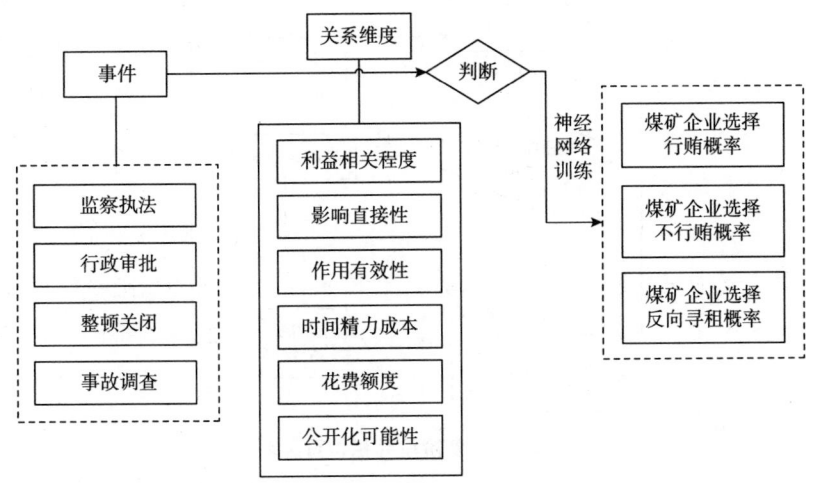

图8-3　煤矿企业应对寻租选择仿真思路

　　为探讨寻租行为的生产力特征，本研究对无监察且无寻租情境下、有监察无寻租情境下、有监察有寻租情境下的生产力要素变化趋势进行仿真设计，且设置在不同的寻租强度下，各生产力要素的变化情况，如图8-4所示。

　　因此，将各部分综合起来，在煤矿正常运行无监察状况下，煤矿各方面指标均有不同程度的衰减，但煤矿为维持自身生产也会对各项指标有不同程度的补充，对指标的补充都需要花费煤矿资源，即消耗一定的收益。当存在监察时，若煤矿安全生产条件合格，则煤矿仍按原模式运营；若煤矿安全生产条件不合格，煤矿企业可根据管理部门人员的寻租强度选择应对策略。若煤矿企业选择向管理部门部分人员行贿，需要花费一定成本，同时可获得减免罚款、整改期限的优惠，但是煤矿总体安全生产状况如果没有达到应该达到的程度，则易引发事故；若煤矿企业选择不行贿，则需花费资源进行整改，煤矿的安全生产状况也随之改善；若煤矿企业选择反向寻租，则不需要花费行贿成本就可获得减免整改期限的优惠，煤矿总体安全生产状况也没有达到要求水平。煤矿发生事故后对整体收益损耗较大。可得

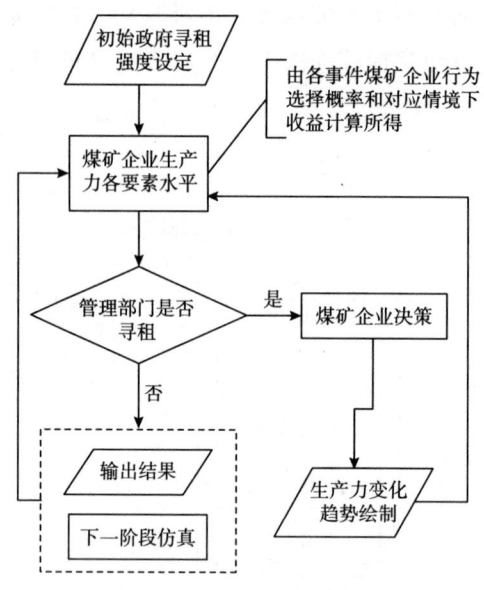

图8-4 多阶段寻租仿真思路

总体仿真思路图如图8-5所示。

1. 煤矿企业决策设计

在仿真设计中包括三个管理部门子系统，每个仿真子系统中，决定管理部门人员和煤矿企业之间寻租关系的维度包括：利益相关程度，即由煤矿企业感知到的，管理部门人员对煤矿安全监管利益方面的关联度；影响直接性，即由煤矿企业感知到的，管理部门单独决策，或与其他部门共同决策，或辅助决策；作用有效性，即煤矿企业根据以往经验判断对管理部门人员的寻租采取的应对方式是否有效；时间精力成本，即为应对寻租，煤矿企业花费的时间精力成本；花费额度，即煤矿企业为应对管理部门人员每次寻租花费的金钱数额；公开化可能性，即煤矿企业预测的寻租行为被揭发、举报的可能性。

BP神经网络于1986年由Rumelhart和McCelland负责的研究组提出，是目前应用最为广泛的神经网络模型之一。BP神经网络通过样本数据得到输入输出映射函数，并能够学习这种映射关系，通过反向传播调整网络权值和阈值，最小化网络的误差平方和。输入层通过隐含层作用关系转化为输出层，并确定出最优网络权值和阈值。

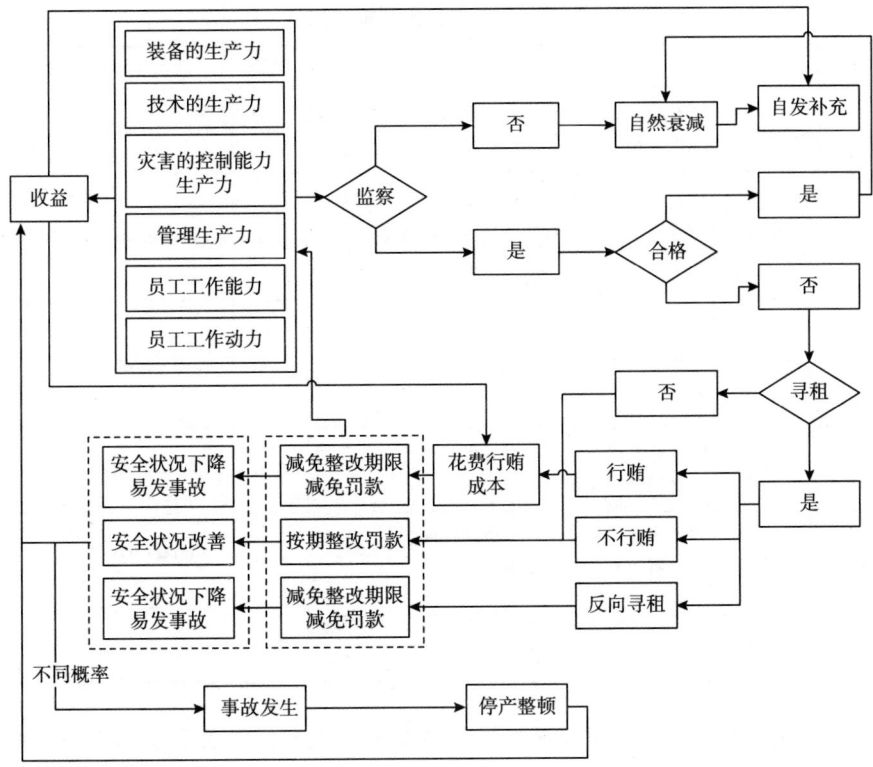

图 8-5 总体仿真思路

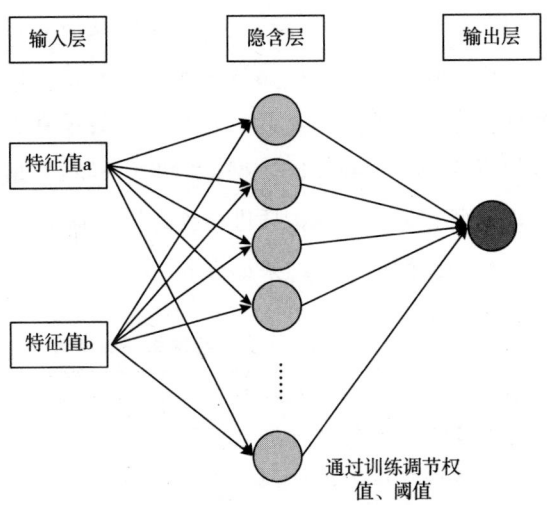

图 8-6 BP 网络模型结构图

表 8 - 3　寻租行为的重要属性

序号	名称	功能	类型	取值集	初始值
1	Slider 1	利益相关程度：由煤矿企业感知到的，管理部门人员对煤矿安全监管利益方面的关联度	float	1.00 ~ 5.00	4.8
2	Slider 2	影响直接性：由煤矿企业感知到的，管理部门单独决策，或与其他部门共同决策，或辅助决策	float	1.00 ~ 5.00	4.2
3	Slider 3	作用有效性：煤矿企业根据以往经验判断对管理部门人员的寻租采取的应对方式是否有效	float	1.00 ~ 5.00	4.5
4	Slider 4	时间精力成本：为应对寻租，煤矿企业花费的时间精力成本	float	1.00 ~ 5.00	2.5
5	Slider 5	花费额度：煤矿企业为应对管理部门人员每次寻租花费的金钱数额	float	1.00 ~ 5.00	2.7
6	Slider 6	公开化可能性：煤矿企业预测的寻租行为被揭发、举报的可能性	float	1.00 ~ 5.00	1.8

在各个子系统中，需要评判每个事项中管理部门人员和煤矿企业发生寻租行为的可能性及煤矿企业的选择，评判标准即关系维度。即根据调研利益相关程度、影响直接性、作用有效性、公开化可能性、时间精力成本、花费额度，以及煤矿企业选择行贿、不行贿、反向寻租的可能性，建立起关系维度和煤矿企业选择的对应函数关系，并对输入层根据此关系函数得出输出层数据。煤矿企业对国家级、省级、市县级管理部门人员在各个事项中的关系进行评估，得到基础数据，以此为样本数据进行神经网络训练。在仿真中以调研数据为样本数据进行神经网络训练。

第一类部门人员神经网络训练结果如表 8 - 4 所示。

表 8 - 4　第一类部门人员神经网络训练结果

	- 0.61	0.934	0.079	- 3.04	0.151	2.121			
	31.59	- 18.9	- 23.1	43.01	26.24	- 19.1			
iw {1, 1}	11.61	- 15.4	- 8.62	13.99	- 11.8	- 6.07			
	8.308	- 14.9	- 9.43	26.02	- 11.9	- 8.26			
	1.771	4.772	- 4.00	1.463	- 4.31	11.05			

续表

iw{1, 1}	8.986	-4.29	13.51	16.26	11.08	-14.4				
	0.015	-0.01	-0.02	0.009	0.011	-0.10				
	22.22	-55.3	-42.3	-17.7	-7.18	39.64				
	-3.11	-10.3	-12.8	4.507	24.72	12.65				
	-13.1	42.64	-19.5	-61.8	-8.48	6.355				
lw{2, 1}	0.871	-0.78	0.060	0.266	-0.05	1.161	2.221	1.067	-1.62	0.432
	-1.39	-0.47	0.082	-0.86	-0.77	-0.38	-2.24	0.704	0.086	-0.05
	-0.41	0.573	-0.50	-0.06	1.302	0.230	0.169	-2.12	-0.67	0.149
	1.481	-0.93	0.010	0.447	-0.52	1.443	-2.33	0.142	-1.12	-0.21
	0.423	1.565	-0.92	1.242	-1.14	-1.16	0.081	0.045	0.402	0.384
	-0.13	-0.27	-1.82	0.299	-0.39	-0.24	-0.82	-1.50	0.177	-1.39
	-0.44	-1.21	-0.03	-0.66	-0.82	0.416	1.698	0.300	-0.07	-0.71
lw{3, 2}	-0.43	1.230	-0.40	0.961	-0.50	0.480	-1.95			
	0.689	-1.14	-0.10	-1.15	-0.48	0.193	1.012			
	-1.03	1.085	0.291	0.929	-0.21	-0.43	-0.58			
b1	-1.26	17.85	-0.21	3.384	1.287	18.23	-0.37	-19.5	-7.59	-34.1
b2	-0.85	-0.85	-0.06	-0.30	-0.63	1.061	1.725			
b3	0.03	-0.41	-1.39							

第二类部门人员神经网络训练结果如表 8 – 5 所示。

表 8 – 5　第二类部门人员神经网络训练结果

iw{1, 1}	-0.10	0.372	-0.05	-0.29	-0.35	1.361				
	0.682	0.875	-0.31	-0.29	-0.46	-3.21				
	2.019	-1.14	-1.83	0.505	0.466	0.963				
	-1.02	1.149	0.915	0.124	0.396	1.723				
	-1.17	0.874	2.485	-0.57	0.267	0.054				
	-0.02	-0.78	0.118	1.445	1.249	1.316				
	-1.07	-0.73	-0.85	-1.52	-1.32	0.037				
	-0.39	-0.29	-2.19	0.534	-0.23	0.378				
lw{2, 1}	0.23	0.43	0.07	-0.35	0.57	0.18	1.01	0.19	-0.27	-0.09	-0.34
	-0.48	0.97	0.66	-0.56	-0.13	-0.33	0.53	0.83	-0.35	0.28	1.15
	-0.84	-0.06	0.12	0.32	0.30	0.85	0.71	0.02	-0.46	0.79	-0.13

续表

lw {2, 1}	-0.92	-0.75	0.46	-1.20	0.98	0.28	0.27	-0.94	-0.33	0.48	-0.48
	0.15	-0.19	-0.36	0.27	0.91	-0.38	-0.47	-0.12	-0.69	-0.60	-0.70
	-0.85	0.75	-0.62	-0.72	0.07	0.01	0.81	0.37	-0.50	0.76	-0.30
	-0.49	-0.04	0.33	-1.01	0.87	-0.47	0.71	1.15	0.84	0.53	-0.09
	-0.88	-0.68	-0.21	-0.14	-0.04	0.34	-0.33	-0.40	0.16	-0.66	-0.13
lw {3, 2}	-0.07	0.12	0.43	-0.34	0.08	-0.31	0.15	0.30			
	0.16	-0.14	0.06	0.06	0.14	-0.92	0.48	0.40			
	0.71	-1.32	-0.83	0.01	0.78	-0.06	-0.98	-0.81			
b1	-2.90	-2.77	-2.10	-0.38	0.63	0.56	0.99	-1.54	-1.00	-2.53	1.58
b2	-0.10	-0.64	0.07	0.55	-0.03	0.06	-0.05	0.75			
b3	-0.01	-0.68	0.34								

第三类部门人员神经网络训练结果如表 8 - 6 所示。

表 8 - 6 第三类部门人员神经网络训练结果

iw {1, 1}	-1.66	2.16	-1.35	-2.16	2.62	-3.83					
	13.22	10.19	-7.42	-9.05	0.80	-3.19					
	9.15	-1.02	-1.74	-9.96	7.53	-13.6					
	1.71	4.57	1.75	-10.1	-7.83	-1.54					
	-1.60	2.76	0.52	0.36	-0.13	3.28					
	0.01	0.63	-0.60	0.16	-0.17	-1.34					
	-6.53	9.92	-1.67	5.37	-0.79	3.46					
	-3.48	-1.40	0.09	-1.20	-3.10	2.39					
	-1.69	4.11	-3.41	-0.92	3.73	-0.10					
	8.51	-4.83	-0.09	4.74	-0.96	2.00					
lw {2, 1}	0.14	-0.55	-0.86	0.39	-0.53	0.45	-0.02	0.03	0.98	0.28	
	-0.68	0.64	-0.69	-0.82	-0.12	-0.14	1.37	-0.08	-0.21	-0.12	
	0.52	0.55	0.55	-0.60	-1.18	-1.64	0.91	0.44	-0.78	-0.22	
	-0.42	0.49	0.33	-1.08	0.10	0.68	0.42	-0.60	0.02	0.56	
	-0.84	-0.29	-0.40	0.04	0.77	1.66	0.08	0.00	-1.35	0.47	
	0.25	0.22	0.44	0.38	0.05	0.85	0.33	-0.25	0.73	0.06	
	1.25	0.53	-0.39	-0.30	-0.17	-0.54	-0.97	0.24	1.04	-0.93	
	-0.44	-0.16	0.68	-0.43	-0.76	-0.10	-0.23	-1.02	0.80	-1.24	

lw {3, 2}	-0.24	0.17	-0.44	0.02	-0.33	-0.26	-0.06	-0.03		
	-0.76	0.19	0.04	-0.13	0.22	-0.04	-0.01	0.38		
	0.07	-0.11	-1.14	0.47	1.13	0.57	0.35	0.72		
b1	-2.60	-8.58	-3.49	1.71	-1.35	-0.20	1.87	-2.68	-2.27	4.836
b2	-1.35	0.43	-1.41	0.38	-0.10	-0.53	0.901	-1.19		
b3	-0.94	-0.80	-0.67							

2. 自然情境设计

当没有监察、没有寻租时，煤矿自身的装备的生产力、技术的生产力、灾害及控制能力生产力、管理的生产力、员工工作能力、员工工作动力会呈现一定程度的衰减，但同时煤矿自身会自主控制衰减，当这几个方面低于某一水平时就会自动对其进行补充，以维持煤矿的正常运营。通过对煤矿调研得知，煤矿在生产方面的自主补充方面，自主性要高于安全生产方面，因此，生产方面的临界水平高于安全生产方面。我国平均固定资产折旧率为 0.041%，煤矿企业固定资产折旧率略低于平均水平，根据调研设定各物质生产力和精神生产力的衰减速率分别为 0.02%、0.04%、0.023%、0.01%、0.05%、0.042%。

在仿真设计中，煤矿的初始生产力水平由外界给定，因资源的基础生产力在短期内不会发生大的变化，所以在仿真设计中设定资源的基础生产力保持不变。其他生产力要素衰减趋势相同，但煤矿用于提升生产力的资源优先用于对装备、技术等生产力进行调整，最后对灾害的控制能力生产力等安全要素进行调整；若提升生产力的专项资源不足，在自然情境下灾害控制能力生产力等安全要素会维持在较低水平。

表 8-7　生产力的重要属性

序号	名称	说明	类型	取值集	初始值
1	equipment	装备的能力水平	float	1.00~5.00	4.5
2	technique	技术的能力水平	float	1.00~5.00	4.7
3	control disaster	灾害的控制能力水平	float	1.00~5.00	4.1
4	management	管理的能力水平	float	1.00~5.00	4.2
5	miner ability	员工工作能力水平	float	1.00~5.00	4.8
6	miner impetus	员工工作动力水平	float	1.00~5.00	5.0

续表

序号	名称	说明	类型	取值集	初始值
7	endowment resource	资源的基础生产力水平	float	1.00 ~ 5.00	4.8
8	self – lowerbound	煤矿运营自主调节指标最低水平	float	1.00 ~ 5.00	/
9	self – upbound	煤矿运营自主调节指标最高水平	float	1.00 ~ 5.00	/

3. 监察情境设计

当存在监察、但不存在寻租时，管理部门对煤矿各项指标具有较高的要求，高于企业维持自身经营的指标水平，因此在监察体制下，煤矿企业不得不被动地提高各项指标。提高各项指标必须花费一定的成本，但同时，各项指标的提升也会导致生产效率的变化。根据国家煤矿安全监察局《煤炭生产安全费用提取和使用管理办法》和《关于规范煤矿维简费管理问题的若干规定》等文件，并结合煤矿调研的情况，将煤矿用于简单生产资金、安全费用等按照煤矿收益的5%计提。

在仿真设计中，设定管理部门监管的合格标准都为4.0，若煤矿企业的一项或多项指标低于此标准，则需要进行限期整改和罚款，限期整改的期限取决于现实水平与标准水平的差距。煤矿安全状态分为是否处于整改期、是否发生事故等，用标志变量 flag = 0 或 1，safe status = 0 或 1，rflag 表示。

表 8 –8　安全监管重要属性

序号	名称	说明	类型	取值集
1	standard	监察标准水平	float	1.00 ~ 5.00
2	sumoutcome	煤矿总收益	float	0.00 ~ ∞
3	distance	现实水平与标准水平的距离	float	1.00 ~ 5.00
4	penalty time	整改期限	int	0 ~ ∞
5	safe status	煤矿安全状态	int	0, 1
6	beaccidenttime	事故发生时期	int	0, 1
7	rpenaltycost	罚款金额	int	0 ~ ∞

图 8 – 7 中阴影区域为达到标准及标准以上的区域，黑点表示煤矿的真实状况，应用非线性规划理论，本研究用每个黑点到标准区域的最短距离表示真实状况与标准之间的差距，距离越大，差距越大。在约束条件和目

标函数共同的约束下，其中至少含有一个未知量的非线性约束关系，非线性规划解决 n 元实函数的极值问题。其原理是创建一个距离函数，在约束条件下，找出可行域内的点与目标领域的最短距离。

经过数学计算得到距离介于 ［0，10.58］ 区间，基于煤矿安全状况服从正态分布的前提，当距离介于 ［0，2］ 时，整改期限设为 （2 ∗ 距离） 单位的时间；当距离介于 （2，8］ 时，整改期限为 （3 ∗ 距离） 单位的时间；当距离介于 （8，11） 时，整改期限为 （4 ∗ 距离） 单位的时间。煤矿企业从当期盈利和前期累计盈利中花费资源用于整改，整改完成后高于合格标准的指标维持当前水平，低于合格标准的指标达到合格水平。

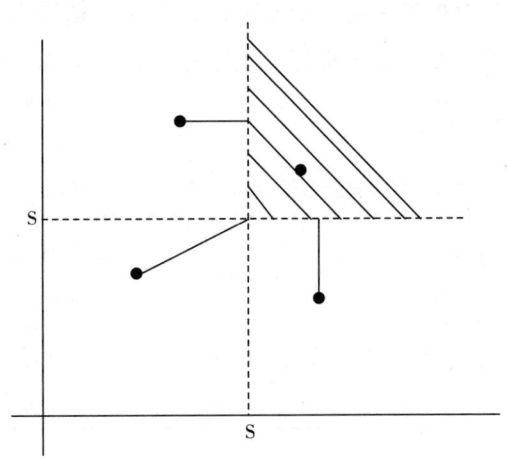

图 8 - 7　距离的计算

4. 寻租情境设计

在整改过程中，各项不合格的指标都需要花费资源进行整顿，使其达到合格水平。此时存在寻租可能性，用寻租强度表示，若煤矿向管理部门人员行贿，则根据寻租强度的不同，煤矿可减少整改天数，免除罚款等；若煤矿不向管理部门人员行贿，在煤矿指标达不到标准的情况下，就需要花费资源用于整改，并面临一定数额的罚款；若煤矿选择反向寻租，不用花费寻租金额，煤矿可减少整改天数，并免除罚款。但是，若煤矿整改时间较短或没有整改，各项指标水平较低，煤矿发生事故的可能性增大。煤矿发生事故后将会面临更大的损失，同时必须被动调整各项生产力指标。

寻租强度定义了管理部门人员进行安全生产监察时寻租的程度，范围从0到1，0表示监察中管理部门没有单位或个人进行寻租，1表示进行监察的管理部门中的所有单位或个人都进行了寻租。在仿真系统中，将寻租强度设置为外因变量，旨在通过观察寻租强度的不同引起的生产力变化的不同。同时，寻租强度也决定了煤矿企业进行行贿时花费的资源和减免的整改天数。寻租强度越大，煤矿企业行贿时花费的成本越大，减免的整改天数也越多，即行贿后的整改天数用 [应该整改天数 * （1-寻租强度）] 来表示。如前所述，煤矿对于管理部门利益相关程度等方面的判断决定了煤矿企业的选择，以不同的概率程度选择行贿、不行贿或反向寻租。在仿真设计中，煤矿企业根据不同的概率随机选择这三种行为。煤矿发生事故后，当期收益归零，并需要花费前期收益进行各项指标的补充和调整，并进入下一时期的循环中。

表8-9　安全监管利益主体行为重要属性

序号	名称	说明	类型	取值集
1	Bribe force	寻租强度	float	0.00~1.00
3	Be bribe degree	行贿程度	float	1.00~5.00
4	Not bribe degree	不行贿程度	float	1.00~5.00
5	Anti-rent seeking degree	反向寻租程度	float	1.00~5.00

5. 界面设计

仿真系统遵循完整、简洁、清晰等原则，分别设计了三类人员的寻租行为生产力仿真，通过下拉框可直接选择管理部门级别。而且，可从总体层面、局部层面分别查看仿真结果。绘图部分程序如下。

```
function pushbutton2_Callback( hObject, eventdata, handles)
    set( hObject, 'Enable', 'off');
surveycorrelation = get( handles. slider8, 'Value');
surveysubstantivity = get( handles. slider9, 'Value');
surveyefficient = get( handles. slider10, 'Value');
surveypossible = get( handles. slider11, 'Value');
costofenrgyandtime = get( handles. slider12, 'Value');
```

```
costofoutcome = get( handles. slider13 ,' Value ') ;
    surveycoefficients = [ surveycorrelation
                          surveysubstantivity
                          surveyefficient
                          surveypossible
                          costofenrgyandtime
                          costofoutcome ] ;
sh = get( handles. popupmenu1 ,' Value ') ;
netflag = get( handles. checkbox10 ,' Value ') ;
switch sh
    case 1
        t = xlsread(' local. xls ',' B20 : BE28 ') ;
    case 2
        t = xlsread(' local. xls ',' B2 : BE19 ') ;
    case 3
        t = xlsread(' local. xls ',' B2 : BE10 ') ;
end
function popupmenu3_Callback( hObject , eventdata , handles )
    plotflag = get( hObject ,' Value ') ;
    xlimt = get( handles. axes1 ,' Xlim ') ;
        switch plotflag
            case 1      % 全局
                ylim(' auto ') ;
                xlim( [ 0 , xlimt( 2 ) ] ) ;
            case 2      % 局部
                ylim( [ - 0. 2 6 ] )
                xlim( [ 0 , xlimt( 2 ) ] ) ;
            case 3      % 跟踪
                ylim( [ - 0. 2 6 ] )
                    if xlimt( 2 ) > 20. 5
```

$$xlim([xlimt(2) - 20.5\ xlimt(2)])$$

$$else$$

$$xlim(xlimt)$$

$$end$$

$$end$$

按照上述情境设计在 MATLAB 中编程,得到系统设计仿真的界面如图 8-8 所示。

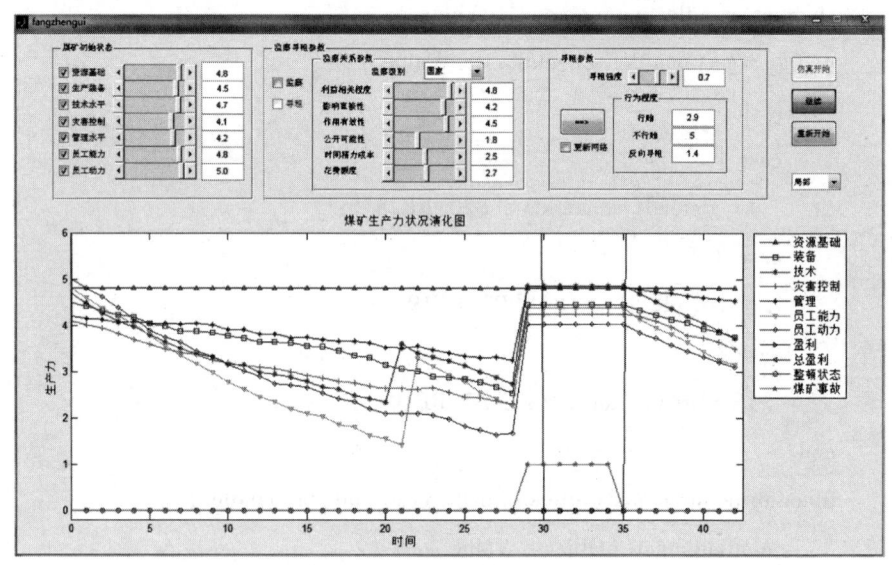

图 8-8 仿真设计界面

三 寻租行为生产力特征仿真结果分析

(一)神经网络训练结果

采用 BP 网络训练方法,可以得到相关训练结果,可知数据训练结果收敛且拟合较好。在仿真模型设计中,将神经网络训练嵌入仿真模型中如图 8-9 所示。输入利益相关程度、影响直接性、作用有效性、公开化可能性、时间精力成本、花费额度,并选择相应的管理部门层级,便可得到煤矿企业行贿、不行贿、反向寻租的可能性程度。

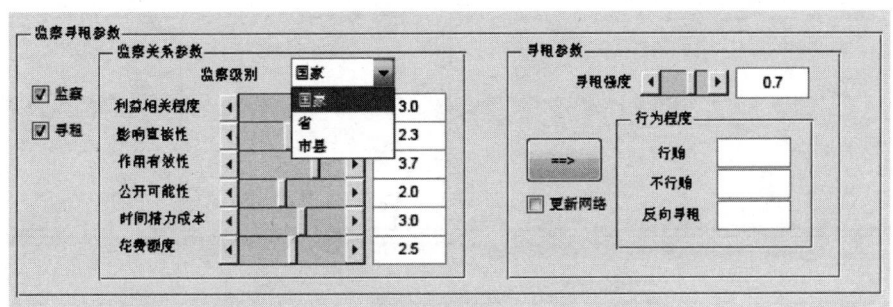

图 8-9　神经网络训练结果嵌入仿真程序

（二）物质生产力仿真结果

在系统输出结果中，为了显示寻租行为的生产力特征，分别显示国家级、省级、市县级管理部门在自然情境、存在监察但无寻租、有监察有寻租情境且寻租强度不同的情况下各种生产力的变化趋势。为消除煤矿初始状态不同产生的影响，为各种情况下的生产力变化选择相同的煤矿初始状态，资源的基础生产力、装备的生产力、技术的生产力、灾害的控制能力生产力、管理能力生产力、员工能力生产力、员工动力生产力分别设为4.8、4.5、4.7、4.1、4.2、4.8、5.0。

1. 装备生产力

（1）一类部门人员

一类部门人员在自然情境、存在监察但无寻租、有监察有寻租情境下各种生产力的变化趋势如图 8-10、图 8-11 所示。其实自然情境下三种级别的管理部门人员并不对生产力产生影响，因此自然情境下的生产力状况在各级管理部门下都是相同的。

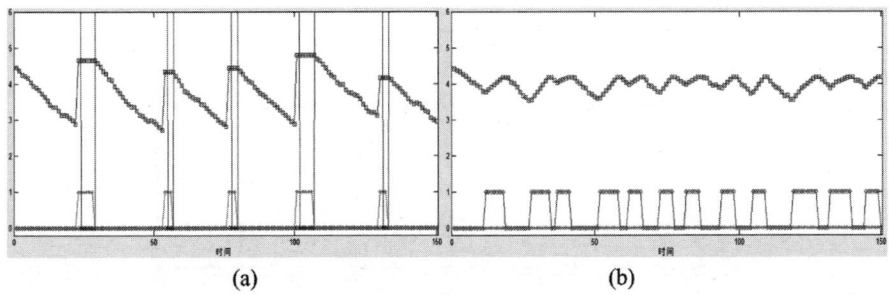

(a)　　　　　　　　　　　　(b)

图 8-10　自然情境下（a）、存在监察但无寻租情境下（b）装备的生产力变化趋势

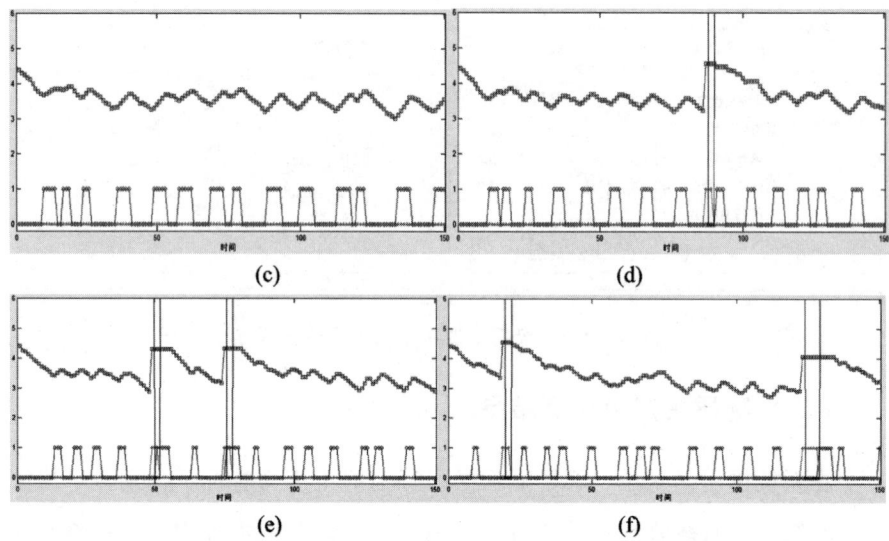

(c)　　　　　　　　　　　　(d)

(e)　　　　　　　　　　　　(f)

图8-11　寻租强度为0.4（c）、0.5（d）、0.6（e）、0.7（f）时装备的生产力变化趋势

可见，在监察作用下装备的生产力变化趋势较平稳。当寻租强度为0.4及以下水平时，并没有发生事故；而当寻租强度达到0.5及以上水平时，煤矿发生事故，且随着寻租强度的增加，煤矿事故呈上升趋势。事故发生率增加，由于外在压力，煤矿装备生产力不得不进行提升。寻租强度越大，提升的高度越低，提升之后由于寻租的存在呈现较快下降趋势。如果以事故发生为衡量标准，寻租强度0.4为事故发生的临界点。

（2）二类部门人员

因自然情境下各生产力变化趋势不受管理部门的限制，只展示其他情境下的变化趋势如图8-12所示。

当寻租强度在0.6及以下时，煤矿装备生产力变化较为平稳，且无事故

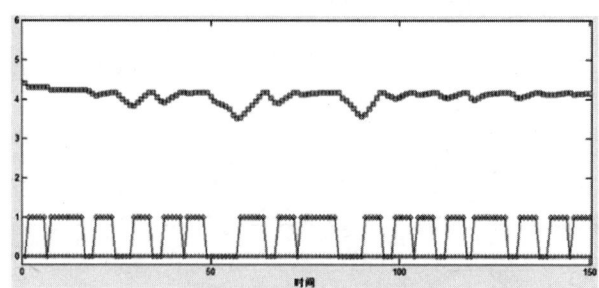

图8-12　有监察无寻租时装备生产力变化趋势

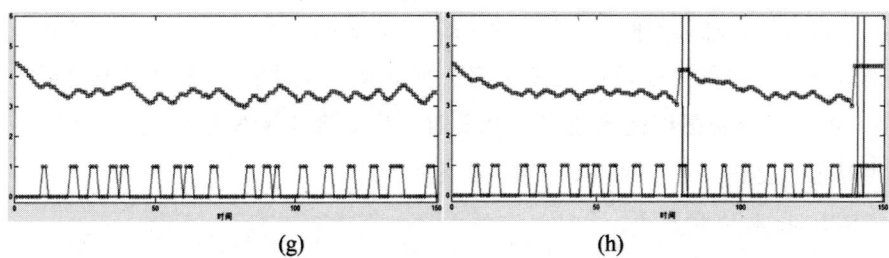

(g)   (h)

图 8 - 13　寻租强度为 0.6（g）、0.7（h）时装备生产力变化趋势

发生；而寻租强度达到 0.7 时，煤矿会发生事故，带来较大损失。由于追求利润最大化，煤矿企业自身非常关注装备的生产能力，因此，在不发生事故的前提下，寻租对装备生产力的影响较小。寻租强度 0.6 为事故发生的临界点（见图 8 - 13）。

（3）三类部门人员

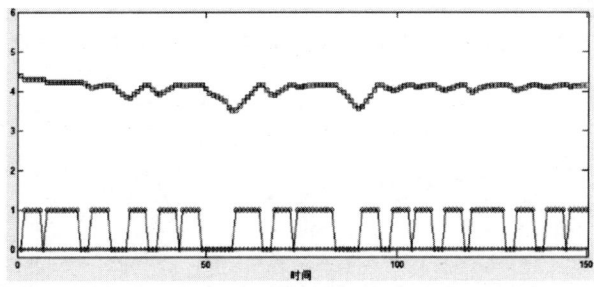

图 8 - 14　有监察无寻租时装备生产力变化趋势

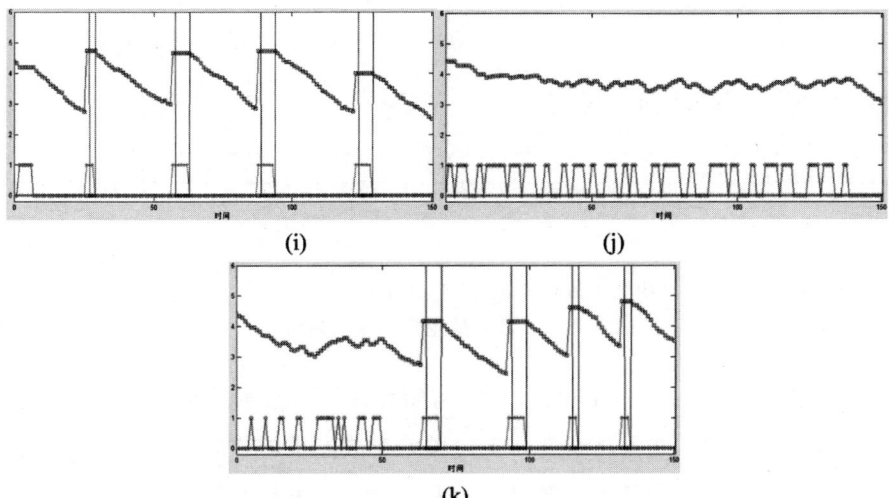

(i)   (j)

(k)

图 8 - 15　寻租强度为 0.5（i）、0.7（j）、0.8（k）时装备生产力变化趋势

市县级管理部门的监察对装备的生产力影响较小，而且，若有些人员进行寻租，寻租强度过低或过高都会使煤矿产生事故。当寻租强度低于0.7时，或寻租强度达到或高于0.8时，煤矿会不断发生事故，因此0.7为寻租强度临界点（见图8-14、图8-15）。

2. 技术的生产力

（1）一类部门人员

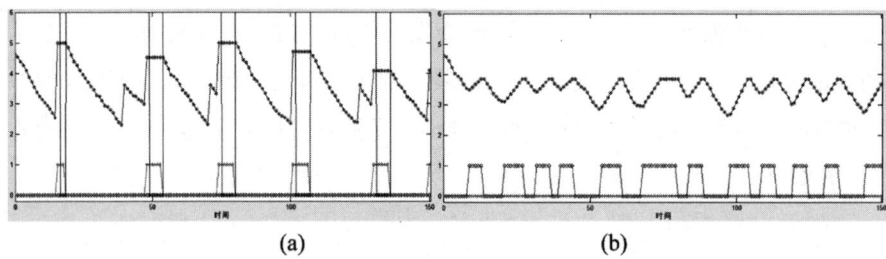

（a）　　　　　　　　　　（b）

图8-16　自然情境下（a）、有监察无寻租情境下（b）技术的生产力变化趋势

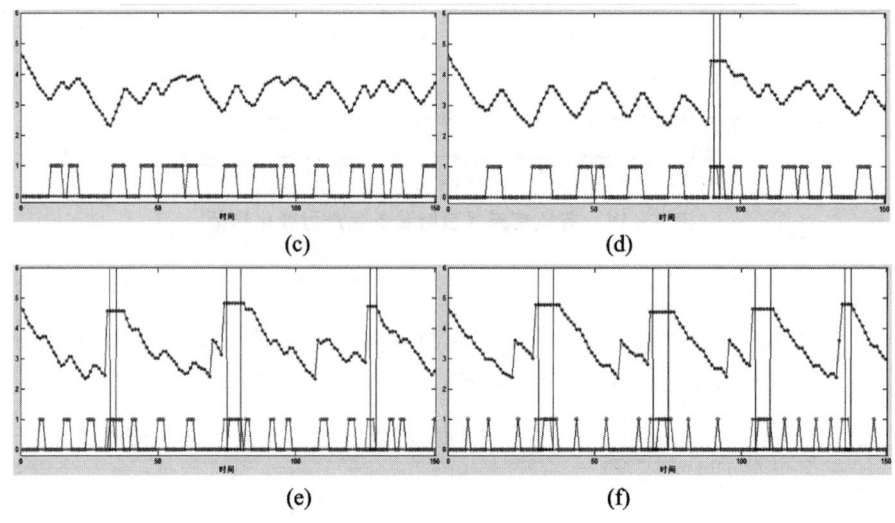

（c）　　　　　　　　　　（d）

（e）　　　　　　　　　　（f）

图8-17　寻租强度为0.3（c）、0.4（d）、0.7（e）、0.9（f）时技术的生产力变化趋势

如图8-16、图8-17所示，在监察作用下，技术的生产力处于较平稳状态。经检验，当寻租强度0.3为煤矿事故发生的临界点。随着寻租强度的增加，整改期限缩短，但煤矿发生事故的概率不断增加。

（2）二类部门人员

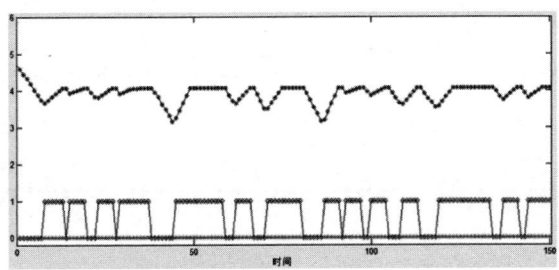

图8-18 有监察无寻租情境下技术的生产力变化趋势

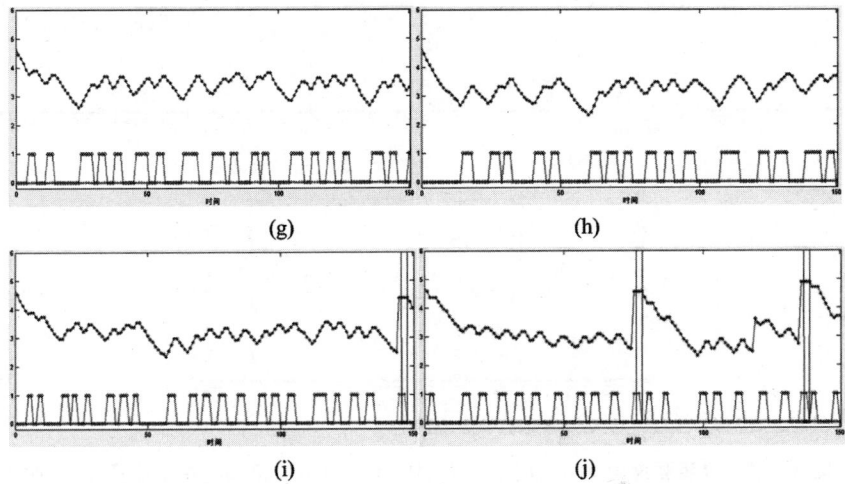

(g)　　　　　　　　　　(h)

(i)　　　　　　　　　　(j)

**图8-19 寻租强度为0.4（g）、0.5（h）、0.6（i）、0.7（j）时
技术的生产力变化趋势**

如图8-18、图8-19所示，寻租强度0.5为事故发生临界点。且随着寻租强度的增加，在事故的作用下，技术的生产力波动也更为明显。

（3）三类部门人员

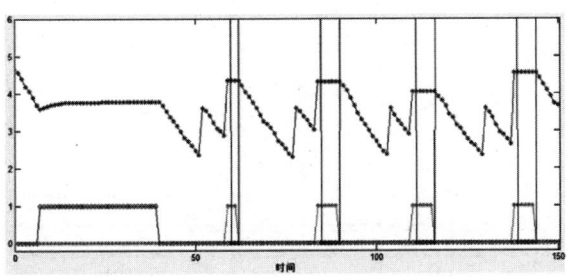

图8-20 有监察无寻租情境下技术的生产力变化趋势

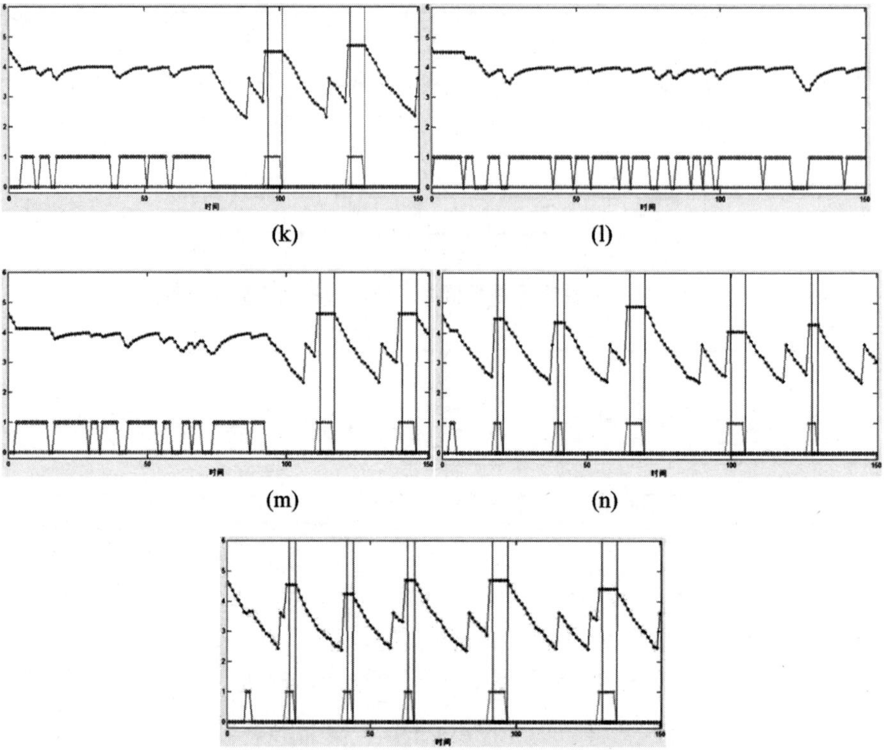

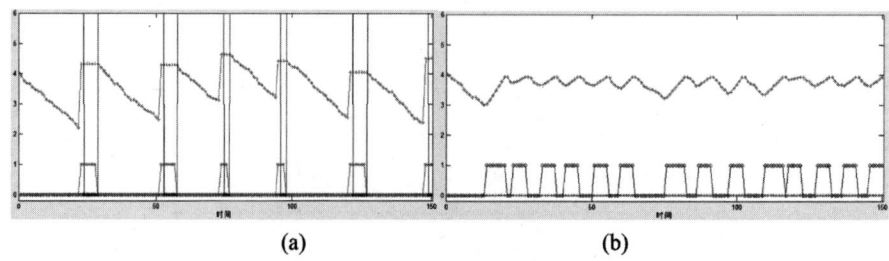

图 8－21　寻租强度为 0.3（k）、0.4（l）、0.5（m）、0.6（n）、0.7（o）时
技术的生产力变化趋势

对于技术生产力，三类部门人员的寻租强度 0.4 是事故临界点（见图 8－20、图 8－21）。

3. 灾害的控制能力生产力

（1）一类部门人员

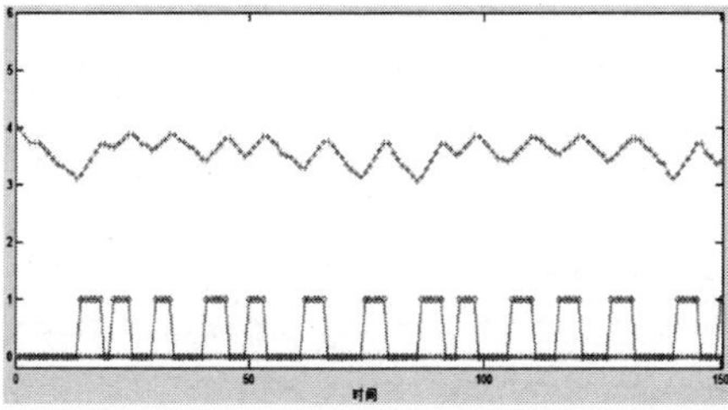

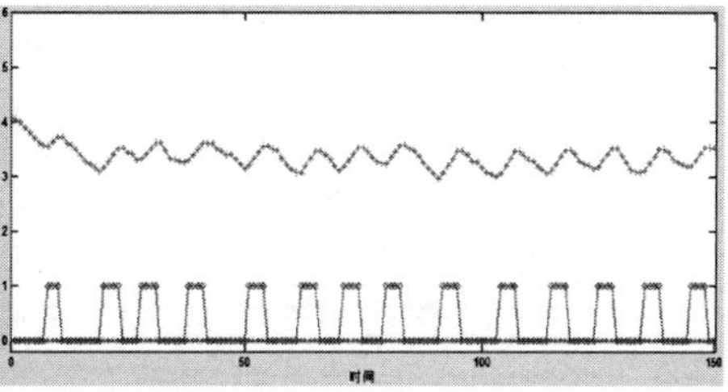

（c）   （d）

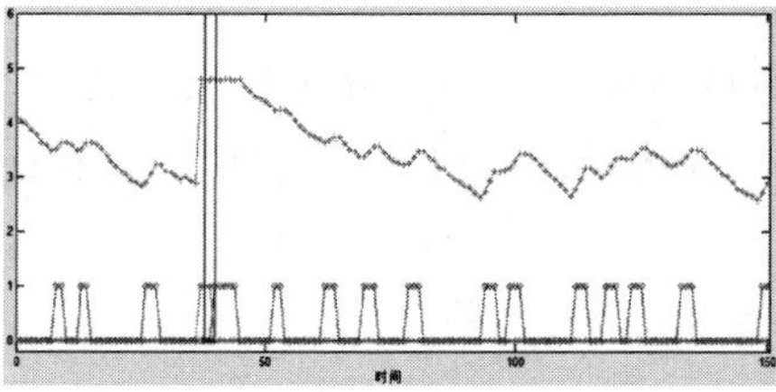

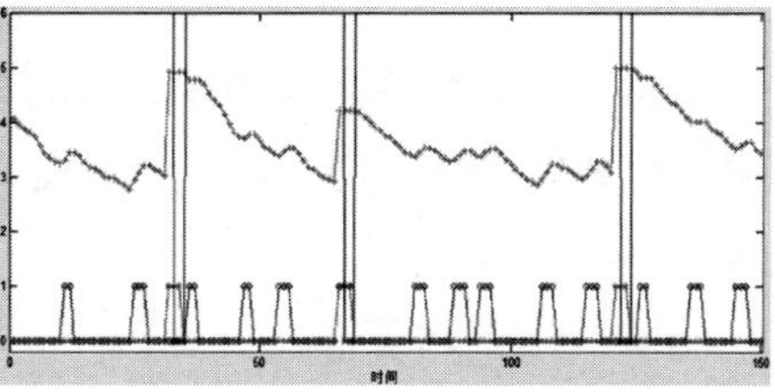

（e）   （f）

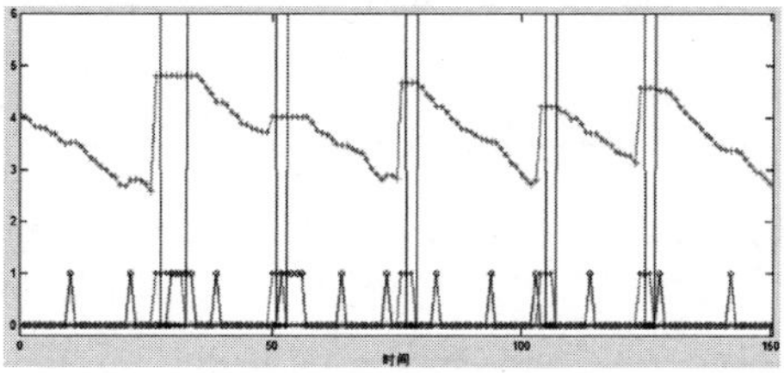

（g）

**图 8-22 寻租强度为 0.3（c）、0.5（d）、0.6（e）、0.7（f）、0.9（g）时
灾害的控制能力生产力变化趋势**

如图 8-22 所示，随着寻租强度的增大，整改期限缩短，但事故率不断增
大。寻租强度 0.6 是煤矿事故发生的临界点。

（2）二类部门人员

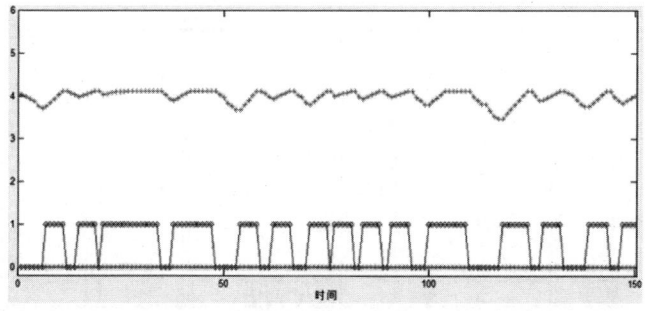

图 8-23 有监察无寻租时灾害的控制能力生产力变化趋势

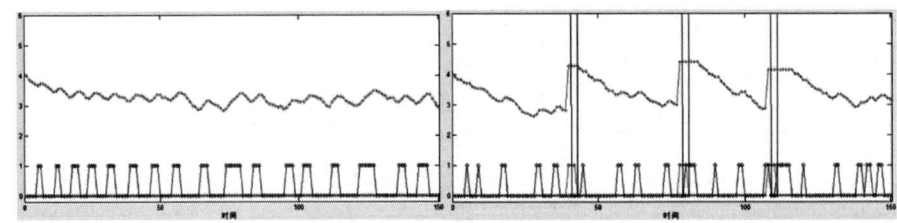

图 8 - 24　寻租强度 0.7（h）、0.8（i）时灾害的控制能力生产力变化趋势

如图 8 - 23 在监察作用下，灾害的控制能力生产力处于较稳定状态。经验证，省级管理部门人员寻租强度 0.7 为灾害的控制能力生产力的事故临界点。

（3）三类部门人员

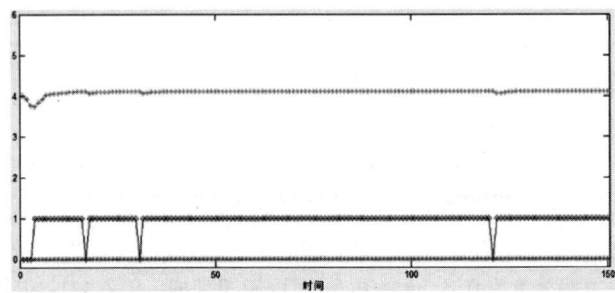

图 8 - 25　有监察无寻租时灾害的控制能力生产力变化趋势

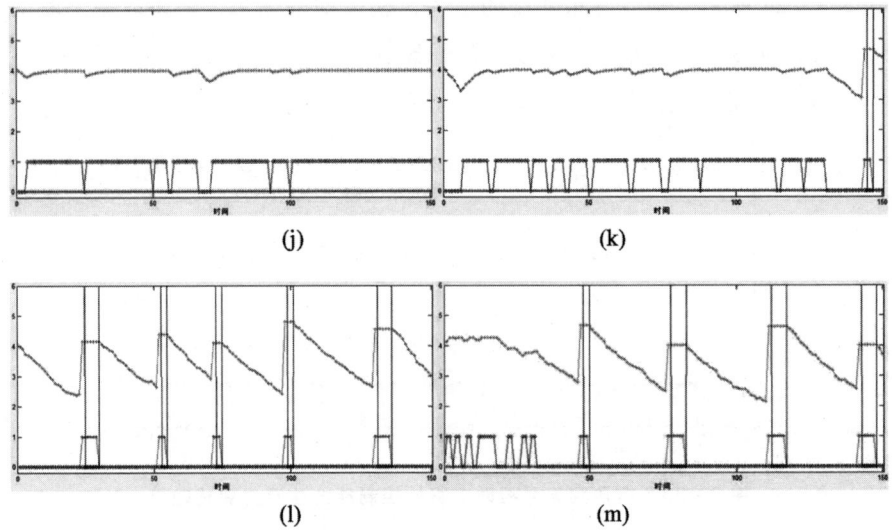

（j）　　　　　　　　　　　（k）

（l）　　　　　　　　　　　（m）

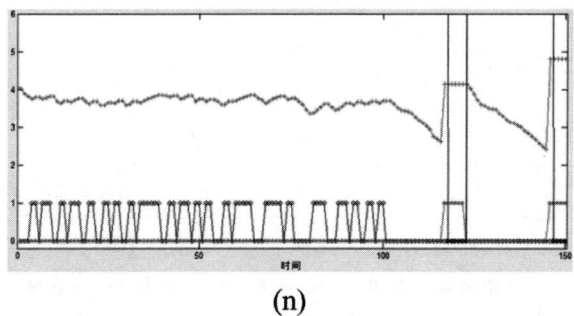

(n)

图8-26　寻租强度为0.1 (j)、0.2 (k)、0.5 (l)、0.6 (m)、0.7 (n) 时灾害的控制能力生产力变化趋势

自然情境下煤矿事故不断，而当市县级管理部门人员监察时，能够起到良好的监察效果。但是，当寻租强度高于0.1时就发生事故，寻租强度0.1为灾害的控制事故临界点（见图8-25、图8-26）。

（三）精神生产力仿真结果

1. 管理的生产力

（1）一类部门人员

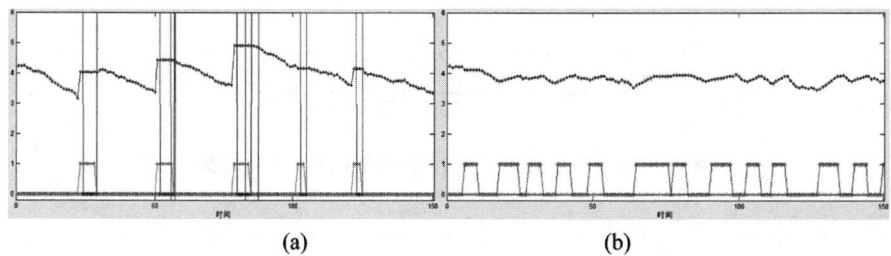

(a)　　　　　　　　　　　　　(b)

图8-27　自然情境下（a）、有监察无寻租情境下（b）管理生产力变化趋势

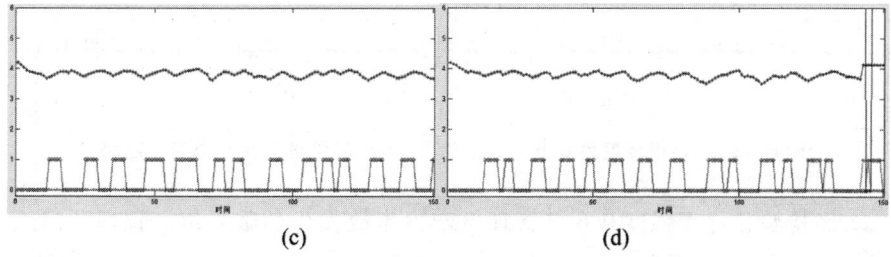

(c)　　　　　　　　　　　　　(d)

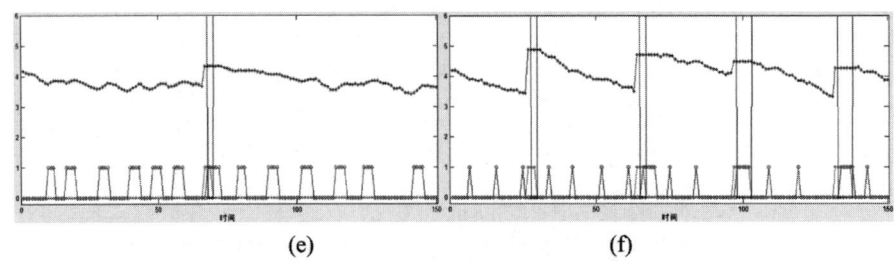

(e)   (f)

**图 8 -28　寻租强度为 0.3（c）、0.4（d）、0.5（e）、0.9（f）时
管理的生产力变化趋势**

如图 8 -27、图 8 -28 所示，管理的生产力事故临界点为 0.3，且随着寻租强度的增大，事故发生率也不断增大。即使在寻租状态下，管理的生产力的变化幅度较小。说明国家级管理部门人员寻租对管理层管理方式的影响较小。

（2）二类部门人员

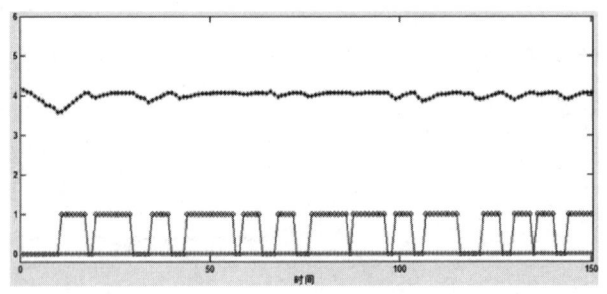

图 8 -29　有监察无寻租时管理的生产力变化趋势

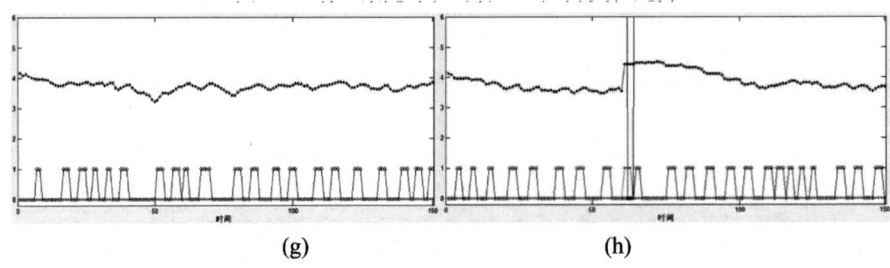

(g)   (h)

图 8 -30　寻租强度为 0.6（g）、0.7（h）时管理的生产力变化趋势

经检验，寻租强度 0.6 是管理生产力事故发生的临界值。管理部门人员的寻租行为对管理层的管理方式影响也较小（见图 8 -29、图 8 -30）。

（3）三类部门人员

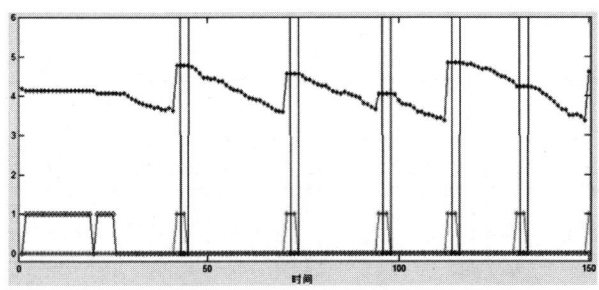

图 8 -31　有监察无寻租时管理的生产力变化趋势

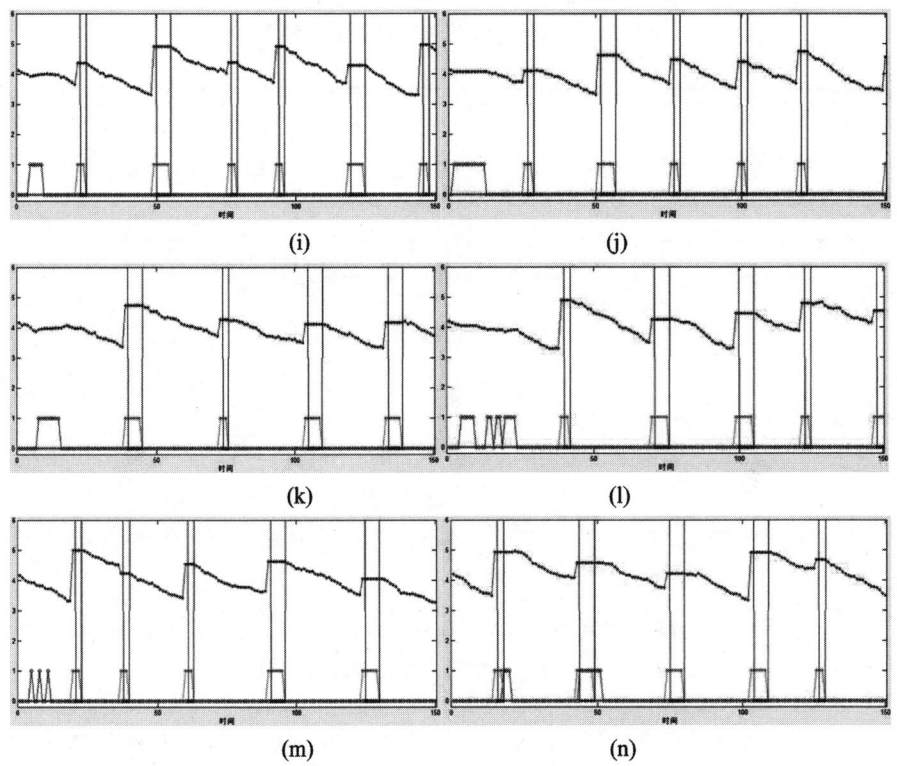

图 8 -32　寻租强度为 0.1（i）、0.2（j）、0.5（k）、0.7（l）、
0.9（m）、1（n）时管理的生产力变化趋势

三类部门人员只监察不寻租、监察又寻租时均会发生事故，而且，无论寻租强度多大，均会有事故发生，说明管理部门人员的监察、寻租都几乎不会对管理者的管理方式产生影响（见图 8 -31、图 8 -32）。

2. 员工工作能力生产力

（1）一类部门人员

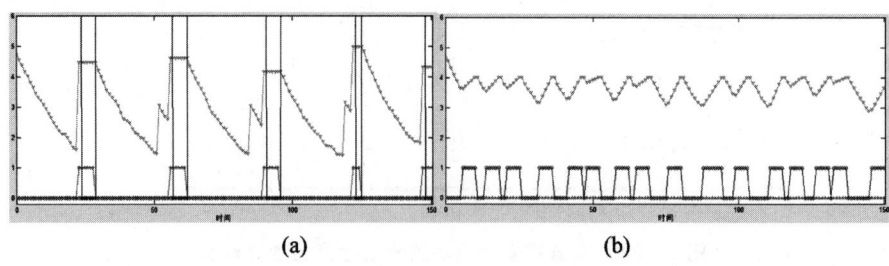

(a)   (b)

图8-33　自然情境下（a）、有监察无寻租情境下（b）员工工作能力生产力变化趋势

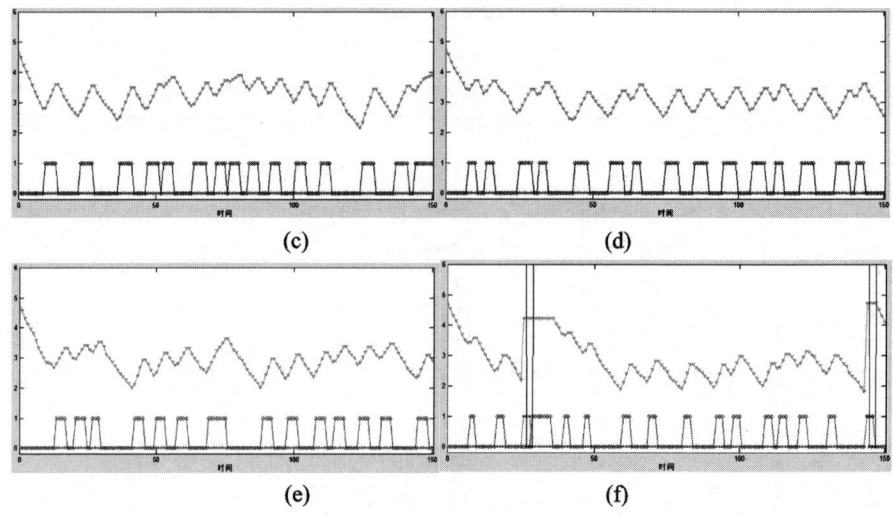

(c)   (d)

(e)   (f)

图8-34　寻租强度为0.3（c）、0.4（d）、0.5（e）、0.6（f）时员工工作能力生产力变化趋势

　　如图8-33、图8-34所示，寻租时员工能力生产力明显低于不寻租时员工能力生产力水平，说明管理部门人员寻租对员工能力影响明显。寻租强度0.4为事故发生临界值。

（2）二类部门人员

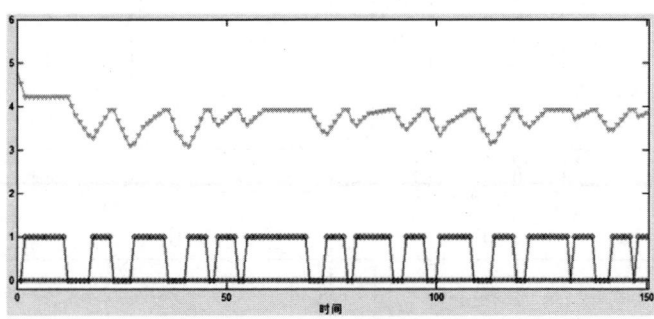

图 8 - 35　有监察无寻租时员工工作能力生产力变化趋势

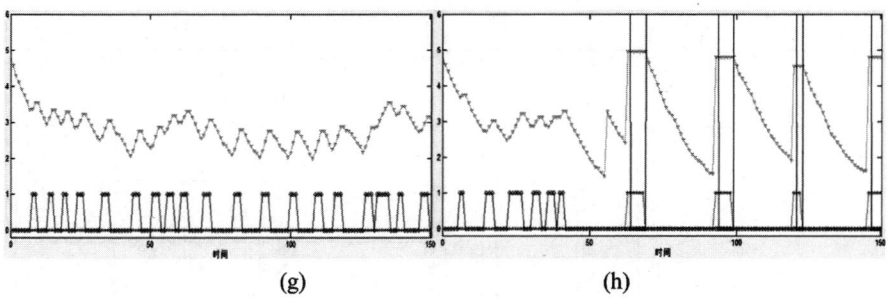

（g）　　　　　　　　　　（h）

图 8 - 36　寻租强度为 0. 6（g）、0. 7（h）时员工工作能力生产力变化趋势

如图 8 - 35、图 8 - 36 所示，寻租情况下员工能力生产力明显低于不寻租时员工能力生产力，寻租强度 0. 6 为事故临界点。

（3）三类部门人员

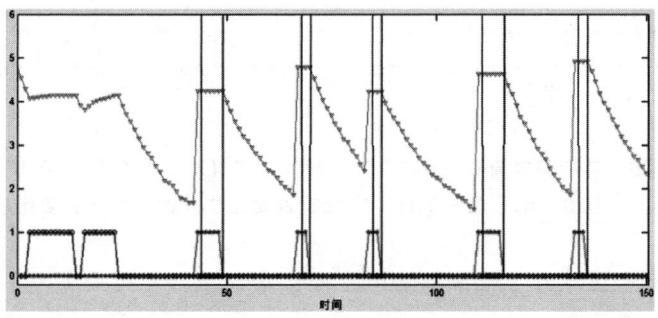

图 8 -37　有监察无寻租时员工工作能力生产力变化趋势

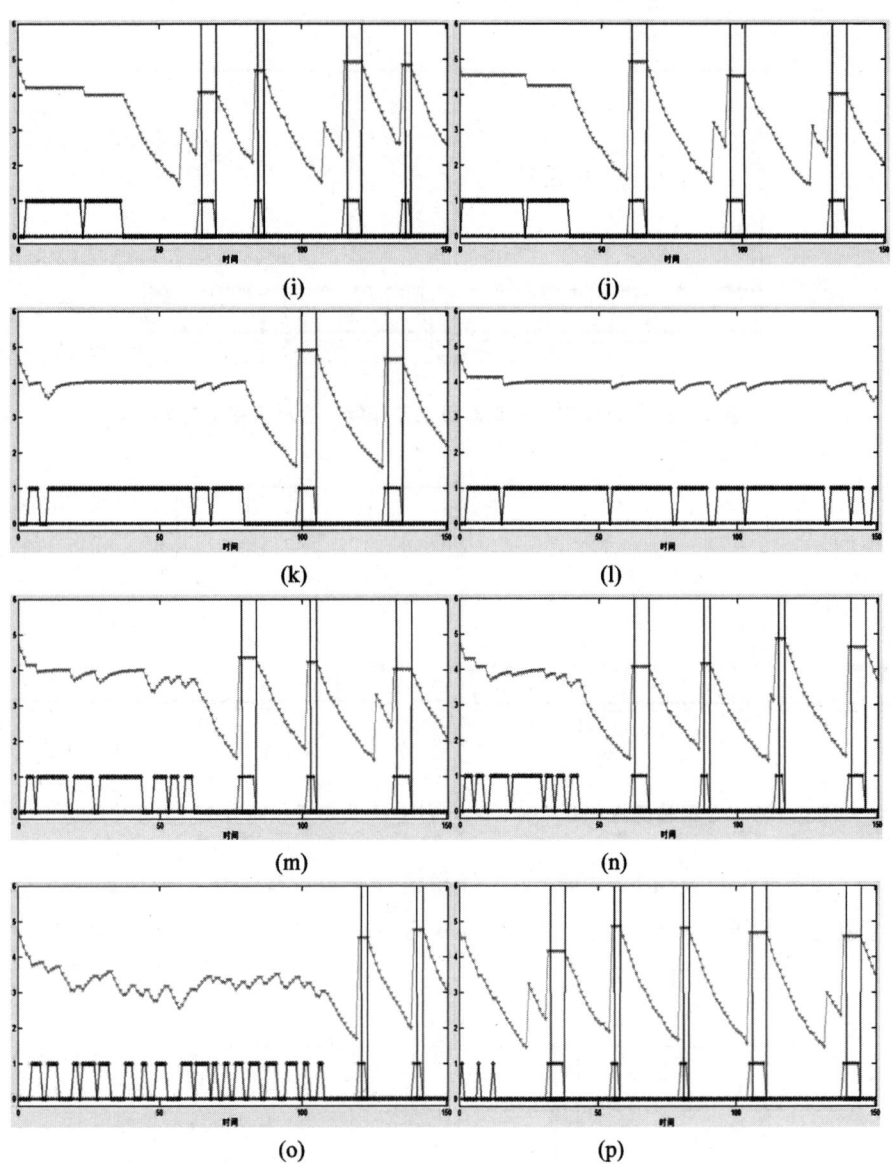

图 8-38　寻租强度为 0.1 (i)、0.2 (j)、0.3 (k)、0.4 (l)、0.5 (m)、
0.6 (n)、0.8 (o)、1 (p) 时员工工作能力生产力变化趋势

当寻租强度从 0.1 逐渐升到 0.3 时，煤矿事故呈下降趋势；而从 0.3 到 1 时，煤矿事故又呈现回升趋势。因此，寻租强度 0.3 为事故临界点（见图 8-37、图 8-38）。

3. 员工工作动力生产力

（1）一类部门人员

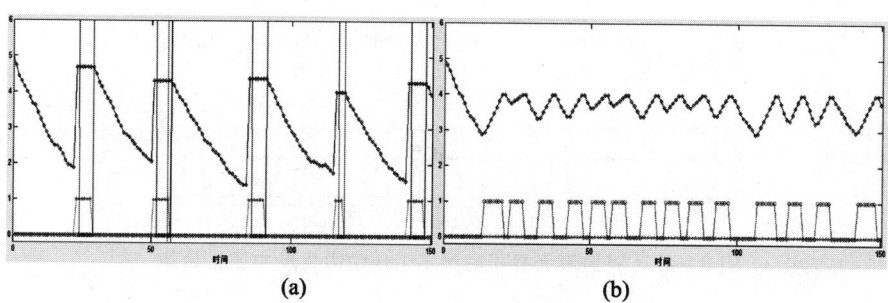

(a)　　　　　　　　　　(b)

**图 8 - 39　自然情境下（a）、有监察无寻租情境下（b）
员工工作动力生产力变化趋势**

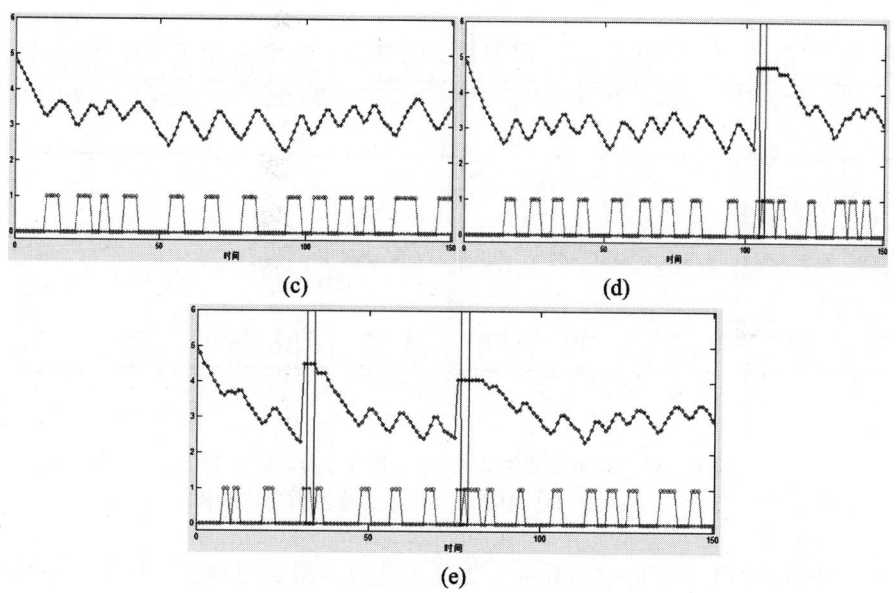

(c)　　　　　　　　　　(d)

(e)

**图 8 - 40　寻租强度为 0.4（c）、0.5（d）、0.6（e）
时员工工作动力生产力变化趋势**

如图 8 - 39、图 8 - 40 所示，寻租对员工工作动力生产力的影响也较为明显。寻租强度 0.4 为事故临界点。

（2）二类部门人员

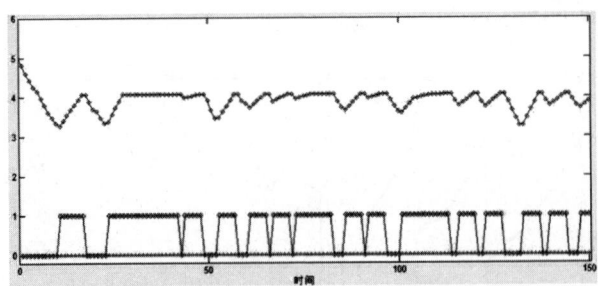

图8-41　有监察无寻租时员工工作动力生产力变化趋势

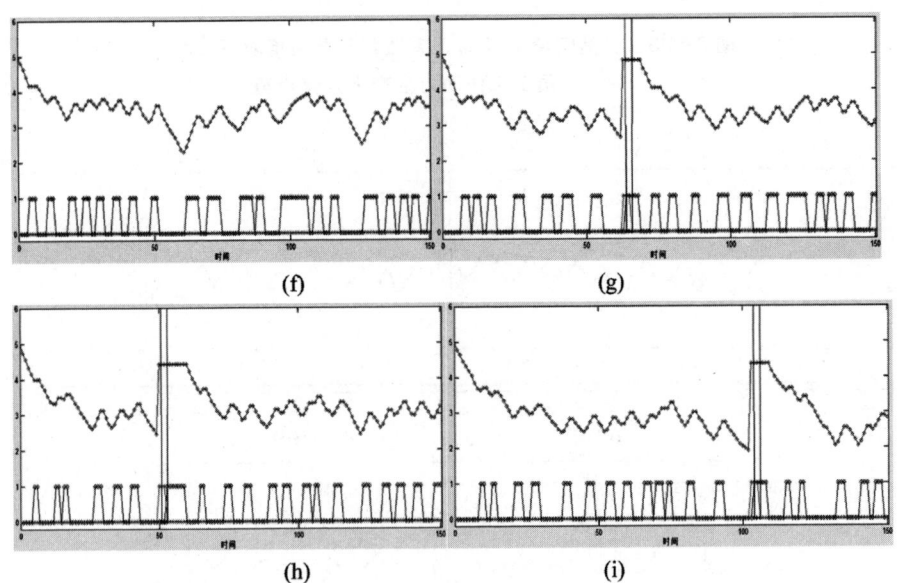

图8-42　寻租强度为0.4（f）、0.5（g）、0.6（h）、
0.7（i）时员工工作动力生产力变化趋势

如图8-41、图8-42所示，随着人员的寻租强度增大，员工工作动力生产力整体呈现下降趋势。寻租强度0.4为事故临界点。

（3）三类部门人员

对于员工工作动力而言，人员寻租强度由0.1向0.5移动时，煤矿事故呈减少趋势；由0.5向1移动时，煤矿事故逐渐多发。因此，寻租强度0.5为煤矿事故临界点。当煤矿发生事故后，员工动力生产力很快跌落到较低水平（见图8-43、图8-44）。

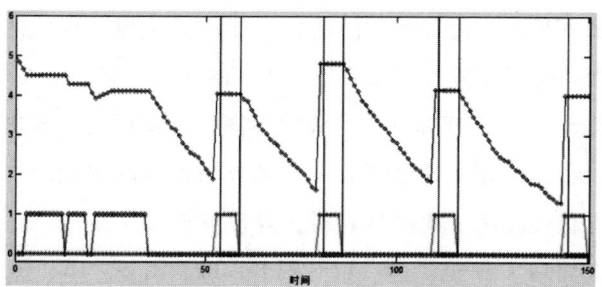

图 8 - 43　有监察无寻租时员工工作动力生产力变化趋势

（j）

（k）

（l）

（m）

（n）

（o）

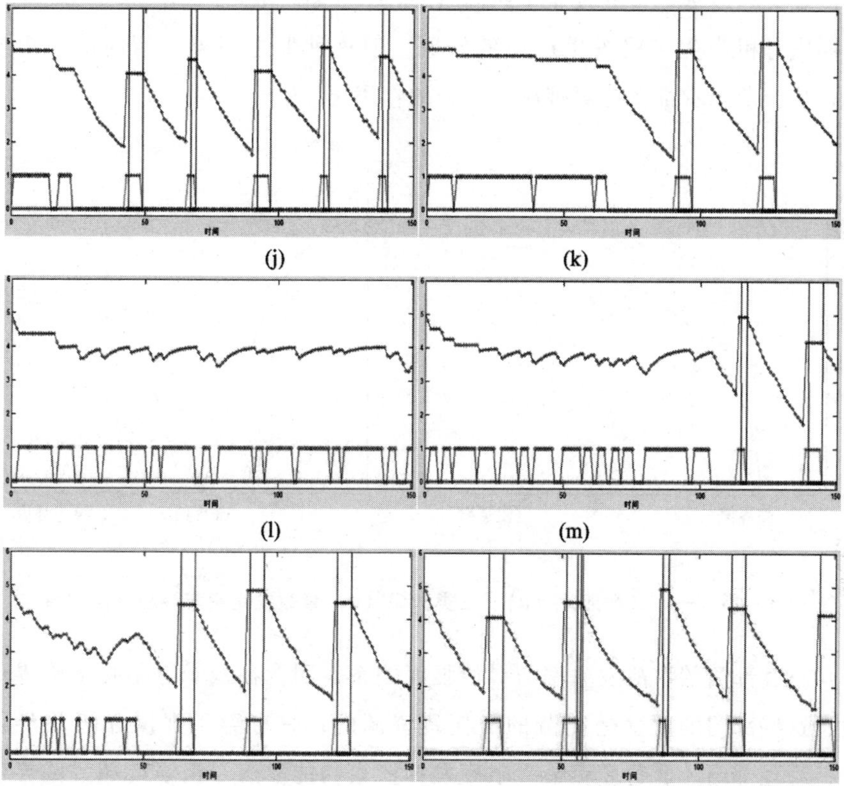

图 8 - 44　寻租强度为 0. 2（j）、0. 4（k）、0. 5（l）、0. 6（m）、

0. 8（n）、1（o）时员工工作动力生产力变化趋势

（四）仿真结果讨论

（1）由一、二类管理部门在监察情境下的生产力变化趋势图（如图 8 -
11（b）、图 8 - 13、图 8 - 17（b）、图 8 - 19，等）可知，在监察的作用下，

发生事故的概率很小。而三类部门的监察能够减少煤矿事故的发生率，但煤矿事故仍以一定概率发生（见图8-15、图8-21等）。

（2）一般情境下，管理部门的级别不同，寻租行为表现出不同的生产力促进和抑制特征，存在导致事故发生的寻租强度临界点。当一类、二类部门人员的寻租强度高于此临界点时，煤矿开始发生事故，事故率随着寻租强度的增大而增大（见图8-12、图8-14、图8-18、图8-20等），寻租对生产力具有抑制作用；而三类部门的事故率与寻租强度呈"U形"，偏离临界点越远，事故发生率越高（见图8-16、图8-22、图8-27等）。短期内寻租产生了促进生产力的假象，但这种促进假象是暂时的、短期的，从长期来看都发挥着抑制生产力的作用。

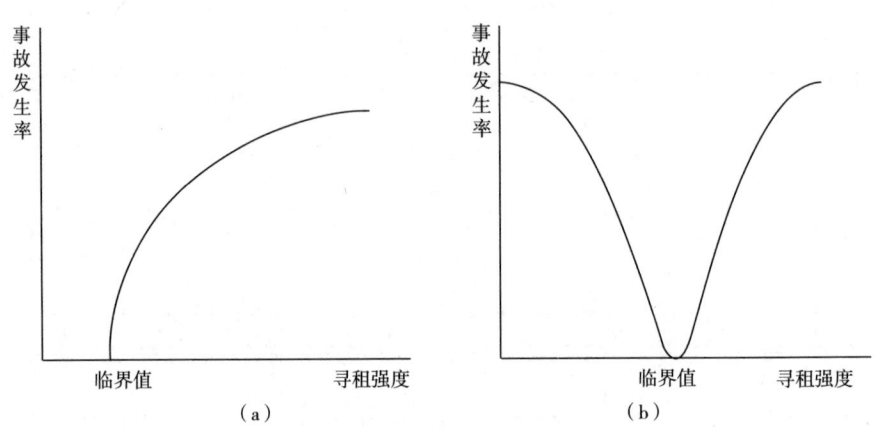

图8-45 一、二类部门（a）、三类部门（b）事故发生率与寻租强度关系

三类部门的事故发生率与寻租强度关系表明，在低于寻租强度临界值时，这些部门的监察是徒劳的、耗费资源的；只有寻租强度靠近临界值后，管理部门才履行职责最大限度发挥监察功能。当寻租强度超过临界值后，被监察煤矿花费过多资源应对寻租，会造成生产力的下降。

从管理部门人员寻租的生产力促进与抑制特征来看，尽管短期内市三类部门的寻租表面上带来生产力的假性提升，但综合三个层级、长期的寻租行为可以看出，在总体上寻租对生产力发挥着抑制作用。

（3）仿真模型中存在一定的随机项，虽然寻租强度临界值不同，但仍呈现明显规律（见表8-10）。

表 8 – 10　事故发生的寻租强度临界值

	装备的生产力	技术的生产力	灾害的控制能力的生产力	管理的生产力	员工工作能力	员工工作动力
一类部门	0.4	0.3	0.6	0.3	0.4	0.4
二类部门	0.6	0.5	0.7	0.6	0.6	0.4

由表 8 – 10 可知，二类管理部门人员的寻租强度临界值基本都高于一类部门人员临界值，一类部门人员的寻租对于煤矿事故发生具有更高的敏感性，原因在于其部门人员权力较大，涉及范围更广，发生事故的可能性也就越大。从这个意义上说，层级越高的管理部门人员的寻租行为带来的生产力变化越敏感，寻租行为产生的生产力波动幅度受到管理部门层级的影响。

（4）在煤矿初始状态相同、与各级管理部门利益关系相同、成本付出相同的情况下，煤矿对一类部门人员选择行贿、不行贿、反向寻租的程度分别是：2.9、5、1.4，煤矿对二类部门人员选择行贿、不行贿、反向寻租的程度分别是：2.4、2.5、0.4，煤矿对三类部门人员选择行贿、不行贿、反向寻租的程度分别是：3、4.9、3.8。

（5）相对而言，管理部门某些人员的寻租行为很少对管理的生产力产生影响，因为寻租行为一般是管理部门人员与煤矿企业管理层共同完成的，管理层对寻租行为较为常见，且一般都不公开，所以管理层的管理方式一般不会发生变化。

但是，寻租行为的存在对员工提高工作能力、工作动力的积极性具有抑制作用。尤其是在几种特殊情境下，装备的生产力、灾害的控制能力的生产力、管理的生产力水平都能保持在较高、较稳定水平，但员工工作能力、工作动力都维持在较低水平。

所以，寻租行为对管理者管理水平无明显影响作用，而对员工的工作动力与能力产生抑制作用，这就形成了煤矿企业管理者行为与员工行为的异位。这种异位导致管理者与员工行为的偏差，无法达成一致的企业文化，不利于企业目标的实现。

（6）煤矿企业对三类部门行贿的可能性最大，甚至即使和其利益不相关，也会花费时间精力金钱去应对。三类管理部门多位于煤矿所在地，与煤矿企业发生关联的频次是最高的，除了日常工作往来，还可能存在其他利益关系，致使煤矿企业不得不为其花费资源。管理部门与煤矿企业利益不相关的情况下，其寻租行为对煤矿生产力产生抑制作用。

（7）从仿真结果图来看，在寻租行为的影响作用下，生产力的促进或抑制效应都表现出一种波动性增长或下降趋势，并不是稳定的增长或下降。这种波动性破坏了我国经济长期、健康、稳定发展的基本思路，是不利于我国生产力的整体提升的。

寻租行为带来的生产力波动性变动特征一方面说明寻租行为必须受到遏制，即使短期内寻租行为具有生产力促进的作用，这种作用也是暂时的、不健康的、不稳定的，而且从长期看寻租行为的生产力破坏作用极其明显，更应该从根源上遏制寻租行为；另一方面，也反映了寻租行为中利益主体作用关系的非健康性，参与寻租行为的关系主体多以利益为导向，偏离了煤矿安全的核心目标，而煤矿安全又能在根本上影响关系主体的利益，更容易导致生产力要素的波动性。如何遏制寻租，同时又发展健康的利益主体关系，促进我国生产力以一种健康向上的方式增长，是值得探究的问题。

第四篇

遵从/非遵从行为实证研究

中国煤矿安全监管制度执行研究

第九章　遵从/非遵从行为影响
因素实证研究

在借鉴认知与行为理论的基础上，本章采用质性研究方法对煤矿企业员工的安全监管制度认知、情感以及行为等信息进行了访谈与编码，通过访谈研究团队发现煤矿企业员工的认知复杂性低、聚焦性高，他们并不能获得制度的内容、执行以及实际效果的全面和系统的信息，更多的是通过周围人的行动获取相关制度的知觉信息，具有明显的不完全理性和群体趋同特征，并且其制度情感受到所在环境氛围的影响较大。另外，本章对访谈信息进行结构化编码得出煤矿企业员工安全监管制度认知结构可分为以下四个方面：制度的方针和目标、制度的内容和规则、制度的执行过程、制度的背景。根据前述研究构建的安全监管制度是基于"认知—情感—意愿"框架的心理过程模型，本章建构基于结构方程模型研究的实证检验概念模型，并进行检验。

一　概念模型建构

前文对遵从/非遵从行为心理机制做了详细的解析，得出煤矿企业员工安全监管制度遵从/非遵从选择遵循了制度的认知激发相应的制度情感，进而产生遵从意愿，并从意愿转化到行为的基本心理过程。理性行为理论研究表明，个体的行为是由其行为意愿所决定的，行为是行为意愿的外在表现；但是认知失调理论指出，意愿转化为具体行为还受到情境因素的调节。据此，本章分析建构个体制度行为选择的"认知—情感—意愿—行为"的心理与行为过程（见图9-1）。

首先，制度的诞生通常是源于某种社会需求，因而制度建立最先形成

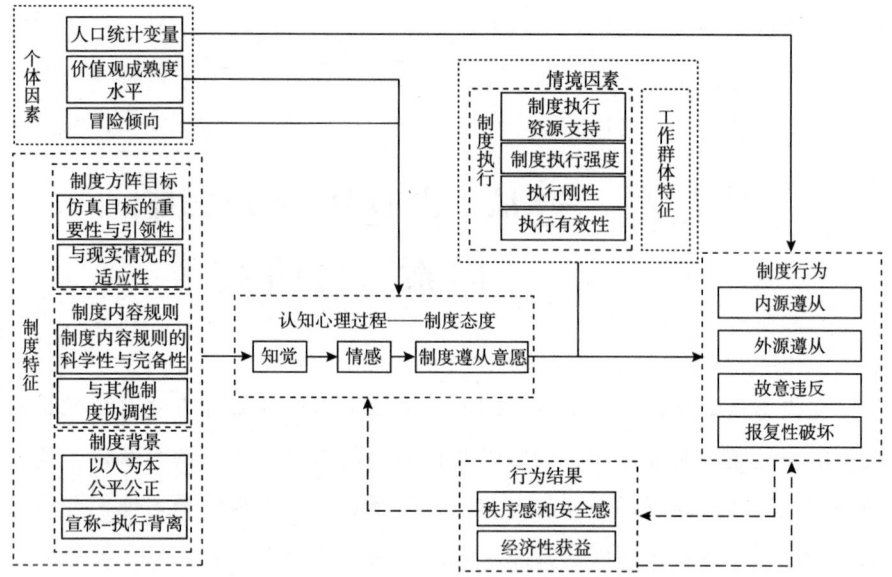

图9-1　煤矿企业员安全生产管理制度遵从行为偏离概念模型

的是基于需求而产生的方针与目标，在方针与目标的基础上，建立制度内容和规则作为制度约束对象的行动准则，为了使异构性的群体最大化地选择遵从制度的行为，制度需要设计相应的罚则（激励措施），个体对制度的知觉同样是从这三个方面进行解释的。其次，制度发挥作用还需要有执行阶段，制度执行是否有足够的资源支持，制度是否被完整地执行，制度执行过程是否体现了刚性特征，以及制度执行后制度相关人的行动是否发生转变等都会成为个体对制度的知觉信息源。再次，认知理论强调，事物所在的背景影响个体认知。煤矿企业员工对安全监管制度的认知同样不可脱离制度背景，企业在历史事件或一贯制度设计与执行过程中所体现出的价值取向将成为安全监管制度的背景，而早期的制度所体现出的准则也会成为新制度的环境或背景。鉴于安全监管制度设计与实施的特点，本章选取以人为本、公平公正、实事求是三个重要的价值判断准则作为制度的背景，并认为个体对组织在重要事件处理和重大活动中表现出的上述三个方面价值取向的知觉影响，以及其对具体制度的认知。

　　制度的方针目标与内容规则是制度建立的基础与核心，是个体获得稳定认知的主要信息源，尽管质性分析发现制度的执行过程是个体认知制度的主要阶段，但制度的罚则与具体执行是可变的，构成了制度运行的情境条件，本章分析认为，个体基于对制度根本内容的认知而形成特定的情感倾向和行为意向，而具体的执行情境则直接约束个体行为，制度执行与制度遵从意愿交互作用于个体的制度行为。

如前所述，个体与个体的认知能力不同，尽管我们从制度建设、执行的过程系统思考煤矿企业员工对安全监管制度认知可能基于的信息，但是，并非所有的煤矿企业员工都具有相应的能力对制度进行全面、客观的认知。认知理论还表明，个体有其特定的偏好认知图式，个体对事物的认知通常会有一些捷径，认知偏差的存在极为普遍。尽管认知千差万别，但是制度可以通过罚则设计使个体的遵从行为受到奖励，而使非遵从行为受到惩罚，实现对制度对象行为的直接约束。并且，在现实生产过程中，制度作用于个体是长期的、持续的过程，个体经历了制度的激励后形成的后验性直接体验又将作为制度认知信息进入个体心理过程，影响个体对制度的遵从行为意愿。

二 变量解释及其操作化定义

上述建构的煤矿企业员工对煤矿安全监管制度的"认知—情感—意愿—行为"概念模型图中，涉及的制度特征变量有 11 个，"知觉—情感—行为意向"的过程以制度遵从意愿作为中介变量，制度遵从行为变量有 4 个，与制度遵从意愿交互作用于制度行为的变量有 3 个，调节制度意愿对制度行为作用的交互作用变量有 1 个。为了实现对概念模型的实证检验，需对模型中涉及的变量进行清晰的内涵界定，并且进行可定量化操作的定义。为了表述简明扼要，下文所称"制度"均指煤矿企业安全监管制度。

1. 制度特征

认知是人脑接受外界输入信息，经头脑加工并作为知识、经验等信息进入个体心理活动过程，激发个体"情感—意愿"并支配个体的行为。根据制度建设、实施的过程，对制度的完整认知应该包括如下几个方面：制定该制度的方针与目标；制度设计的内容与规则；制度执行的过程以及制度背景，其中制度执行过程构成了具体的情境因素，详见"4. 情境因素"。

制度的方针与目标认知：方针与目标是指引导事物前进的方向和纲领，制度建立之初领导者必须有明确的方针和目标。制度的方针和目标认知就是指个体对煤矿企业安全监管制度建设所指明的方向和确立的目标的认知，若个体认为企业安全监管制度所指明的方向是科学且具有激励性的，目标是重要且符合企业现实情况的，那么就构成了对制度的积极认知。因此对该项内容的测量包括方针与目标的引领性与重要性，以及现实适应性两个维度。

制度的内容与规则认知：内容与规则就是制度设计本身的主要组成部分，是实现制度目标而设计的制度相关人在与安全生产活动相关领域内的一系列行为规范、行动准则等，制度内容与规则的设计越是简明清晰、逻辑严谨、结构完备、灵活适应越有利于制度相关人的理解与行动，并且所有的制度都不是独立存在的，需要和其他制度进行相互补充与配合，若制度之间是重叠、冲突或存在制度真空的情形，显然是不利于制度执行的，因而对制度内容与规则的认知测量从其本身的科学性与完备性，与其他制度的协调性两个方面进行。

制度背景认知：企业在历史事件或一贯制度设计与执行过程中所体现出的价值取向将成为安全监管制度的背景，而早期的制度所体现出的准则也会成为新制度的环境或背景。鉴于安全监管制度设计与实施的特点，组织在重要事件处理和重大活动中表现出来的关于以人为本、公平公正、实事求是等方面的价值取向可以测量制度背景。据此设计两个方面进行测量，一是组织的价值取向是否体现了人本公正，二是组织宣称的价值观与执行价值观是否一致，一致性高表示组织的总体氛围是求是求真的。

2. 知觉—情感—制度遵从意向

态度理论研究表明，个体形成态度的过程是"认知—情感—行为意向"，这三个心理过程具有高度的一致性，认知激发相应的情感，情感支配个体的行为意向。人的情感是复杂且难以言表的，1988 年 Wotson 和 Clark 开发了情绪（情感）量表，将情绪（情感）划分为积极情绪和消极情绪两大维度各 10 种类型。[208]后续学者多在此基础上进行语境适应地再开发与应用。本章认为个体基于制度认知形成了相对稳定的积极和消极制度情感，积极情感类似于欣赏的、受到激励的、主动的等积极的体验，消极情感则类似于敌意、厌烦等消极的体验。由于情感是认知和行为意向心理活动的传导机制，已在心理学领域得到公认，因此本章不再检验情感在认知和行为意向之间的中介效应，直接对行为意向进行测量，即个体采行制度遵从行为概率的主观判断。

3. 制度行为

如前所述，制度的建立并不意味着制度所预期的秩序必然形成，制度的运作过程需要制度相关人的参与，也只有通过制度相关人，制度才能运作并产生预期的结果，因而制度效用最终体现在制度相关人的行为选择上。前述研究已将煤矿企业员工的制度遵从行为划分为内源性制度遵从行为、外源性制度遵从行为、违反制度的行为以及出于对制度的报复、逆反等而做出的破坏性行为。

4. 情境因素

已有研究已证实行为意向是行为的重要基础，但是认知失调理论表明，行为意向并不能完全转化为行为，其受到行为意向的强度、意向的具体性以及其所在的情境因素的综合作用。制度的激励措施使具有异构性的群体在意愿不一致的情况下也能够控制约束其行动，使其趋向制度目标，因此在情境因素中考虑制度的激励措施与强度，以及激励所依据的监管密度。

结合质性分析的结果可知，在制度执行过程中，个体通常会从制度执行是否得到支持和重视、制度有没有被完整地执行下来、制度执行过程中是否存在不规范的情形以及通过制度的实施制度相关人的行动是否受到了控制等几个方面对制度认知，因此设计了制度执行资源支持、制度执行强度、制度执行刚性及制度执行有效性4个变量。首先，任何制度的执行均需要成本，企业对于某项制度是否配给充足的资源是影响制度相关人认知的重要因素。在企业现实情境中，制度执行通常会涉及资金、人员、组织结构变动（权责配置）等一系列的资源支持，若员工认为制度执行过程中资源是不足的，就会负向影响遵从行为；其次，制度执行强度，包括处罚力度、奖励力度以及监管的强度，这些因素都将影响个体制度行为选择的成本收益值，与行为意愿共同对制度行为产生复杂的影响；再次，制度执行刚性极大地影响个体对制度的情感和意愿，若员工认为制度是选择性执行的，制度约束对象可以通过各类偏常的途径逾越制度，基于社会公平理论的解释，其必然会对制度产生消极的情感；最后，如前分析，很多员工倾向于从周边人员的行动中去对制度进行认知，若员工认为制度执行并未对制度相关人的行为或收益等产生影响，那么他也会轻视、忽略该项制度对他的约束，因此制度执行有效性也是制度执行中的重要认知信息。

此外，煤矿生产活动多是群体性的行动，正如庞勒所著的《乌合之众》一书中所提到的"群体在他人暗示与从众作用下，占据上风的意见在群体中的交互，这个过程具有自发性和过程性"，在群体成员之间某种行为方式、意见态度是交互的，经过长期的演化群体会形成其特有的规范，而个体在群体共同行动时不论其自身的意愿如何都将受到规范不同程度的制约。

5. 个体因素

认知理论研究表明，人的认知会受到其智力、知识经验、价值观、动机、甚至情绪等因素的影响，因此需讨论个体人口统计变量、冒险倾向、价值观成熟度对制度认知和制度遵从行为的影响。基于人口统计变量直接探讨制度行为的差异，而冒险倾向和价值观成熟度水平则探讨二者对认知产生的制度遵从意愿的影响。

6. 行为结果

制度对个体行为的约束与引导是长期且持续的过程，个体对过去行为结果的感知也将被纳入对制度的总体认知，经过反复的"行动—结果感知—行动"的过程，个体会形成其相对稳定的制度行为模式。在此将检验个体制度行为结果感知对行为意向的影响。

三　研究假设

（一）遵从/非遵从行为在人口统计特征上的差异假设

已有研究表明煤矿企业员工在生产活动中的不安全行为、故意违章行为、制度遵从行为等在人口统计特征变量上有显著差异。但是针对每一个具体的人口统计特征是否都对制度遵从行为都具有差异性的表现，现有研究结论并不一致。根据已有文献结论结合对煤矿企业员工与安全监管制度的特点，本章选取年龄、职位、工种、受教育水平4个变量提出如下假设。

H1：制度行为在煤矿企业员工人口统计特征上存在显著差异。

关于煤矿企业员工的年龄对制度遵从行为的影响，现有研究大都表明二者之间存在一定的相关性，但研究结果并不一致。安全监管制度遵从行为在年龄变量上是否具有差异性，差异性规律为何，尚需进一步检验。据此，提出进一步研究假设如下。

H1a：煤矿安全监管制度遵从在员工年龄变量上存在显著差异。

H1a1：内源性遵从行为在员工年龄变量上存在显著差异。

H1a2：外源性遵从行为在员工年龄变量上存在显著差异。

H1a3：故意违反制度行为在员工年龄变量上存在显著差异。

H1a4：报复性破坏行为在员工年龄变量上存在显著差异。

关于职位对制度遵从行为的影响，现有的直接研究结论并不多见，但是根据规范理论的研究，个体的地位越高规范对其约束力越小，因此做出如下假设。

H1b：煤矿安全监管制度遵从在员工职位变量上存在显著差异。

H1b1：内源性遵从行为在员工职位变量上存在显著差异。

H1b2：外源性遵从行为在员工职位变量上存在显著差异。

H1b3：故意违反制度行为在员工职位变量上存在显著差异。

H1b4：报复性破坏行为在员工职位变量上存在显著差异。

煤矿企业员工尤其是生产型员工有不同的工种类型，各类工种在生产过程中面临的条件因素具有较大的差异，比如采掘工种相较于机运等辅助工种有更大不确定性风险，具体适用的安全监管制度也不完全相同，因而检验不同工种的员工在制度遵从行为选择上是否存在差异，差异规律是什么对于制度的完善具有重要的借鉴意义。

H1c：煤矿安全监管制度遵从在员工工种变量上存在显著差异。

H1c1：内源性遵从行为在员工工种变量上存在显著差异。

H1c2：外源性遵从行为在员工工种变量上存在显著差异。

H1c3：故意违反制度行为在员工工种变量上存在显著差异。

H1c4：报复性破坏行为在员工工种变量上存在显著差异。

关于受教育水平对煤矿安全监管制度遵从行为的影响，据此，提出研究假设如下。

H1d：煤矿安全监管制度遵从在员工受教育水平变量上存在显著差异。

H1d1：内源性遵从行为在员工受教育水平变量上存在显著差异。

H1d2：外源性遵从行为在员工受教育水平变量上存在显著差异。

H1d3：故意违反制度行为在员工受教育水平变量上存在显著差异。

H1d4：报复性破坏行为在员工受教育水平变量上存在显著差异。

（二）遵从意愿与制度特征、心理特征以及遵从/非遵从行为之间的关系假设

计划行为理论以及基于计划行为理论发展起来的更为复杂的人际行为理论均表明，行为意愿（意向）是实际行为的先决条件。意愿基于认知，在本章研究中，安全监管制度是认知的客体，其具体的特征必然会影响认知结果，员工是认知的主体，认知主体的心理特征是认知活动的基础，因此安全监管制度特征、个体心理特征都会由个体的认知活动形成的行为意愿而作用于行为。

1. 制度特征变量与制度遵从行为意愿之间的关系假设

关于制度特征，如上文所述，个体主要从制度本身、制度执行以及制度背景三个方面对其进行认知和评价。制度本身又包括制度的方针目标、制度的内容规则。制度执行认知主要是对制度执行过程中制度相关人的行为的认知，包括执行的支持资源、是否完整执行、执行是否刚性、是否有效，其中执行的资源支持和是否完整执行是通过领导对制度的重视和支持行为来获得信息，执行刚性、有效性则是通过执行者和制度约束对象的互动行为来获得相关信息；制度背景是个体在企业的历史活动中认知到的制度以及制度文化中所体现的基本价值取向，本研究选取与安全和制度两个关键词密切相关的价值取向，包括以人为本、公平公正、实事求是。基于上述分析，提出如下研究假设（见图9-2）。

H2：制度方针目标设计对制度遵从意愿有显著影响。

H2a：制度方针目标具有重要性与引领性能正向影响员工的制度遵从意愿。

　　H2b：制度方针目标与现实情形的适应性能正向影响员工的制度遵从意愿。

　　H3：制度内容规则设计对制度遵从意愿有显著的影响。

　　H3a：制度内容规则的科学性与完备性能正向影响员工的制度遵从意愿。

　　H3b：制度内容规则与其他制度的协调性能正向影响员工的制度遵从意愿。

　　H4：制度背景对制度遵从意愿有显著的影响。

　　H4a：制度背景体现的以人为本和公平公正能正向影响员工的制度遵从意愿。

　　H4b：制度背景体现的宣称—执行价值观背离能负向影响员工的制度遵从意愿。

　　2. 心理特征与制度遵从意愿之间的关系假设

　　关于心理特征，本章拟讨论与安全和制度遵从两个关键词联系最为紧密的个体心理特征变量，即冒险倾向和价值观成熟度。对于冒险倾向的探讨，有学者认为冒险倾向是一个稳定的人格特质，是个体在经济领域中的一种寻求风险和规避风险的相对稳定的特质。价值观成熟取自皮亚杰等人关于道德发展水平的研究，将个体的道德成熟水平分为前习俗、习俗和后习俗三种水平，三种水平的人员在对错评判上的特征分别是：前习俗水平个体的是非对错评判以是否利己作为准则；习俗水平的个体则是依赖外部的社会规范、公序良俗等进行评价并形成制度执行资源支持指导行动；后习俗水平的个体则一般形成了自己相对稳定的价值准则，且这一准则不太受是否利己或外部规范的影响。个体价值观成熟度影响个体对制度的认知评价，从而影响其制度遵从意愿。基于上述分析，提出如下研究假设（见图9-2）。

　　H5：冒险倾向对制度遵从意愿具有负向影响。

　　H6：价值观成熟度影响个体制度遵从意愿。

　　3. 制度遵从意愿与制度遵从行为之间的关系假设

　　认知理论、态度理论等均表明行为意愿与行为之间具有显著的正向关系，行为意愿是现实行为的最直接的前因变量，客观因素以及个体的主观心理因素都是通过影响认知形成行为意愿间接影响行为。基于此，本研究

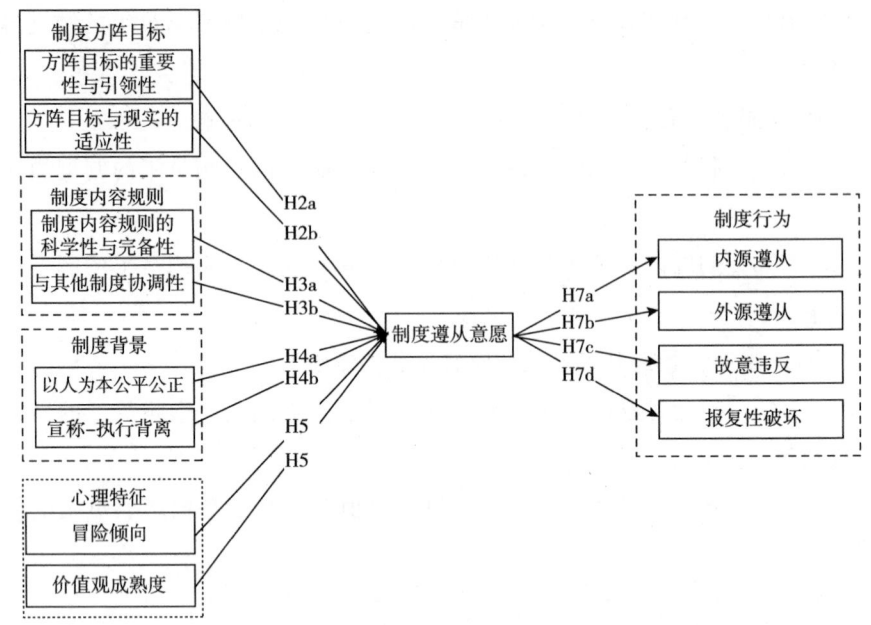

图9-2 制度遵从意愿与制度特征、个体心理特征
以及制度行为之间关系的假设路径

提出研究假设如下。

H7：制度遵从意愿对制度遵从行为有显著的影响。

H7a：制度遵从意愿正向影响内源性制度遵从行为。

H7b：制度遵从意愿负向影响外源性制度遵从行为。

H7c：制度遵从意愿负向影响故意违反制度行为。

H7d：制度遵从意愿负向影响报复性破坏行为。

（三）情境因素、遵从意愿对遵从/非遵从行为的交互作用假设

制度的罚则设计使异构性的群体即便在认知差异的情形下也能够选择趋向制度目标的行为。根据行为主义观点，行为是被奖惩激励直接刺激的，对某类行为进行奖励，则行为将会重复发生，对某类行为进行惩罚，则行为将逐渐减少。因而，制度的激励措施对制度遵从行为同样具有影响力。因此，提出如下研究假设（见图9-3）。

H8：制度执行过程与制度遵从意愿交互作用于内源性制度遵从行为。

H8a：制度执行资源支持与制度遵从意愿交互作用于内源性制度遵

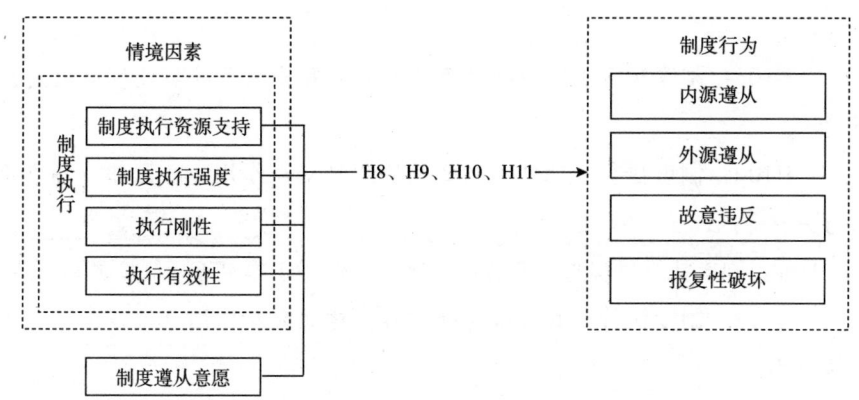

图9-3 制度遵从意愿与制度特征、个体心理特征
以及制度行为之间关系的假设路径

从行为。

H8b：制度执行强度与制度遵从意愿交互作用于内源性制度遵从行为。

H8c：制度执行刚性与制度遵从意愿交互作用于内源性制度遵从行为。

H8d：制度执行有效性与制度遵从意愿交互作用于内源性制度遵从行为。

H9：制度执行过程与制度遵从意愿交互作用于外源性制度遵从行为。

H9a：制度执行资源支持与制度遵从意愿交互作用于外源性制度遵从行为。

H9b：制度执行强度与制度遵从意愿交互作用于外源性制度遵从行为。

H9c：制度执行刚性与制度遵从意愿交互作用于外源性制度遵从行为。

H9d：制度执行有效性与制度遵从意愿交互作用于外源性制度遵从行为。

H10：制度执行过程与制度遵从意愿交互作用于故意违反制度遵从行为。

H10a：制度执行资源支持与制度遵从意愿交互作用于故意违反制度遵从行为。

H10b：制度执行强度与制度遵从意愿交互作用于故意违反制度遵从

行为。

H10c：制度执行刚性与制度遵从意愿交互作用于故意违反制度遵从行为。

H10d：制度执行有效性与制度遵从意愿交互作用于故意违反制度遵从行为。

H11：制度执行过程与制度遵从意愿交互作用于报复破坏制度遵从行为。

H11a：制度执行资源支持与制度遵从意愿交互作用于报复破坏制度遵从行为。

H11b：制度执行强度与制度遵从意愿交互作用于报复破坏制度遵从行为。

H11c：制度执行刚性与制度遵从意愿交互作用于报复破坏制度遵从行为。

H11d：制度执行有效性与制度遵从意愿交互作用于报复破坏制度遵从行为。

（四）行为结果与遵从/非遵从及遵从意愿的作用关系假设

行为主义认为，行为是行为结果的函数，即行为结果对行为会直接产生影响，而认知主义则认为，人们是通过对行为结果的认知进而影响多种心理因素和行为意愿，从而产生行为调整。据此，提出以下假设（见图9-4）：

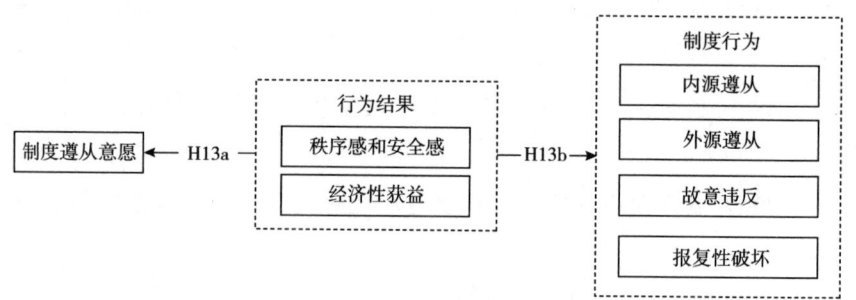

图9-4　制度行为结果与制度行为和制度遵从意愿关系假设

H12：制度行为结果对制度遵从意愿和制度遵从行为有显著影响。

H12a：制度行为结果对制度遵从意愿有显著影响。

H12b：制度行为结果制度遵从行为有显著影响。

四 量表开发与数据检验

(一) 量表开发

1. 制度特征的量表开发

目前关于制度研究的方法多采用定性或博弈分析法，较少基于统计学方法的制度与行为关系的实证分析。本章的研究量表主要是依据理论研究与质性研究进行设计开发。关于制度特征因素，从制度的方针与目标、制度内容与规则、制度执行、制度背景四个方面进行设计，如表 9-1 所示。

表 9-1　制度特征因素量表开发

一级指标	二级指标	三级指标	题　项
制度特征	制度的方针与目标（FZMB）	方针目标的重要性和明确性（FZMBI）	方针目标的重要性程度 方针目标对安全工作的引领性 方针目标的明确性程度 共 3 题
		方针目标与现实情形的适应性（FZMBA）	方针目标符合企业安全生产状况 方针目标符合企业的自然生产条件 方针目标符合企业组织资源现状 共 3 题
	制度内容与规则（NRGZ）	内容规则的科学性和完备性（NRGZS）	内容与规则设计科学适用 内容与规则描述清晰易理解 内容与规则能够覆盖现实情境中的各类情形 在生产活动中与此制度目标相关的事项均能找到相应的标准和罚则 共 4 题
		与其他制度的协调性（NRGZC）	内容上与其他制度之间相互补充、协调运转 该项制度与其他制度之间不存在重复 该项制度与其他制度之间不存在冲突和矛盾 共 3 题
	制度背景（ZDBJ）	人本公正（ZDBJH）	我们矿非常重视员工的安全健康，不论是工作环境、设备设施的建设，还是生活环境的建设都充分体现了以人为本

一级指标	二级指标	三级指标	题　项
制度特征	制度背景 （ZDBJ）	人本公正 （ZDBJH）	我们矿公平地对待每一位员工 我在矿上工作生活充分体会到了尊重和关怀 我在矿上工作无论是工资还是升迁或是其他方面都得到了非常公正的对待 共 4 题
		宣称－执行一致性（ZDBJA）	在我们矿从来都是说一套做一套 我们矿的领导开会时说的，墙上挂的和他们自己实际做的根本就不是一回事 我们都知道公开的时候应该怎么说而不管事实如何 3 题

制度特征测量的是个体对制度各个维度的认知，共包括 6 个变量，每个变量 3~4 个测试题项，合计 20 个题项。

2. 个体心理特征因素的量表设计

冒险倾向采用了 Eysenck 等人的观点，即一种相对稳定的人格倾向，其测量借鉴在 Eysenck 的 IVE（Impulsiveness Qustionare）量表中的题项设计方法，采用假设情境测量法。

例如：①我不需要掌握全部的信息就可以做出决策；②我喜欢从事冒险性的运动；③在个人财务管理方面，相比储蓄我更倾向于选择高风险高收益的项目。

关于价值观成熟度的测量本研究采用情境假设法，即给被试阅读一个简短的故事，对故事中关键人物行为进行评价，依据其评价时的准则判断道德发展水平为前习俗、习俗、后习俗。

3. 关于制度遵从意愿的测量设计

意愿是关于被试实施某种行为的内在动力，是个体是否愿意实施某种行为或愿意的程度，因而设计了如下 4 个题项，选项中包括非常愿意到非常不愿意五个等级。如：是否愿意严格遵守企业安全监管制度的要求；是否愿意付出时间、体力或是经济上成本去遵守企业的安全监管制度；是否愿意劝说别人遵守企业的安全监管制度；是否愿意制止别人不遵守安全监管制度的行为。

4. 关于制度行为与行为结果的测量设计

制度行为分内源性遵从、外源性遵从、故意违反和报复性破坏行为。制度遵从行为关于内源遵从、外源遵从参考了芦慧编制的《煤矿企业安全管理制度遵从问卷》[209]，合计 8 个题项；故意违反行为的测量，参考陈红对违章行为的研究，其将故意违章行为分为程序违章和结果违章，据此设计了如下 4 个题项：①故意忽略安全生产管理制度中规定的某些操作步骤；②未按制度规定的流程和顺序进行操作；③操作的结果达不到制度要求的标准；④操作后在环境内留下安全隐患等。关于破坏行为是为了测量由于制度的高压导致个体产生的破坏行动，设计如下题项：①破坏监控设施；②破坏安全生产设施设备；③贿赂或威胁甚至殴打监管人员；④消极怠工或不告知离职等。

安全生产管理制度的目标是维护生产秩序、实现安全生产，那么制度遵从行为所产生的结果就是给制度相关人带来秩序感和安全感，此外制度执行的奖惩带来的经济性收益。设计如下 5 个测量题项：①我认为遵守安全管理生产制度让我觉得更安全；②我认为违反安全生产管理制度不会带来什么真正的危险；③我认为遵守安全生产管理制度使生产过程更有秩序；④严格遵守安全生产管理制度可以获得经济上的收益；⑤严格遵守安全生产管理制度有利于我的职业发展。

5. 关于情境因素的测量设计

情境因素主要是制度的激励约束措施，包括罚则设计和监管，据此设计制度执行的资源支持（ZDZXR）共 4 题：①矿上为该项制度的实施提供了充足的资源；②矿上为该项制度的实施专门安排了制度的宣讲和多次的各类人员培训学习；③矿上为该项制度设置了专门的奖金；④矿上安排了专门人员在各生产单位指导制度的实施。

制度执行强度（ZDZXI）共 6 题：①我们矿的安全奖励额度很高，对大家都很有吸引力；②只要我坚持严格执行安全监管制度，我会获得令人满意的安全奖金；③在我们矿安全处罚很重，罚款额度高，违章被处罚的人损失很大；④我以往实施的不遵从企业安全监管制度的行为遭受的罚款额度挺高的，我很怕再被罚款；⑤我们矿的安全监管强度高，任何违章都会被发现；⑥我们矿安全监管是有局限的，只要处理得当，大多数的违章行为都不会被发现。

制度执行刚性（ZDZXS）共3题：①所有需要遵守这项制度的人都必须严格遵守，否则一定会受到惩罚；②找熟人找关系即使违反了制度也可以不用受罚；③该制度执行过程中从没出现过诬陷透过的现象。

制度执行有效性（ZDZXE）共4题：①该项制度实施后大家的行为有明显的改变；②我在工作中会时时记得这项制度的要求；③自从实施了该项制度我们矿的安全生产状况得到了明显改善；④这个制度没什么用，大家该怎么干还是怎么干。

此外，煤矿企业生产活动通常以小组作业居多，因而群体内的安全规范对个体行为选择也会有重要的影响，群体内安全生产规范的方向、强度等各有差异，形成不同的情境，本研究拟采取演化博弈方法推论并仿真其对行为意愿和行为的调节作用。

（二）预调研与量表检验

1. 预调研实施与数据收集

在初步调查问卷量表建立后，本研究首先进行了小范围的预调研，以检验问卷量表的信度和效度以及语言表达和问卷长度的科学性和合理性。预调研共收回问卷264份，有效问卷210份。

2. 预调研量表检验方法

量表的信度和效度检验是问卷分析的前提。信度是评判测量结果是否可靠的重要指标，信度检验通过表明测量获取的结果具有稳定性和一致性，通常采用Cronbach's α系数来判断，系数越高，表明测量结果越可信。研究给出评价的标准通常是Cronbach's α系数在0.5~0.6是可以接受水平，0.7以上则为较高的信度水平。

效度是评价测量结果有效程度的指标，该指标检验的是研究所采取的问卷是否准确测量了所需测量的事物，是否实现了研究意图，也可以解释为实测结果与所要测查结果的吻合程度，通常在研究中考虑内容效度、结构效度以及区分效度等。本研究拟采用结构方程模型对变量之间的作用关系及路径进行检验，因此，重点对结构效度进行检验。结构效度检验是评价所设计测量工具的结构与理论设想的结构之间的相符程度，一般运用因子分析法进行检验，常规的操作凡是采用先进性探索性因子分析，随后都要进行验证性因子分析。从数据规律上来说，探索性因子分析研究的是相关矩阵的内部依存关系，是基于主成分分析的思路将可以直接观测的指标抽象成不能够直接观测的潜变量因子，当可观测指标在某个设想的潜变量因子上的负荷达到0.5以上，说明该观测指标可以测量该潜变量，具有好的收敛效度，同时该观测指标在其他潜变量因子上的负荷低于0.5，则说明该观测指标具有好的区别效度。

3. 内容效度初步检验

在运用软件对问卷量表进行信度和结构效度分析前，首先，本研究对问卷的内容效度进行检验。对问卷整体答题情况和专家与被调查者的反馈信息进行分析，对有歧义和模糊不清的题项进行修改或删除，以保证问卷量表的内容效度。

4. 结构效度检验

通常运用探索性因子分析对量表的结构效度进行检验，当模型中变量较多时，可对变量进行分组后进行探索性因子分析。本研究将变量类型界定为因变量、自变量。将制度遵从意愿、制度行为和行为结果纳入因变量结构检测；将制度特征、个体心理特征以及情境要素变量纳入自变量结构检验。

在进行探索性因子分析前，首先对量表进行 KMO 值以及 Bartlett 球形检验，结果如表 9 - 2 所示，自变量、因变量和交互作用变量的 KMO 值均大于0.7，Bartlett 球形检验卡方值较大，且统计值显著（ $p < 0.000$ ），表明该量表适合做因子分析，下面借助 SPSS 19.0 软件，采用探索性因子分析中的主成分分析方法对自变量、因变量和交互作用变量量表进行因子分析。

表 9 - 2 初始量表 KMO 值和 Bartlett's 球形检验

	Kaiser – Meyer – Olkin Measure of Sampling Adequacy （KMO）	Bartlett's Test of Sphericity		
		Approx. Chi – Square	df	Sig.
因变量	0.857	7219.439	990	.000
自变量	0.840	2458.411	120	.000

（1）制度行为、遵从意愿及行为结果等因变量探索性因子分析

将制度遵从意愿、内源性遵从、外源性遵从、违反制度行为、报复性破坏行为和行为结果6个维度合计25个题项。运用主成分分析法对变量量表进行因子分析，并采用方差最大化正交旋转为因子旋转方式提取因子。总方差解释率和因子负荷矩阵结果如表9－3和表9－4所示。因变量量表提取6个因子的总方差累积解释率为76.023%，解释率较高。

表9－3　因变量初始题项因子的总方差解释率

因子	初始特征值			旋转平方和负荷萃取		
	特征值	解释率（%）	累积率（%）	特征值	解释率（%）	累积率（%）
1	11.760	50.738	50.738	4.674	20.320	21.230
2	2.441	9.323	60.061	4.351	18.919	38.939
3	1.367	5.944	66.005	2.945	12.805	51.974
4	0.896	3.940	69.945	2.755	11.979	63.867
5	0.754	3.258	73.204	1.692	7.356	70.937
6	0.653	2.819	76.023	1.068	4.644	76.011

表9－4　因变量初始题项的因子负荷矩阵

题项	因子负荷					
	1	2	3	4	5	6
NYZC1	.737					
NYZC2	.733					
NYZC3	.697					
NYZC4	.662					
WYZC1		.535				
WYZC2		.568				
WYZC3		.754				
WYZC4		.698				
GYWF1			.893			
GYWF2			.723			
GYWF3			.618			
GYWF4			.424			
BFPH1				.732		

续表

题项	因子负荷					
	1	2	3	4	5	6
BFPH2				.699		
BFPH3				.863		
BFPH4				.871		
ZCYY1					.798	
ZCYY2					.713	
ZCYY3					.677	
ZCYY4					.689	
XWJG1						.633
XWJG2						.397
XWJG3						.568
XWJG4						.689
XWJG5						.721

因子负荷结果显示，25 个题项较好地分布在 6 个潜在因子上，但故意违反维度中的题项"GYWF4"的因子负荷值小于 0.5，行为结果维度中的题项"XWJG2"的因子负荷值也小于 0.5，将这 2 个题项删除，重新对修改后因变量量表进行因子分析，结果如表所示，23 个题项较好地分布在 6 个潜在因子上且因子负荷值均大于 0.5（见表 9 -5）。

表 9 -5　删除部分题项后的因变量因子负荷矩阵

题项	因子负荷					
	1	2	3	4	5	6
NYZC1	.731					
NYZC2	.736					
NYZC3	.727					
NYZC4	.678					
WYZC1		.516				
WYZC2		.549				
WYZC3		.727				
WYZC4		.677				

题项	因子负荷					
	1	2	3	4	5	6
GYWF1			.770			
GYWF2			.838			
GYWF3			.656			
BFPH1				.643		
BFPH2				.628		
BFPH3				.898		
BFPH4				.907		
ZCYY1					.725	
ZCYY2					.771	
ZCYY3					.785	
ZCYY4					.737	
XWJG1						.691
XWJG3						.604
XWJG4						.709
XWJG5						.711

（2）自变量的探索性因子分析

本研究采用主成分分析法，选取方差最大化正交旋转为因子旋转方式，特征值大于 1 因子为提取标准，对自变量的 40 个题项进行因子分析，共提取 11 个因子，总方差解释率和正交旋转后的因子负荷分别如表 9 - 6 和表 9 - 7 所示。总方差累积解释率为 68.067%，总体解释率符合要求。

表 9 - 6　自变量题项因子的总方差解释率

因子	初始特征值			旋转平方和负荷萃取		
	特征值	解释率（%）	累积率（%）	特征值	解释率（%）	累积率（%）
1	9.220	20.489	20.489	5.954	13.231	13.432
2	3.453	7.674	28.163	3.455	7.678	21.909
3	3.042	6.759	34.923	2.998	6.663	28.572
4	2.491	5.536	40.459	2.897	6.439	35.011
5	2.208	4.906	45.364	2.832	6.293	41.304
6	1.992	4.427	49.792	2.480	5.510	46.814

续表

因子	初始特征值			旋转平方和负荷萃取		
	特征值	解释率（%）	累积率（%）	特征值	解释率（%）	累积率（%）
7	1.646	3.657	53.449	2.432	5.405	52.219
8	1.530	3.401	56.850	2.310	5.134	57.352
9	1.421	3.157	61.007	1.645	4.655	62.007
10	1.340	3.045	63.790	1.435	3.169	65.176
11	1.194	2.714	66.505	1.312	2.891	68.067

表9-7 初始题项自变量的因子负荷矩阵

题项	因子负荷										
	1	2	3	4	5	6	7	8	9	10	11
FZMBI1	.563										
FZMBI2	.587										
FZMBI3	.580										
FZMBA1		.653									
FZMBA2		.540									
FZMBA3		.763									
NRGZS1			.521								
NRGZS2			.598								
NRGZS3			.438								
NRGZS4			.577								
NRGZC1				.733							
NRGZC2				.696							
NRGZC3				.647							
ZDZXR1					.657						
ZDZXR2					.663						
ZDZXR3					.566						
ZDZXR4					.699						
ZDZXI1						.755					
ZDZXI2						.355					
ZDZXI3						.594					

续表

题项	因子负荷										
	1	2	3	4	5	6	7	8	9	10	11
ZDZXI4						.687					
ZDZXI5						.410					
ZDZXI6						.603					
ZDZXS1							.617				
ZDZXS2							.569				
ZDZXS3							.570				
ZDZXE1								.728			
ZDZXE2								.727			
ZDZXE3								.676			
ZDZXE4								.412			
ZDBJH1									.745		
ZDBJH 2									.769		
ZDBJH 3									.761		
ZDBJH 4									.719		
ZDBJA1										.598	
ZDBJA 2										.632	
ZDBJA 3										.605	
MXQX1											.613
MXQX2											.589
MXQX3											.760

从方差最大化正交旋转的因子负荷结果（见表9-7）可以看出，提取的11个公因子的在各自因子上的负荷，将4个小于0.5题项删除后重新进行因子分析，结果如表9-8所示，可以看出自变量的测量量表结构效度较好。

表9-8　删除部分题项后的自变量因子负荷矩阵

题项	因子负荷										
	1	2	3	4	5	6	7	8	9	10	11
FZMBI1	.539										
FZMBI2	.643										

续表

题项	因子负荷										
	1	2	3	4	5	6	7	8	9	10	11
FZMBI3	.729										
FZMBA1		.698									
FZMBA2		.654									
FZMBA3		.621									
NRGZS1			.579								
NRGZS2			.618								
NRGZS3			.590								
NRGZC1				.689							
NRGZC2				.663							
NRGZC3				.620							
ZDZXR1					.610						
ZDZXR2					.624						
ZDZXR3					.571						
ZDZXR4					.678						
ZDZXI1						.763					
ZDZXI2						.694					
ZDZXI3						.601					
ZDZXI4						.633					
ZDZXS1							.703				
ZDZXS2							.632				
ZDZXS3							.653				
ZDZXE1								.776			
ZDZXE2								.773			
ZDZXE3								.713			
ZDBJH1									.681		
ZDBJH2									.768		
ZDBJH3									.712		
ZDBJH4									.793		
ZDBJA1										.608	
ZDBJA2										.642	

续表

题项	因子负荷										
	1	2	3	4	5	6	7	8	9	10	11
ZDBJA3										.613	
MXQX1											.654
MXQX2											.545
MXQX3											.712

自变量量表初步探索性因子分析得出 11 个维度，包括制度方针目标重要性和明确性、方针目标与现实情形的适应性、内容规则的科学性和完备性、与其他制度协调性、制度执行支持资源、制度执行强度、制度执行刚性、制度执行有效性、制度背景之人本公正、制度背景之宣称－执行一致、冒险倾向，其中制度执行是具体的可变动的情景类因素，因此制度执行支持资源、制度执行强度、制度执行刚性、制度执行有效性作为调节作用变量。

（三）调查实施

问卷调研范围涉及皖北煤电、神华集团、兖矿集团等大型煤炭企业及下属煤矿，主要调查对象是一线的煤煤矿企业员工，调查样本数量和问卷回收情况见表 9 - 9。

表 9 - 9　调研样本总体情况

调研单位	调研样本数量	有效样本数量	样本有效率（%）
皖北煤电集团典型煤矿一	132	106	80.30
皖北煤电集团典型煤矿二	250	200	80.00
神华集团典型煤矿一	138	100	72.46
神华集团典型煤矿二	143	100	69.93
兖矿集团典型煤矿一	152	101	66.45
兖矿集团典型煤矿二	128	100	78.13
样本总数	943	707	74.97

被调研的煤矿主要采用的是现场集中填写问卷的方式，一旦被调研对象对问卷有疑问，调研人员可进一步与被调查对象进行沟通解释，并进一

步对问卷修改，以确保调研数据的有效性。

表 9 - 10 样本人口统计特征

人口特征变量	分类	人数	比例（%）	人口特征变量	分类	人数	比例（%）
工种	井下一线	388	54.88	井下作业工龄	3 年及以下	202	28.57
	井下辅助	274	38.76		3~10 年	262	37.06
	地面人员	45	6.36		11 年及以上	243	34.37
年龄	22 岁以下	19	2.69	月收入	2000 元以下	73	10.33
	23~32 岁	317	44.84		2000~4000 元	457	64.64
	33~42 岁	230	32.53		4000~6000 元	161	22.77
	42 岁以上	141	19.94		6000 元以上	16	2.26
用工形式	固定期限	473	66.90	身体状况	强壮	358	50.64
	无固定期限	233	32.96		一般	324	45.83
	临时劳务	0	0.14		较差	25	3.54
婚姻	已婚	592	83.73	家庭成员人数	3 人以下	347	49.08
	未婚	102	14.43		3~5 人	321	45.40
	离异	12	1.70		5~10 人	38	5.37
	其他	1	0.14		10 人以上	1	0.14
配偶月收入	无收入	554	78.36	学历	小学及以下	44	6.22
	1000 元及以下	40	5.66		初中	296	41.87
	1000~2000 元	81	11.46		高中或中专	224	31.68
	2000~3000 元	23	3.25		大专	86	12.16
	3000 元以上	8	1.13		大学及以上	57	8.06

（四）正式量表信度和效度检验

在预调研阶段，通过预试问卷数据分析，已对问卷的信效度、量表构成和维度划分进行了初步检验。经修改后的正式量表已通过了预试阶段的可靠性检验，为确保正式问卷数据的有效性，在进行统计分析之前，需要进一步对正式问卷量表进行信度和效度检验。正式量表可靠性检验结果如表 9 - 11 所示，各分量表的 Cronbach's α 系数均在 0.6 以上，各指标题项的项目与总体相关系数均大于 0.3，表明量表可靠性较高，可接受此问卷量表。

表 9 - 11　正式问卷分量表的可靠性检验结果

变　量	题项数	α 系数	项目与总体相关系数
制度行为（ZDXW）	15	0.770	0.439 - 0.624
遵从意愿（ZCYY）	4	0.721	0.597 - 0.669
行为结果（XWJG）	4	0.791	0.528 - 0.528
方针目标的重要性和明确性（FZMBI）	3	0.731	0.436 - 0.621
方针目标与现实情形的适应性（FZMBA）	3	0.828	0.585 - 0.585
内容规则的科学性和完备性（NRGZS）	3	0.849	0.511 - 0.611
与其他制度的协调性（NRGZC）	3	0.850	0.495 - 0.621
制度执行的资源支持（ZDZXR）	4	0.857	0.526 - 0.622
制度执行的完整性（ZDZXI）	4	0.721	0.543 - 0.790
制度执行刚性（ZDZXS）	3	0.741	0.451 - 0.651
制度执行有效性（ZDZXE）	3	0.688	0.459 - 0.731
人本公正（ZDBJH）	4	0.705	0.571 - 0.687
宣称 - 执行一致（ZDBJA）	3	0.729	0.427 - 0.666
冒险倾向（MXQX）	3	0.715	0.445 - 0.445

在信度检验基础上，采用验证性因子分析法对量表的结构效度做进一步检验。

1. 制度行为、遵从意愿、行为结果量表结构效度检验

根据预调研阶段的初步探索性因子分析结果，制度行为包括外源遵从、内源遵从、故意违反行为、报复破坏行为 4 个维度。该部分题项的 KMO 和 Bartlett 检验结果显示 KMO 值为 0.884，Bartlett 球形检验卡方值较大，说明量表适合做因子分析。直接采用验证性因子分析进行检验，验证性因子的优势在于它允许研究者明确描述构建理论模型的细节，通常是在对所要研究变量的维度在理论和实践上都有一定了解的情况下进行的。根据理论和经验，可以事先定义因子和设定各测量条目如何具体负载在假设的因子上，即可以事先定义好测量量表的因子结构，然后假设所设定的模型是否拟合数据。

验证性因子分析通常通过结构方程模型来实现。Mplus 是一款功能较强的多元统计分析软件，其可以综合数个潜变量分析方法于一个统一的一般潜变量分析框架内。其不仅能够运行传统的结构方程模型，还可以

处理较为复杂的多层数据（Multilevel data）、不完整数据（Incomplete data）等数据，因此，本研究选择 Mplus 作为结构方程模型的分析工具。借助软件 Mplus 7.0，采用稳健估计法对因变量的测量量表进行验证性因子分析。

为提高模型拟合结论的准确性，通常应用多种拟合指数来判断模型的拟合优度，在实际研究中，通常要报告模型的卡方值、比较拟合优度指数（CFI）、Tucker Lewis 指数（TLI）、近似误差均方根（RMSEA）、RMSEA 的 90% 置信区间以及精确拟合的 p 值、标化残差均方根（SRMR），当卡方值较小、CFI 和 TLI 不小于 0.90、RMSEA 小于 0.08、RMSEA 的 90% 置信区间上限小于 0.08、精确拟合的 p 值大于 0.05、SRMR 小于 0.08 时，则认为模型拟合较好。

通过对因变量验证性因子分析输出结果中的拟合优度指数分析发现该模型的拟合优度为可接受（见表 9 - 12）。

表 9 - 12　制度行为、遵从意愿及行为结果量表的验证性因子分析拟合指标值

Chi - Square Test of Model Fit		RMSEA (Root Mean Square Error Of Approximation)	
Value	1063.029	Estimate	0.070
Degrees of Freedom	155	90 Percent C. I.	0.066 ~ 0.074
P - Value	0.0000	Probability RMSEA < = .05	0.065
CFI = 0.906，TLI = 0.885；SRMR（Standardized Root Mean Square Residual）：Value = 0.059			

验证性因子分析结果显示，量表的 6 个潜在因子的各自的指标题项因子负荷均大于 0.50，满足传统的因子负荷大于截断值（0.40）的要求。因此，此部分量表通过了验证性因子分析，具有较好的结构效度（见表 9 - 13）。

表 9 - 13　行为、意愿及行为结果量表验证性因子分析结果（标准化）

STDY Standardization		Estimate	S. E.	Est. /S. E.	Two - Tailed P - Value
NYZC BY	y1	0.619	0.021	29.106	0.000
	y2	0.649	0.020	32.051	0.000
	y3	0.750	0.017	44.065	0.000
	y4	0.734	0.017	41.984	0.000

续表

STDY Standardization		Estimate	S. E.	Est. /S. E.	Two – Tailed P – Value
WYZC BY	y5	0.717	0.019	37.365	0.000
	y6	0.688	0.020	34.397	0.000
	y7	0.589	0.023	26.483	0.000
	y8	0.743	0.021	25.459	0.000
GYWF BY	y9	0.728	0.022	33.792	0.000
	y10	0.610	0.024	25.542	0.000
	y11	0.560	0.025	22.294	0.000
BFPH BY	y12	0.816	0.015	53.926	0.000
	y13	0.802	0.015	51.806	0.000
	y14	0.697	0.018	37.727	0.000
	y15	0.665	0.020	33.811	0.000
ZCYY BY	r1	0.663	0.019	34.553	0.000
	r2	0.755	0.016	47.273	0.000
	r3	0.740	0.017	44.753	0.000
	r4	0.769	0.016	49.604	0.000
XWJG BY	p1	0.671	0.023	29.381	0.000
	p2	0.787	0.022	35.472	0.000
	p3	0.701	0.019	28.991	0.000
	p4	0.635	0.023	30.673	0.000

2. 自变量量表结构效度检验

根据预调研阶段的初步探索性因子分析结果，本研究构建的量表中的自变量包括：制度方针目标重要性和明确性、方针目标与现实情形的适应性、内容规则的科学性和完备性、与其他制度协调性、制度执行支持资源、制度执行强度、制度执行刚性、制度执行有效性、制度背景之人本公正、制度背景之宣称 – 执行一致、冒险倾向 11 个变量。自变量量表的 KMO 和 Bartlett 检验得到 KMO 值为 0.769，Bartlett 球形检验卡方值较大，说明量表适合做因子分析。进一步对该部分量表进行验证性因子分析。验证性因子分析拟合指标值结果如表 9 – 14 所示。可以看出，量表的卡方值为 1418.333，自由度为 440，RMSEA 为 0.043，RMSEA 的 90% 置信区间为（0.041～0.046），精确拟合的 p 值为 0.240，CFI 为 0.924，TLI 为

0.908，SRMR 的值小于 0.08，多个拟合指标均表明此量表模型与实际数据的拟合程度较好。

表 9 - 14　自变量量表验证性因子分析拟合指标值

Chi - Square Test of Model Fit		RMSEA （Root Mean Square Error Of Approximation）	
Value	1418. 333	Estimate	0. 043
Degrees of Freedom	440	90 Percent C. I.	0. 041 ~ 0. 046
P - Value	0. 0000	Probability RMSEA < = . 05	0. 240

CFI = 0. 924，TLI = 0. 908；SRMR（Standardized Root Mean Square Residual）：Value = 0. 045

自变量验证性因子分析结果表明，量表的 11 个潜在因子上，各自指标题项的因子载荷均大于 0.40，满足传统的因子载荷大于截断值（0.40）的要求，因此，自变量量表通过了验证性因子分析，表明自变量量表具有较好的结构效度（见表 9 - 15）。

表 9 - 15　自变量量表验证性因子分析结果

STDX Standardization		Estimate	S. E.	Est. /S. E.	Two - Tailed P - Value
FZMBI BY	x1	0. 605	0. 016	37. 860	0. 000
	x2	0. 689	0. 018	38. 006	0. 000
	x3	0. 616	0. 017	36. 343	0. 000
FZMBA BY	x4	0. 671	0. 017	39. 002	0. 000
	x5	0. 587	0. 019	36. 653	0. 000
	x6	0. 663	0. 027	28. 014	0. 000
NRGZS BY	x7	0. 704	0. 021	31. 876	0. 000
	x8	0. 639	0. 019	35. 651	0. 000
	x9	0. 724	0. 018	40. 295	0. 000
NRGZC BY	x10	0. 704	0. 038	18. 593	0. 000
	x11	0. 639	0. 038	19. 470	0. 000
	x12	0. 624	0. 020	31. 382	0. 000
ZDZXR BY	x13	0. 551	0. 021	26. 567	0. 000
	x14	0. 665	0. 020	33. 517	0. 000
	x15	0. 568	0. 026	21. 884	0. 000
	x16	0. 645	0. 020	32. 119	0. 000

续表

STDX Standardization		Estimate	S. E.	Est. /S. E.	Two – Tailed P – Value
ZDZXI BY	x17	0. 597	0. 019	31. 228	0. 000
	x18	0. 656	0. 025	22. 687	0. 000
	x19	0. 667	0. 022	30. 621	0. 000
	x20	0. 633	0. 029	32. 763	0. 000
ZDZXS BY	x21	0. 585	0. 022	26. 619	0. 000
	x22	0. 653	0. 022	30. 986	0. 000
	x23	0. 602	0. 020	35. 210	0. 000
ZDZXE BY	x24	0. 642	0. 021	30. 897	0. 000
	x25	0. 662	0. 013	51. 446	0. 000
	x26	0. 730	0. 015	48. 898	0. 000
ZDBJH BY	x27	0. 718	0. 035	20. 666	0. 000
	x28	0. 687	0. 030	23. 437	0. 000
	x29	0. 646	0. 025	26. 122	0. 000
	x30	0. 650	0. 022	29. 250	0. 000
ZDBJA BY	x31	0. 714	0. 015	47. 387	0. 000
	x32	0. 674	0. 015	45. 178	0. 000
	x33	0. 615	0. 018	34. 538	0. 000
MXQX BY	x34	0. 593	0. 018	33. 452	0. 000
	x35	0. 490	0. 023	21. 319	0. 000
	X36	0. 585	0. 022	26. 619	0. 000

Number of observations = 707, Number of dependent variables = 36, Number of latent variables = 11

综上所述，本研究的正式量表具有较好的信度和效度，可以进行进一步的统计分析。

（五）遵从/非遵从行为差异特征研究

为了研究社会人口学变量的差异对制度行为的影响，本研究结合独立样本 T 检验、单因素方差检验和均值比较，探讨员工制度行为在家庭统计特征和个人人口统计特征上的具体差异。

1. 年龄

从单因素方差分析结果可以看出，年龄对四种制度行为中的外源遵从、内源遵从以及故意违反行为有显著效应，但对报复破坏行为无显著影响（见表9-16）。

表9-16　单因素方差分析结果（Variable = Age）

指标	分组	平方和	df	均方	F	显著性
NYZC	组间	10.873	4	2.718	2.657	0.030
	组内	1225.607	1198	1.023		
	总数	1236.48	1202			
WYZC	组间	14.555	4	3.639	3.428	0.006
	组内	1271.511	1198	1.061		
	总数	1286.066	1202			
GYWF	组间	11.559	4	2.890	2.561	0.033
	组内	1351.732	1198	1.128		
	总数	1363.291	1202			
BFPH	组间	10.058	4	2.515	1.710	0.094
	组内	1761.201	1198	1.470		
	总数	1771.259	1202			

通过进一步的事后多重比较和均值比较，45～59岁年龄段的主体外源性遵从和内源性遵从均最高，即这一群体自我报告遵从行为比例较高；29～44岁年龄段在故意违反行为维度上的均值较高，表明该群体自我报告的故意违反行为高于其他两个年龄段的主体（见表9-17）。

表9-17　制度行为组间均值比较（Variable = Age）

分组依据	均值			
	NYZC	WYZC	GYWF	BFPH
18～28岁	3.26	2.34	2.59	1.25
29～44岁	3.32	2.35	2.61	1.24
45～59岁	3.37	2.41	2.57	1.32

2. 职位层级

从单因素方差分析结果可以看出，职业类型对四种制度行为中的外源遵从和内源遵从有显著效应。通过进一步的事后多重比较和均值比较（见表9-19），可以看出基层员工的外源遵从和内源遵从实施的频度较高，在故意违反行为和报复破坏行为上无显著差异（见表9－18）。

表9－18　单因素方差分析结果（Variable = Occupation）

指标	分组	平方和	df	均方	F	显著性
NYZC	组间	22.08	5	3.154	3.084	0.008
	组内	1222.4	1195	1.023		
	总数	1244.48	1202			
WYZC	组间	18.272	5	2.610	2.470	0.015
	组内	1262.794	1195	1.057		
	总数	1281.066	1202			
GYWF	组间	7.207	5	1.03	0.913	0.495
	组内	1347.711	1195	1.128		
	总数	1354.918	1202			
BFPH	组间	33.735	5	4.819	3.292	0.220
	组内	1749.524	1195	1.464		
	总数	1783.259	1202			

表9－19　制度行为组间均值比较（Variable = Occupation）

分组依据	均值			
	NYZC	WYZC	GYWF	BFPH
基层员工	3.42	4.09	2.56	1.25
基层管理人资源	3.27	3.79	2.62	1.25
一般职能管理人员	3.30	3.68	2.57	1.29
职能部门负责人	3.28	3.82	2.61	1.26
高层管理人员	3.77	2.75	1.65	1.32

　　总体来看，基层员工和高层管理人员自我报告的内源遵从行为更多，而外源遵从则大致上随着职位层级的上升自我报告行为频次降低。

　　3. 工种

　　从单因素方差分析结果可以看出，工种对四种制度行为均有显著效应，通过进一步的多重比较检验，可以看出采掘一线员工，除内源遵从外，其他三种制度行为实施得均比较高（见表9－20）。

　　采掘一线工种因工作强度大、工作时间长，且多数一线生产采取承包制，一线人员与组织间承诺较低，因而自我报告内源遵从低，外源遵从高、故意违反及报复破坏也是符合现实情况的。

表 9 - 20 单因素方差分析结果 （Variable = Ownership）

指标	分组	平方和	df	均方	F	显著性
NYZC	组间	8.201	4	4.101	4.013	0.018
	组内	1226.279	1200	1.022		
	总数	1234.480	1202			
WYZC	组间	13.583	4	6.792	6.455	0.001
	组内	1262.483	1200	1.052		
	总数	1276.066	1202			
GYWF	组间	14.153	4	7.0765	6.285	0.001
	组内	1350.764	1200	1.126		
	总数	1364.917	1202			
BFPH	组间	40.143	4	20.072	13.818	0.000
	组内	1743.115	1200	1.453		
	总数	1783.258	1202			

表 9 - 21 制度行为组间均值比较 （Variable = Ownership）

分组依据	均值			
	NYZC	WYZC	GYWF	BFPH
专业技术工种	3.16	2.47	2.39	1.16
机运等辅助工种	3.15	2.44	2.42	1.19
采掘一线工种	3.42	2.31	2.72	1.34

4. 受教育水平

从单因素方差分析（见表 9 - 22）和均值比较结果（见表 9 - 23）可以看出，受教育水平对四种制度行为均无显著效应。整体看来，目前，受教育水平的高低不能预测其对安全监管制度的执行是否会发生偏离。

按假设分析，教育水平影响个体的认知能力，进而会影响其采取的制度行为，但是数据检验表明，四类制度行为在教育水平维度上并没有显著差异，进一步地分析认为，教育水平提高认知能力使高水平的个体能够较为全面真实地获得制度方针目标、内容规则等方面的信息，可能成为群体中影响其他主体的先行者，但基于制度认知唤起的消极情感并不会受到教育水平的影响。

表 9 - 22 单因素方差分析结果 （Variable = Education）

指标	分组	平方和	df	均方	F	显著性
NYZC	组间	8.862	4	1.810	1.830	0.121
	组内	1225.618	1198	.989		
	总数	1234.480	1202			
WYZC	组间	6.675	4	1.669	1.740	0.139
	组内	1149.174	1198	.959		
	总数	1155.849	1202			
GYWF	组间	8.125	4	1.991	1.991	0.094
	组内	1222.060	1198	1.020		
	总数	1230.185	1202			
BFPH	组间	3.755	4	.939	.666	0.616
	组内	1776.466	1198	1.410		
	总数	1780.221	1202			

表 9 - 23 制度行为组间均值比较 （Variable = Education）

分组依据	均值			
	NYZC	WYZC	GYWF	BFPH
初中及以下	3.33	2.37	2.54	1.26
高中或中专	3.29	2.41	2.59	1.28
大专	3.32	2.36	2.60	1.24
本科	3.29	2.36	2.58	1.29
硕士及以上	3.34	2.38	2.61	1.26

（六）遵从行为/非遵从行为在社会人口学变量上的差异检验

H1：制度行为因人口统计特征不同而存在显著差异的假设部分成立。

内源遵从（NYZC）、外源遵从（WYZC）和故意违反行为（GYWF）因年龄的不同而差异性显著，45～59岁年龄段的群体自我报告的内源遵从和外源遵从均高于其他年龄段，29～44岁的年龄段自我报告的故意违反行为频次较高，报复破坏行为（BFPH）因年龄（Age）的不同而差异性不显著，因此，假设 H1a 仅对外源遵从、内源遵从和故意违反行为制度行为成立。

内源遵从（NYZC）和外源遵从（WYZC）因职位层级的不同而差异性显著，基层员工自我报告更多外源遵从，而高层员工更多报告内源遵从。故意违反行为（GYWF）和报复破坏行为（BFPH）因职位层级的不同而差异性不显著，因此，假设 H1b 仅对外源遵从和内源遵从成立。

内源遵从（NYZC）、外源遵从（WYZC）、故意违反行为（GYWF）和报复破坏行为（BFPH）四种行为均因工种的不同而差异性显著，采掘一线的员工自我报告外源遵从、故意违反和抱负破坏行为均显著高于其他组别。因此，假设 H1c 对外源遵从、内源遵从、故意违反行为和报复破坏行为均成立。

内源遵从（NYZC）、外源遵从（WYZC）、故意违反行为（GYWF）、报复破坏行为（BFPH）因受教育水平（Education）的不同而差异性不显著，显示出目前的受教育水平的提高未能显著促进各类制度行为的实施，因此，假设 H1d 不成立。

表 9-24　制度行为在社会人口学变量上的差异假设检验

序号		研究假设	验证结论
H1		制度行为因个人人口统计特征的不同而存在显著差异	部分成立
H1	H1a	制度行为因年龄的不同而存在显著差异	部分成立
	H1b	制度行为因职位层级的不同而存在显著差异	部分成立
	H1c	制度行为因工种的不同而存在显著差异	成立
	H1d	制度行为因受教育水平的不同而存在显著差异	不成立

五　遵从意愿、制度特征、心理特征及遵从/非遵从行为关系检验

根据本研究构建的理论模型，制度遵从意愿为中介变量，制度方针目标重要性和明确性、方针目标与现实情形的适应性、内容规则的科学性和

完备性、与其他制度协调性、制度背景之人本公正、制度背景之宣称—执行一致，冒险倾向为自变量，制度执行资源支持、制度执行强度、制度执行刚性、制度执行有效性为交互作用变量，外源遵从、内源遵从、故意违反行为和报复破坏行为为因变量，制度特征与心理特征因素通过制度遵从意愿作用于制度行为。为了研究各变量对制度行为的影响，以及检验制度遵从意愿在自变量对制度行为作用路径中的中介作用，运用结构方程模型来检验制度遵从意愿的中介效应并分析各影响因素变量对制度行为的影响。

本研究将首先运用 Pearson 相关系数对变量间相关关系进行了分析，依据中介效应检验四步骤法分别对自变量作用于制度行为的效应、自变量作用于制度遵从意愿的效应、制度遵从意愿作用于制度行为的效应，以及制度遵从意愿的中介效应进行检验，并最终构建包含中介效应的全模型。

（一）遵从/非遵从行为与其影响因素的相关性分析

模型变量间的相关性分析是对模型进行进一步检验的基础，基于正式问卷调查数据，采用 Pearson 相关系数分别检验自变量与因变量，以及因变量与交互作用变量之间的相关程度，相关性检验结果如表 9 - 25 所示。

1. 内源遵从与其影响因素的相关性分析

从内源遵从与其影响因素间的 Pearson 相关分析结果可以看出：

内源遵从与制度遵从意愿（ZCYY）显著正相关；

内源遵从与制度特征因素中的方针目标重要性和清晰性（FZMBI）、方针目标与现实情形适应性（FZMBA）、内容规则科学性与完备性（NRG-ZS）、与其他制度协调性（NRGZC）、人本公正（ZDBJH）、宣称—执行一致（ZDBJA），冒险倾向（MXQX）相关性均显著，其中，与冒险倾向显著负相关，与其余制度特征因素显著正相关；

内源遵从与情境因素中的制度执行资源支持（ZDZXR）、制度执行强度（ZDZXI）、制度执行刚性（ZDZXS）、制度执行有效性（ZDZXE）存在正相关关系。

表 9-25 自变量与因变量相关系数检验

序号	指标	1	2	3	4	5	6	7	8	9	10	11	12	13	14	15	16	17
1	NYZC	1																
2	WYZC	-0.588**	1															
3	GYWF	-0.432**	0.501**	1														
4	BFPH	-0.359**	0.385**	0.456**	1													
5	ZCYY	0.225**	-0.275**	-0.273**	-0.385**	1												
6	XWJG	0.189**	0.261**	0.245**	0.295**	0.552**	1											
7	FZMBI	0.121**	-0.059	-0.133*	0.031	0.088*	0.141**	1										
8	FZMBA	0.181**	-0.196**	-0.173**	0.176**	0.297**	0.139**	-0.178**	1									
9	NRGZS	0.202**	-0.192**	-0.160**	0.181**	0.371**	0.284**	-0.207**	0.666**	1								
10	NRGZC	0.259**	-0.281**	-0.247**	0.208**	0.367**	0.287**	0.121**	0.287**	0.415**	1							
11	ZDZXR	0.196**	0.178**	0.135**	305**	0.208**	0.199**	-0.024	0.156**	0.169**	0.200**	1						
12	ZDZXI	0.127**	0.164**	0.176**	0.232**	0.133**	0.119**	0.117**	0.145**	0.121**	0.135**	0.094*	1					
13	ZDZXS	0.267**	0.225**	0.056	0.224**	0.276**	0.226**	0.157**	0.224**	0.192**	0.076	0.185**	0.114**	1				
14	ZDZXE	0.225**	0.139**	0.115**	0.235**	0.256**	0.176**	0.134**	0.082*	0.057	0.073	0.083*	0.264**	0.139**	1			
15	ZDBJH	0.099**	-0.087*	-0.129**	0.102**	0.174**	0.179**	0.135**	0.048	-0.182**	-0.126**	-0.066	-0.033	-0.108*	-0.145**	1		
16	ZDBJA	0.178**	-0.165**	-0.176**	0.283**	0.364**	0.327**	0.022	0.248**	0.310**	0.177**	0.315**	0.135**	0.325**	0.118**	-0.117**	1	
17	MXQX	-0.139**	0.225**	0.054	-0.053*	0.117**	-0.067*	0.065*	-0.060*	-0.073*	-0.074*	-0.068*	0.031	0.039	-0.038	0.015	-0.022	1

注：*表示 $p < 0.05$；**表示 $p < 0.01$；***表示 $p < 0.001$。

2. 外源遵从与其影响因素的相关性分析

从外源遵从与其影响因素间的 Pearson 相关分析结果可以看出：

外源遵从与制度遵从意愿（ZCYY）显著负相关；

外源遵从与制度特征因素中的方针目标重要性和清晰性（FZMBI）、方针目标与现实情形适应性（FZMBA）、内容规则科学性与完备性（NRGZS）、与其他制度协调性（NRGZC）、制度背景之人本公正（ZDB-JH）、制度背景之宣称—执行一致（ZDBJA）、冒险倾向（MXQX）相关性均显著，其中，冒险倾向为正相关，其余制度特征因素均与外源遵从负相关。

外源遵从与情境因素中的制度执行支持资源（ZDZXR）、制度执行强度（ZDZXI）、制度执行刚性（ZDZXS）、制度执行有效性（ZDZXE）相关关系均显著，且为正相关。

3. 故意违反行为（GYWF）与其影响因素的相关性分析

从故意违反行为与其影响因素间的 Pearson 相关分析结果可以看出：

故意违反行为与制度遵从意愿（ZCYY）显著负相关；

故意违反行为与制度特征因素中的方针目标重要性和清晰性（FZM-BI）、方针目标与现实适应性（FZMBA）、内容规则科学性与完备性（NRGZS）、与其他制度协调性（NRGZC）、制度背景之人本公正（ZDB-JH）、制度背景之宣称—执行一致（ZDBJA）、冒险倾向（MXQX）相关性均显著，其中，冒险倾向为正相关，其余制度特征因素均与故意违反行为负相关；

故意违反行为与情境因素中的制度执行支持资源（ZDZXR）、制度执行强度（ZDZXI）、制度执行刚性（ZDZXS）、制度执行有效性（ZDZXE）呈现正相关关系。

4. 报复破坏行为（BFPH）与其影响因素的相关性分析

从报复破坏行为与其影响因素间的 Pearson 相关分析结果可以看出：

报复破坏行为与制度遵从意愿（ZCYY）显著负相关；

报复破坏行为与制度特征因素中的方针目标重要性和清晰性（FZM-BI）、方针目标与现实适应性（FZMBA）、内容规则科学性与完备性（NRGZS）、与其他制度协调性（NRGZC）、制度背景之人本公正（ZDB-

JH）、制度背景之宣称—执行一致（ZDBJA）、冒险倾向（MXQX）相关性均显著，其中，冒险倾向为正相关，其余制度特征因素均与报复破坏行为正相关；

报复破坏行为与制度执行强度（ZDZXI）正相关，与情境因素中的制度执行支持资源（ZDZXR）、制度执行刚性（ZDZXS）、制度执行有效性（ZDZXE）相关关系显著。

5. 制度遵从意愿（ZCYY）与影响因素相关性分析

制度遵从意愿与制度特征因素中的方针目标重要性和清晰性（FZM-BI）、方针目标与现实适应性（FZMBA）、内容规则科学性与完备性（NRGZS）、与其他制度协调性（NRGZC）、制度背景之人本公正（ZDB-JH）、制度背景之宣称—执行一致（ZDBJA）、冒险倾向（MXQX）相关性均显著，其中，冒险倾向为正相关，其余制度特征因素均与遵从意愿正相关；制度遵从意愿与情境因素的相关关系显著。

（二）遵从/非遵从行为的直接效应检验

直接效应检验的模型拟合指数结果表明，模型的拟合指数均达到可接受水平（见表9－26）。

表9－26　自变量与因变量结构方程模型拟合指数

Chi – Square Test of Model Fit		RMSEA（Root Mean Square Error Of Approximation）	
Value	1955. 373	Estimate	0. 028
Degrees of Freedom	1021	90 Percent C. I.	0. 026 ~ 0. 029
P – Value	0. 0000	Probability RMSEA < = . 05	1. 000

CFI = 0. 982，TLI = 0. 979；SRMR（Standardized Root Mean Square Residual）：Value = 0. 028

从自变量作用于因变量的标准化路径分析结果（见表9－27）可以看出，方针目标的明确性与重要性（FZMBI）、方针目标与现实适应性（FZMBA）、内容规则科学性与完备性（NRGZS）、与其他制度的协调性（NRGZC）、制度背景之人本公正（ZDBJH）、制度背景之宣称—执行一致（ZDBJA）作用于内源遵从（NYZC）的直接路径均显著，冒险倾向（MX-

QX）的对内源遵从（NYZC）行为的作用路径不显著。

方针目标的明确性与重要性（FZMBI）、方针目标与现实适应性（FZMBA）、内容规则科学性与完备性（NRGZS）、与其他制度的协调性（NRGZC）、制度背景之人本公正（ZDBJH）、制度背景之宣称—执行一致（ZDBJA）以及冒险倾向（MXQX）作用于外源遵从（WYZC）和故意违反（GYWF）的直接路径均显著。

表9-27　自变量直接作用于因变量的路径分析

作用路径	标准化估计值	t 值
FZMBI→ NYZC	0.164	4.459
FZMBA→ NYZC	0.171	3.778
NRGZS→ NYZC	0.203	4.591
NRGZC→ NYZC	0.229	4.222
ZDBJH →NYZC	0.132	2.750
ZDBJA →NYZC	0.165	4.125
MXQX → NYZC	− 0.066	− 1.914
FZMBI → WYZC	− 0.165	− 4.657
FZMBA → WYZC	− 0.174	− 4.071
NRGZS → WYZC	− 0.205	− 4.857
NRGZC → WYZC	− 0.233	− 4.462
ZDBJH →WYZC	− 0.134	− 2.680
ZDBJA →WYZC	− 0.208	− 4.952
MXQX→ WYZC	0.133	4.000
FZMBI→ GYWF	− 0.138	− 4.029
FZMBA→ GYWF	− 0.141	− 3.415
NRGZS→ GYWF	− 0.179	− 4.450
NRGZC→ GYWF	− 0.213	− 4.327
ZDBJH →GYWF	− 0.089	− 1.679
ZDBJA →GYWF	− 0.165	− 3.300
MXQX → GYWF	0.107	3.344

续表

作用路径	标准化估计值	t 值
FZMBI → BFPH	− 0.063	− 1.969
FZMBA → BFPH	− 0.171	− 4.500
NRGZS→ BFPH	− 0.201	− 5.289
NRGZC → BFPH	− 0.244	− 5.191
ZDBJH →BFPH	− 0.178	− 4.410
ZDBJA →BFPH	− 0.145	− 3.295
MXQX→ BFPH	0.053	1.767

注：│t│≥1.96，表示在 0.05 显著性水平显著。

（三）遵从意愿的直接效应检验

自变量作用于中介变量的效应检验模型拟合指数结果表明，模型的拟合指数均达到可接受水平（见表 9 – 28）。

表 9 –28　自变量与中介变量结构方程模型拟合指数

Chi – Square Test of Model Fit		RMSEA (Root Mean Square Error Of Approximation)	
Value	1279.015	Estimate	0.029
Degrees of Freedom	636	90 Percent C. I.	0.027 ~ 0.031
P – Value	0.0000	Probability RMSEA < = .05	1.000

CFI = 0.986, TLI = 0.984；SRMR（Standardized Root Mean Square Residual）：Value = 0.023

从自变量作用于中介变量的标准化路径分析结果（见表 9 – 29）可以看出，方针目标重要性和清晰性（FZMBI）、方针目标与现实适应性（FZMBA）、内容规则科学性与完备性（NRGZS）、与其他制度的协调性（NRGZC）、制度背景之人本公正（ZDBJH）、制度背景之宣称—执行一致（ZDBJA）以及冒险倾向（MXQX）作用于中介变量制度遵从意愿（ZCYY）的作用路径标准化估计值均显著，其中，冒险倾向（MXQX）的标准化估计值为负值，其余均为正值。

表 9 - 29　自变量与中介变量之间的直接效应检验结果

作用路径	标准化估计值	t 值
FZMBI→ ZCYY	0.212	10.600
FZMBA→ ZCYY	0.217	8.680
NRGZS→ ZCYY	0.299	11.960
NRGZC→ ZCYY	0.341	11.000
ZDBJH →ZCYY	0.175	9.211
ZDBJA →ZCYY	0.181	7.240
MXQX→ ZCYY	- 0.170	- 8.947

注：|t| ≥1.96 即为显著。

（四）遵从意愿作用于遵从/非遵从行为的效应检验

制度遵从意愿作用于制度行为的模型拟合指数结果表明，模型的拟合指数均达到可接受水平（见表 9 - 30）。

表 9 - 30　中介变量与因变量结构方程模型拟合指数

Chi - Square Test of Model Fit		RMSEA （Root Mean Square Error Of Approximation）	
Value	580.768	Estimate	0.055
Degrees of Freedom	124	90 Percent C. I.	0.051 ~ 0.060
P - Value	0.0000	Probability RMSEA < = .05	1.000

CFI = 0.948，TLI = 0.936；SRMR（Standardized Root Mean Square Residual）：Value = 0.042

从中介变量作用于因变量的标准化路径分析结果（见表 9 - 31）可以看出，制度遵从（ZCYY）意愿作用于因变量内源遵从（NYZC）、外源遵从（WYZC）、故意违反行为（GYWF）、报复破坏行为（BFPH）的直接路径标准化估计值均显著，遵从意愿正向作用于内源遵从，负向作用于外源遵从、故意违反和报复破坏。

表 9 - 31　中介变量作用于因变量的路径分析

	标准化估计值	t 值
ZCYY→NYZC	0.382	10.206
ZCYY→WYZC	- 0.422	- 12.412

续表

	标准化估计值	t 值
ZCYY→GYWF	-0.406	-11.333
ZCYY→BFPH	-0.473	-17.034

注：｜t｜≥1.96 即为显著。

（五）遵从意愿的中介效应检验

基于前述三个模型的拟合，构建全模型以检验制度遵从意愿的中介效应。中介效应的检验的步骤及判定条件包括：①检验自变量作用于因变量的效应（即路径系数）是否显著，显著则进行下一步，不显著则终止分析；②检验自变量作用于中介变量的效应是否显著，显著则进行下一步，不显著则终止分析，中介效应不存在；③检验中介变量作用于因变量的效应是否显著，显著则进行下一步，不显著则终止分析，中介效应不存在；④在前面三个步骤的检验均显著的前提下，检验自变量同时作用于中介变量和因变量的效应。四个步骤完成后，进行中介效应判断，如果中介变量作用于因变量的路径系数显著，自变量作用于中介变量的路径系数显著，但自变量作用于因变量的路径系数变为不显著，则存在完全中介效应；如果中介变量作用于因变量的回归系数显著，自变量作用于中介变量的系数显著，自变量对因变量系数仍然显著，但比第三步中的回归系数有所降低，则表明存在部分中介作用。

根据第一个步骤自变量作用于因变量的效应检验结果，中介效应检验中不考虑自变量对因变量作用不显著的路径，即冒险倾向（MXQX）对内源遵从（NYZC）的作用路径、方针目标的明确性与重要性（FZMBI）和冒险倾向（MXQX）对报复破坏行为（BFPH）的作用路径。全模型拟合指数结果表明，模型的拟合指数均达到可接受水平（见表9-32）。

表9-32　结构方程全模型拟合指数

Chi - Square Test of Model Fit		RMSEA（Root Mean Square Error Of Approximation）	
Value	2609.332	Estimate	0.030
Degrees of Freedom	1248	90 Percent C. I.	0.028 ~ 0.032
P - Value	0.0000	Probability RMSEA < = .05	1.000

CFI = 0.975，TLI = 0.971；SRMR（Standardized Root Mean Square Residual）：Value = 0.040

根据中介效应全模型检验结果（见表9-33），部分制度因素不完全通过遵从意愿作用于制度行为，遵从意愿发挥了部分中介作用。

具体来看，方针目标的明确性与重要性（FZMBI）、方针目标与现实情形适应性（FZMBA）、内容规则科学性与完备性（NRGZS）、与其他制度的协调性（NRGZC）、人本公正（ZDBJH）和宣称—执行一致（ZDBJA）完全通过制度遵从意愿（ZCYY）作用于内源遵从（NYZC）、外源遵从（WYZC）以及故意违反行为（GYWF）；冒险倾向（MXQX）对外源遵从（WYZC）和故意违反（GYWF）行为部分以遵从意愿为中介；方针目标与现实情形适应性（FZMBA）、内容规则科学性与完备性（NRGZS）、与其他制度的协调性（NRGZC）、人本公正（ZDBJH）和宣称-执行一致（ZDBJA）完全通过制度遵从意愿（ZCYY）为中介变量作用于报复破坏（BFPH）行为。

表9-33　中介效应检验结果

作用路径	间接效应		直接效应		中介效应检验结果
	标准化估计值	t值	标准化估计值	t值	
FZMBI→NYZC	0.086	8.607	0.079	1.133	完全中介效应
FZMBA→NYZC	0.088	7.342	0.082	1.820	完全中介效应
NRGZS→NYZC	0.121	10.116	0.081	1.832	完全中介效应
NRGZC→NYZC	0.138	9.230	0.090	1.658	完全中介效应
ZDBJH→NYZC	0.078	7.842	0.018	0.391	完全中介效应
ZDBJA→NYZC	0.067	5.152	0.035	1.920	完全中介效应
FZMBI→WYZC	-0.089	-3.146	-0.074	-1.451	完全中介效应
FZMBA→WYZC	-0.092	-5.508	-0.079	-1.891	完全中介效应
NRGZS→WYZC	-0.126	-3.990	-0.078	-1.853	完全中介效应
NRGZC→WYZC	-0.144	-5.811	-0.088	-1.694	完全中介效应
ZDBJH→WYZC	-0.095	-2.945	-0.080	-1.659	完全中介效应
ZDBJA→WYZC	-0.081	-4.972	-0.077	-1.562	完全中介效应
MXQX→WYZC	0.072	3.956	0.060	2.826	部分中介效应
FZMBI→GYWF	-0.074	-9.196	-0.063	-1.126	完全中介效应
FZMBA→GYWF	-0.075	-7.530	-0.065	-1.578	完全中介效应
NRGZS→GYWF	-0.104	-10.375	-0.074	-1.856	完全中介效应
NRGZC→GYWF	-0.118	-9.102	-0.094	-1.912	完全中介效应

续表

作用路径	间接效应		直接效应		中介效应检验结果
	标准化估计值	t 值	标准化估计值	t 值	
ZDBJH→GYWF	-0.092	-7.646	-0.073	-1.465	完全中介效应
ZDBJA→GYWF	-0.078	-5.597	-0.095	-1.820	完全中介效应
MXQX→GYWF	0.059	8.427	0.048	2.934	部分中介效应
FZMBA→BFPH	-0.103	-7.332	-0.068	-1.799	完全中介效应
NRGZS→BFPH	-0.141	-10.879	-0.060	-1.568	完全中介效应
NRGZC→BFPH	-0.161	-9.488	-0.083	-1.760	完全中介效应
ZDBJH→BFPH	-0.107	-7.636	-0.071	-1.654	完全中介效应
ZDBJA→BFPH	-0.091	-5.706	-0.540	-1.221	完全中介效应

（六）遵从/非遵从行为影响因素实证检验结果

根据上述实证结果，下面分别对前文提出的假设进行验证。

1. 制度特征与个体特征变量与制度遵从意愿关系假设检验

H2：制度的方针目标设计对制度遵从意愿影响显著。方针目标重要性和清晰性（FZMBI）对制度遵从意愿（ZCYY）为正向影响，效应值为0.212（p < 0.001），假设 H2a 成立；方针目标与现实情形适应性（FZM-BA）对制度遵从意愿（ZCYY）为正向影响，效应值为0.217（p < 0.001），此检验结果与假设一致，假设 H2b 成立；

H3：制度的内容规则设计对制度遵从意愿影响显著。内容规则科学性与完备性（NRGZS）对制度遵从意愿（ZCYY）为正向影响，效应值为0.299（p < 0.001），此检验结果与假设一致，假设 H3a 成立；与其他制度协调性（NRGZC）对制度遵从意愿影响显著，效应值为0.175（p < 0.001），此检验结果与假设一致，假设 H3b 成立。

H4：制度背景对制度遵从意愿影响显著。人本公正（ZDBJH）对制度遵从意愿（ZCYY）为正影响，效应值为0.226（p < 0.001），此检验结果与假设一致，假设 H4a 成立；制度背景之宣称－执行一致（ZDBJA）对制度遵从意愿（ZCYY）为正向影响，效应值为0.193（p < 0.001），此检验结果与假设一致，假设 H4b 成立。

H5：冒险倾向对制度遵从意愿为负向影响，效应值为－0.170（p＜0.001），此检验结果与假设一致，假设 H5 成立。

H6：价值观成熟度调查结果显示大多数被调查者均属于前习俗水平，少量为习俗水平，无样本被识别为后习俗水平。无法进行有效检验。

2. 制度遵从意愿与制度行为关系假设验证

H7a：制度遵从意愿对内源遵从影响显著。制度遵从意愿（ZCYY）对内源遵从（NYZC）为正向影响，效应值为 0.382（p＜0.001），此检验结果与假设一致，假设 H7a 成立。

H7b：制度遵从意愿对外源遵从影响显著。制度遵从意愿（ZCYY）对外源遵从（WYZC）为负向影响，效应值为－0.422（p＜0.001），此检验结果与假设一致，假设 H7b 成立。

H7c：制度遵从意愿对故意违反行为影响显著。制度遵从意愿（ZCYY）对故意违反行为（GYWF）为负向影响，效应值为－0.406（p＜0.001），此检验结果与假设一致，假设 H7c 成立。

H7d：制度遵从意愿对报复破坏行为影响显著。制度遵从意愿（ZCYY）对外源遵从（BFPH）为负向影响，效应值为－0.473（p＜0.001），此检验结果与假设一致，假设 H7d 成立假设检验结果（见表 9－34）。

表 9－34　制度遵从意愿与制度特征、个体特征因素和制度行为关系假设验证

序号		研究假设	验证结论
	H2a	方针目标重要性和清晰性对制度遵从意愿有显著正向影响	成立
	H2b	方针目标与现实适应性对制度遵从意愿有显著正向影响	成立
	H3a	内容规则科学性与完备性对制度遵从意愿有显著正向影响	成立
	H3b	与其他制度协调性对制度遵从意愿有显著正向影响	成立
	H4a	制度背景的人本公正对制度遵从意愿有显著的正向影响	成立
	H4b	宣称—执行一致对制度遵从意愿有显著正向影响	成立
	H5	冒险倾向对制度遵从意愿有显著负向影响	成立
	H6	价值观成熟度对制度遵从意愿有显著影响	不成立
H7	H7a	制度遵从意愿对内源遵从有显著正向影响	成立
	H7b	制度遵从意愿对外源遵从有显著负向影响	成立
	H7c	制度遵从意愿对故意违反行为有显著负向影响	成立
	H7d	制度遵从意愿对报复破坏行为有显著负向影响	成立

六　情境因素、遵从意愿对遵从/非遵从行为的交互效应检验

当影响行为的一个自变量与另一个自变量共同起作用时，它们对该行为产生或各自单独作用于该行为时有截然不同的影响，表明这两个自变量对因变量具有交互作用。调节效应是交互效应的一种，是有因果指向的交互效应，调节变量调节着自变量对应变量的作用大小或作用方向。调节变量一般不能作为中介变量，但在特殊情况下，调节变量也可以作为中介变量。

本研究的假设逻辑是个体基于对制度本身及制度执行过程中相关特征因素的认知形成相对稳定的制度遵从意愿，而制度的执行是一种基于行为主义学派强化理论的观点，在不同的经济奖励、惩罚或监管强度水平下，制度遵从意愿对行为的预测是不同的，即制度执行系统调节制度遵从意愿与制度行为选择的关系。

本研究采用回归分析法检验制度执行系统构成的情境要素对制度遵从意愿影响制度行为选择的调节作用。利用 SPSS 软件将数据进行去中心化处理，构造制度执行系统要素与制度遵从意愿的乘积项，并将自变量、因变量以及由调节作用变量构成的乘积项分别代入回归方程，分析回归结果，当乘积项回归系数显著或分层回归模型的调整系数显著增加，则可判断该模型中的调节效应是显著的。依此步骤分别对制度执行系统中的各变量如何调节制度遵从意愿，以及对制度行为选择的影响进行分层回归分析。

（一）制度执行支持资源的调节效应检验

本研究把制度执行资源支持（ZDZXR）作为外部情境因素，单独分析其对制度遵从意愿作用于制度行为路径的调节效应，多层回归分析结果如表 9 – 35 所示。

表9-35　制度执行资源支持的调节效应检验

进入的变量	外源性遵从			内源性遵从		
	Model 1	Model 2	Model 3	Model 1	Model 2	Model 3
ZCYY	-.373***	-.331***	-.309***	.401**	.387**	.367**
ZDZXR		.201***	.174***		.236**	.195**
ZCYY×ZDZXR			-.089**			.076*
调整系数 R^2	.267	.286	.323	.263	.278	.299
F值	426.444	214.355	147.994	369.574	259.563	139.780

进入的变量	故意违反			报复破坏		
	Model 1	Model 2	Model 3	Model 1	Model 2	Model 3
ZCYY	-.397***	-.383***	-.350***	-.415**	-.382**	-.367**
ZDZXR		-.166**	-.155**		-.251***	-.213***
ZCYY×ZDZXR			.116***			.023
调整系数 R^2	.224	.238	.245	.172	.203	.203
F值	236.580	125.432	86.374	202.433	162.532	78.579

注：* 表示 $p < 0.05$；** 表示 $p < 0.01$；*** 表示 $p < 0.001$。

多层回归分析结果表明。制度遵从意愿与制度执行资源支持对外源遵从的调节效应显著。多层回归分析模型3的F值为147.994，$p < 0.01$，具有统计意义，制度遵从意愿和惩罚力度的乘积项作用显著，系数为-0.089，表明制度执行资源支持和制度遵从意愿共同负向作用于外源遵从行为时，制度遵从意愿对外源遵从行为的预测力减弱。

制度遵从意愿与制度执行支持资源对内源遵从的调节效应显著。多层回归分析模型3的F值为139.780，$p < 0.05$，具有统计意义，制度遵从意愿和惩罚力度的乘积项作用显著，系数为0.076，表明制度执行支持资源与制度遵从意愿共同对内源性遵从起正向影响作用。

制度遵从意愿与制度执行支持资源对故意违反行为的调节效应显著。多层回归分析模型3的F值为86.374，$p < 0.001$，具有统计意义，制度遵从意愿和惩罚力度的乘积项作用显著，系数为0.116，表明制度遵从意愿和惩罚力度共同负向作用于故意违反行为，且共同作用高于两个自变量单独作用时的力度。

制度遵从意愿与制度执行支持资源对报复破坏行为的调节效应不显

著。多层回归分析模型 3 中，制度遵从意愿和制度执行支持资源的乘积项作用不显著，表明制度遵从意愿与制度执行支持资源对报复破坏行为不具有交互作用。

（二）制度执行强度的调节效应检验

把制度执行强度（ZDZXI）作为外部情境因素，单独分析其对制度遵从意愿作用于制度行为路径的调节效应，多层回归分析结果如表 9 - 36 所示。

表 9 - 36　制度执行强度的调节效应检验

进入的变量	外源性遵从			内源性遵从		
	Model 1	Model 2	Model 3	Model 1	Model 2	Model 3
ZCYY	- .373 ***	- .343 ***	- .321 ***	.401 **	.383 **	.371 **
ZDZXI		.205 ***	.184 ***		.117 **	.096 **
ZCYY × ZDZXI			- .090 **			.088
调整系数 R^2	.267	.283	.314	.263	.291	.302
F 值	426.444	217.241	149.954	369.574	172.986	94.221
进入的变量	故意违反			报复破坏		
	Model 1	Model 2	Model 3	Model 1	Model 2	Model 3
ZCYY	- .397 ***	- .365 ***	- .318 ***	- .415 **	- .376 **	- .321 **
ZDZXI		- .321 ***	- .267 ***		- .227 ***	- .209 ***
ZCYY × ZDZXI			.044 ***			.129 ***
调整系数 R^2	.224	.264	.365	.172	.193	.231
F 值	236.580	198.822	148.005	202.433	158.821	139.511

注：* 表示 $p < 0.05$；** 表示 $p < 0.01$；*** 表示 $p < 0.001$。

多层回归分析结果表明，制度遵从意愿与制度执行强度对外源遵从的调节效应显著。多层回归分析模型 3 的 F 值为 149.594，$p < 0.01$，具有统计意义，制度遵从意愿和制度执行强度的乘积项作用显著，系数为 - 0.090，制度执行强度可以显著提高外源性遵从的频次，制度高强度执行大大减弱了个体对制度的低遵从意愿对外源遵从行为的作用。

制度遵从意愿与制度执行强度对内源遵从的调节效应不显著。尽管统计上看，制度执行强度也能影响内源遵从，但是与制度执行意愿交互作用于内源遵从的效应并不显著。表明高的制度遵从意愿转化为内源遵从行为不受制度执行的影响。

制度遵从意愿与制度执行强度对故意违反行为的调节效应显著。多层回归分析模型 3 的中 F 值为 148.005，p < 0.001，具有统计意义，制度遵从意愿和制度执行强度的乘积项作用显著，系数为 0.044，表明制度执行强度负向作用于故意违反行为，其与遵从意愿共同负向作用于故意违反行为。

制度遵从意愿与制度执行强度对报复破坏行为的调节效应显著。多层回归分析模型 3 的 F 值为 139.511，p < 0.001，具有统计意义，制度遵从意愿和制度执行强度的乘积项作用显著，系数为 0.129，统计表明，遵从意愿和制度执行强度交互作用于报复破坏行为，并且制度执行强度会增加遵从意愿对报复破坏行为的负向作用。分析这一结果，低意愿和高强度执法形成的制度执行张力可能会导致员工的非理性破坏行为。

（三）制度执行刚性的调节效应检验

把制度执行刚性（ZDZXS）作为外部情境因素，单独分析其对制度遵从意愿作用于制度行为路径的调节效应。分层回归分析结果如表 9 - 37 所示。

表 9 - 37　制度执行刚性的调节效应检验

进入的变量	外源遵从			内源遵从		
	Model 1	Model 2	Model 3	Model 1	Model 2	Model 3
ZCYY	-.373***	-.323***	-.299***	.401**	.376**	.348**
ZDZXS		.184***	.107***		.157***	.139***
ZCYY × ZDZXS			-.110**			.073*
调整系数 R^2	.267	.283	.297	.263	.285	.298
F 值	426.444	218.058	151.325	369.574	203.619	104.368
进入的变量	故意违反			报复破坏		
	Model 1	Model 2	Model 3	Model 1	Model 2	Model 3
ZCYY	-.397***	-.381***	-.341***	-.415**	-.379**	-.345**
ZDZXS		-.105***	-.087***		-.198***	-.172***
ZCYY × ZDZXS			.043**			.082
调整系数 R^2	.172	.189	.214	.224	.254	.267
F 值	202.433	182.910	161.985	236.580	179.134	78.149

注：* 表示 p < 0.05；** 表示 p < 0.01；*** 表示 p < 0.001。

多层回归分析结果表明，制度遵从意愿与制度执行刚性对外源遵从的调节效应显著。多层回归分析模型 3 的 F 值为 151.325，$p < 0.01$，具有统计意义，制度遵从意愿和制度执行刚性的乘积项作用显著，系数为 -0.110，表明交互作用使其二者对外源遵从的作用减弱了。

制度遵从意愿与制度执行刚性对内源遵从的调节效应显著。多层回归分析模型 3 的 F 值为 104.368，$p < 0.05$，具有统计意义，制度遵从意愿和制度执行刚性的乘积项作用显著，系数为 0.094，表明交互作用增强了意愿和制度执行刚性对内源遵从的正向影响作用。

制度遵从意愿与制度执行刚性对故意违反行为的调节效应显著。多层回归分析模型 3 的 F 值为 161.985，$p < 0.01$，具有统计意义，制度遵从意愿和制度执行刚性的乘积项作用显著，系数为 0.043，表明两者共同反向作用于故意违反行为。

制度遵从意愿与制度执行强度对报复破坏行为的调节效应不显著。多层回归分析模型 3 中制度遵从意愿和制度执行刚性的乘积项作用不显著。

（四）　制度执行有效性的调节效应检验

把制度执行有效性（ZDZXE）作为外部情境因素，单独分析其对制度遵从意愿作用于制度行为路径的调节效应。分层回归分析结果如表 9 - 38 所示。

表 9 - 38　制度执行有效性的调节效应检验

进入的变量	外源遵从			内源遵从		
	Model 1	Model 2	Model 3	Model 1	Model 2	Model 3
ZCYY	-.373***	-.352***	-.332***	.401**	.378**	.359**
ZDZXE		.233***	.202***		.159***	.101***
ZCYY × ZDZXE			-.134***			.094**
调整系数 R^2	.267	.289	.323	.263	.279	.312
F 值	426.444	218.700	151.292	369.574	233.078	188.023
进入的变量	故意违反			报复破坏		
	Model 1	Model 2	Model 3	Model 1	Model 2	Model 3
ZCYY	-.397***	-.372***	-.338***	-.415**	-.401**	-.365**
ZDZXE		-.257***	-.241***		-.190***	-.161**

进入的变量	故意违反			报复破坏		
	Model 1	Model 2	Model 3	Model 1	Model 2	Model 3
ZCYY × ZDZXE			.074*			.096**
调整系数 R^2	.224	.251	.269	.172	.186	.204
F 值	236.580	133.300	101.638	202.433	156.110	137.340

注：* 表示 $p < 0.05$；** 表示 $p < 0.01$；*** 表示 $p < 0.001$。

多层回归分析结果表明

制度遵从意愿与制度执行有效性对外源遵从的调节效应显著。多层回归分析模型 3 的 F 值为 151.292，$p < 0.001$，具有统计意义，制度遵从意愿和制度执行有效性的乘积项作用显著，系数为 -0.134，表明交互作用使其二者对外源遵从的作用减弱了。

制度遵从意愿与制度执行有效性对内源遵从的调节效应显著。多层回归分析模型 3 的 F 值为 188.023，$p < 0.01$，具有统计意义，制度遵从意愿和制度执行有效性的乘积项作用显著，系数为 0.094，表明遵从意愿与制度有效执行二者交互作用于内源遵从。

制度遵从意愿与制度执行刚性对故意违反行为的调节效应显著。多层回归分析模型 3 的 F 值为 101.638，$p < 0.05$，具有统计意义，制度遵从意愿和制度执行有效性的乘积项作用显著，系数为 0.074，表明两者共同反向作用于故意违反行为。

制度遵从意愿与制度执行刚性对报复破坏行为的调节效应显著。多层回归分析模型 3 的 F 值为 137.340，$p < 0.01$，具有统计意义，制度遵从意愿和制度执行有效性乘积项作用显著，系数为 0.096，表明两者共同反向作用于报复破坏行为。

（五）制度执行过程因素的调节效应检验

H8：制度执行过程与制度遵从意愿交互作用于内源性制度遵从行为。

制度执行资源支持（ZDZXR）与制度遵从意愿（ZCYY）对交互作用于内源遵从（NYZC），调节效应值为 0.076（$p < 0.05$），此检验结果与假设一致，假设 H8a 成立。

制度执行强度（ZDZXI）与制度遵从意愿（ZCYY）对内源遵从（NYZC）的调节效应不显著，假设 H8b 不成立。

制度执行刚性（ZDZXS）与制度遵从意愿（ZCYY）交互作用于内源遵从（NYZC），调节效应值为 0.073（p < 0.05），此检验结果与假设一致，假设 H8c 成立。

制度执行有效性（ZDZXE）与制度遵从意愿（ZCYY）交互作用于内源遵从（NYZC），调节效应值为 0.094（p < 0.01），此检验结果与假设一致，假设 H8d 成立。

H9：制度执行过程与制度遵从意愿交互作用于外源性制度遵从行为。

制度执行资源支持（ZDZXR）与制度遵从意愿（ZCYY）交互作用于外源遵从（WYZC），调节效应值为 - 0.089（p < 0.01），此检验结果与假设一致，假设 H9a 成立。

制度执行强度（ZDZXI）与制度遵从意愿（ZCYY）交互作用于外源遵从（WYZC），调节效应值为 - 0.090（p < 0.01），此检验结果与假设一致，假设 H9b 成立。

制度执行刚性（ZDZXS）与制度遵从意愿（ZCYY）交互作用于外源遵从（WYZC），调节效应值为 - 0.110（p < 0.01），此检验结果与假设一致，假设 H9c 成立。

制度执行有效性（ZDZXE）与制度遵从意愿（ZCYY）交互作用于外源遵从（WYZC），调节效应值为 - 0.134（p < 0.001），此检验结果与假设一致，假设 H9d 成立。

H10：制度执行过程与制度遵从意愿交互作用于故意违反行为。

制度执行资源支持（ZDZXR）与制度遵从意愿（ZCYY）交互作用于故意违反行为（GYWF），调节效应值为 0.116（p < 0.001），此检验结果与假设一致，假设 H10a 成立。

制度执行强度（ZDZXI）与制度遵从意愿（ZCYY）交互作用于故意违反行为（GYWF），调节效应值为 0.044（p < 0.001），此检验结果与假设一致，假设 H10b 成立。

制度执行刚性（ZDZXS）与制度遵从意愿（ZCYY）交互作用于故意违反行为（GYWF），调节效应值为 0.043（p < 0.01），此检验结果与假设

一致，假设 H10c 成立。

制度执行有效性（ZDZXE）与制度遵从意愿（ZCYY）交互作用于故意违反行为（GYWF），调节效应值为 0.074（p < 0.05），此检验结果与假设一致，假设 H10d 成立。

H11：制度执行过程与制度遵从意愿交互作用于报复破坏行为。

制度执行资源支持（ZDZXR）与制度遵从意愿（ZCYY）对报复破坏行为（BFPH）的调节效应不显著，假设 H11a 不成立。

制度执行强度（ZDZXI）与制度遵从意愿（ZCYY）交互作用于报复破坏行为（BFPH），调节效应值为 0.129（p < 0.001），此检验结果与假设一致，假设 H11b 成立。

制度执行刚性（ZDZXS）与制度遵从意愿（ZCYY）对报复破坏行为（BFPH）的调节效应不显著，假设 H11c 不成立。

制度执行有效性（ZDZXE）与制度遵从意愿（ZCYY）交互作用于报复破坏行为（BFPH），调节效应值为 0.096（p < 0.01），此检验结果与假设一致，假设 H11d 成立。

七 行为结果与遵从/非遵从行为及遵从意愿的关系检验

据前述理论分析，安全监管制度行为（外源遵从、内源遵从、故意违反、报复破坏）的行为结果包含两个方面，一是整体生产氛围的安全感和秩序感，二是个体自身行为带来的经济性收益，包括安全奖惩和职业发展，个体对行为结果的感知将会对个体的遵从意愿和制度行为产生影响。为了避免变量之间多重共线性的干扰，本研究对数据进行了去中心化处理，采取了线性回归进行检验，检验结果显示，行为结果中秩序感和安全感维度对内源遵从行为的回归系数为 0.089（p < 0.01），对外源遵从行为的回归系数为 0.035（p < 0.001），对故意违反行为的回归系数为 -0.133（p < 0.001），对报复破坏行为的回归系数为 -0.146（p < 0.001），对遵从意愿的回归系数为 0.178（p < 0.01）。经济性获益对内源遵从行为的回归系数为 0.083（p < 0.05），对外源遵从行为的回归系数为 0.297（p < 0.001），对故意违反行为的回归系数为 -0.105（p < 0.01），对报复破坏

行为的回归系数不显著，对遵从意愿的回归系数不显著。结果表明群体的遵从行为带来的秩序感和安全感能有效提高遵从意愿，内源遵从行为对外源遵从也有正向影响，可减少故意违反和报复破坏行为的选择。遵从行为带来的安全奖励或非遵从行为受到的经济处罚，以及遵从行为带来的个人职业发展的收益，对制度遵从意愿没有显著的影响，对内源遵从、外源遵从有正向影响，对故意违反有负向影响。

根据上述检验结果可知，H12a：制度行为结果对制度遵从意愿有显著影响部分成立；H12b：制度行为结果对制度遵从行为有显著影响部分成立。

采用单因素方差检验法对煤矿企业员工制度行为在社会人口学变量上差异检验，得出被调查人员的年龄、职位层级以及工种不同自我报告的部分制度行为存在显著的差异，具体表现为，在年龄维度上，45～59岁年龄段的群体自我报告的内源遵从和外源遵从均高于其他年龄段，29～44岁的年龄段自我报告的故意违反行为频次较高；在职位层级维度上，基层员工自我报告更多外源遵从，而高层员工更多报告内源遵从；在工种维度上，采掘一线的员工自我报告外源遵从、故意违反和报复破坏行为均显著高于其他组别。此外，教育水平的差异对制度遵从行为没有显著的影响。

本研究依次对自变量与因变量、自变量与中介变量、中介变量与因变量的直接效应进行检验，在此基础上对中介效应模型进行检验，得出制度认知特性及个体心理特征对制度遵从意愿的影响路径，制度遵从意愿对各类制度行为的作用路径，以及制度遵从意愿在制度认知特性、个体心理特征与制度行为之间的中介作用机制。

制度认知特性与个体心理特征对制度遵从意愿的实证检验结果表明：个体对制度方针目标的重要性、清晰性，方针目标与现实的匹配性认知正向影响制度遵从意愿；个体对制度内容规则的科学性完备性，制度内容规则与其他制度的协调性正向影响制度遵从意愿；个体对制度背景的人本公正维度的认知，宣称—执行一致性维度的认知正向影响制度遵从意愿；冒险倾向反向预测制度遵从意愿。

制度遵从意愿对制度行为的作用路径检验发现：制度遵从意愿显著正向预测内源遵从，负向预测外源遵从、故意违反以及报复破坏行为。

中介效应检验发现：制度遵从意愿在制度认知特性影响制度行为时发挥完全中介作用，在冒险倾向作用于制度行为的过程中发挥部分中介作用。

根据研究设计对制度的执行系统与制度遵从意愿对制度行为的调节效应检验得出制度执行系统与制度意愿交互作用于部分制度行为。

对内源遵从行为的交互作用检验显示：制度执行资源支持、执行强度、执行刚性、执行有效性与制度遵从意愿正向交互作用于内源遵从行为。

对外援遵从行为的交互作用检验显示：制度执行资源支持、执行强度、执行刚性、执行有效性与制度遵从意愿负向交互作用于外源遵从行为，制度执行系统运作良好，将弱化低制度意愿对外源遵从行为的预测力，同样，低制度遵从意愿也会减弱制度执行系统对外源遵从行为的正向作用。

对故意违反行为的交互作用检验显示：制度执行资源支持、执行强度、执行刚性、执行有效性与制度遵从意愿共同负向作用于故意违反行为，且其路径系数大于单独作用时的系数，即遵从意愿越高，制度执行系统运行越好，故意违反行为的发生频次越低。制度执行强度与执行有效性两项指标与制度遵从意愿交互作用于报复破坏行为，且其路径系数大于单独作用时的系数，即制度执行刚性与执行有效性与制度遵从意愿能够共同降低报复破坏行为的发生频次，共同作用的强度大于单独作用的强度。

行为结果与制度行为和制度遵从意愿之间的关系的检验结果表明群体的遵从行为带来的秩序感和安全感能有效提高遵从意愿，内源遵从行为对外源遵从也有正向影响，可减少故意违反和报复破坏行为的选择。遵从行为带来的安全奖励或非遵从行为受到的经济处罚，以及遵从行为带来的个人职业发展的收益，对制度遵从意愿没有显著的影响，对内源遵从、外源遵从有正向影响，对故意违反有负向影响。

第十章　遵从/非遵从群体行为
涌现规律仿真

一　研究设计

前文研究已探明煤矿企业员工认知企业安全生产管理制度的路径和特征，制度经由个体认知作用于个体行为，检验了制度设计本身影响个体制度遵从意愿，同时验证了制度的执行系统与遵从意愿交互作用于制度行为的假设。前述质性分析还表明，煤矿企业员工还通过他人的行动进行认知和决策，因而，基于群体层面探讨具体的安全监管制度下群体行为涌现特征，对于更深入地掌握制度有效性的本质有重要的价值。构成管理环境要素的制度要对个体行为产生影响，其必须经过个体的认知活动，前文通过结构方程模型检验了煤矿企业员工对安全监管制度体系的总体认知如何影响制度遵从意愿以及遵从意愿与制度执行措施的交互作用对制度行为的影响。构建仿真模型意在探明煤矿企业员工对某项具体的安全监管制度所形成的意愿及行为的群体性表现特征。

本研究拟采用基于多主体的建模仿真技术对群体制度行为涌现规律进行研究。在系统中设计不同主体的属性与行动策略、环境参数、主体之间的互动规则，动态模拟制度运行状态。鉴于认知对个体行为的重要作用，在仿真系统实现过程中将重点对个体的制度认知机制进行设计。当前对认知的研究可将其归结为三条路径：第一条路径是将认知作为一种心理能力，进而开发其计算结构；第二条路径是人工神经网络的研究，通过建立人工神经网络模拟认知活动过程，从建立简单的模型入手，逐渐增加其复杂程度，尽力模拟出真正的神经网络；第三条路径则是利用无损伤技术探究大脑的工作方式来研究认知。

基于主体的建模技术属于自下而上的建模，通过设计单个主体在与环境和其他主体交互过程中的认知和行动机制，观察群体行为涌现规律，与认知研究的第二条路径相符合，通过建立人工神经网络实现主体的认知功能。基于主体的建模与仿真（ABMS）比传统自上而下的建模具有更好的灵活性、直观性以及层次性，适用于包括生态系统、经济系统以及组织系统的建模与仿真。目前，基于 Agent 的建模与仿真在很多领域得到应用，包括社会领域、经济领域、人工生命、地理与生态领域、工业过程和军事领域等，但大部分研究还处于初级阶段，属于实验室中的"思想实验"，虽具有学术研究的性质，但离真正的实际复杂系统的仿真分析与控制还有一定距离。

本研究拟采用 BP（Back Propagation）神经网络构建系统中 Agent 对制度的认知功能和行动功能。人工神经网络于 20 世纪 80 年代被提出，是一种模拟人脑构造和思维的数学模型，应用范围十分广泛，可以处理图像、语音识别、数据挖掘等问题，发展至今已有多种神经网络算法，本研究选取多层前馈网络对制度认知和制度行为之间的关系进行探讨。

训练数据拟采用问卷调查法获得，据此根据研究需要并结合前述质性分析与结构方程模型的检验结果，本研究采取情景式问卷方法采集个体对制度的认知及制度行为选择的基础数据。问卷包含两部分内容，第一部分内容是选取典型煤矿企业现行的安全监管制度体系，制作制度列表，调查员工对系列制度的知晓程度，探查煤矿企业员工的制度认知范围和基本规律；第二部分则要求被试在第一部分提及的制度当中选择最熟悉的，或自己最愿意评价的某项具体的制度，从制度的目标、内容规则、制度的利益取向、执行方式、激励措施、执行刚性及其对自我和他人的遵从行为选择等方面进行具体评价。第一部分数据用以分析员工对企业安全监管制度的总体知晓情况，第二部分数据则用于多主体建模中个体认知和行为选择的规律的训练。

二 煤矿安全监管制度及其认知度调查

如前所述，煤矿安全监管制度是以维护煤矿生产安全为目的，人为制定的针对煤矿生产经营活动中不同层级群体的一系列行为规范和标准。随着安全科学的发展，煤矿安全监管制度也在不断演化，目前已不仅是简单的操作规程，而是发展为在一系列"先进"的安全监管文化和管理模式指导下的具有系统性的制度体系。如下将简要介绍我国煤矿典型的安全监管制度体系以及煤矿企业员工对此系列制度的知晓情况，以便帮助形成对安全监管制度在实际应用中执行有效性的初步印象。

（一）我国煤矿安全监管制度简介

我国煤矿安全生产经过十多年来的治理，总体上的安全生产形势趋于好转，在此期间国家、地方、行业出台了大量的法律、法规、标准等制度文件，仅国家层面就先后出台了包括《中华人民共和国安全生产法》在内的 6 部煤矿安全生产法律法规，由各级政府或行业主管部门主导制定部门规章也有近 30 部，制定和修订煤矿安全标准和行业标准 400 余项，形成了规模庞大的煤矿安全监管制度体系（含生产法律法规和规章制度、标准规程体系）。具体到基层煤矿企业，为了承接各项宏观管理制度的目标与要求，煤炭企业需要根据自身生产经营活动的现实情况，制定一系列管理制度对各类主体的行为进行引导和约束，实现煤矿安全生产目标。表 10 - 1 简要列示了调研煤矿之一 2015 年安全监管制度汇编中所编入的相关制度。

表 10 - 1　某煤矿 2015 年安全监管制度

制度分类	制度名称
基础安全管理制度	1. 安全生产责任制
	2. 安全目标管理办法
	3. 安全投入保障管理规定
	4. 安全信息公开管理规定
	5. 安全办公会议管理办法
	6. 安全教育与培训管理办法
	7. 安全生产举报办法
	8. 风险管理办法
	9. 班组建设管理办法
	10. 职业卫生健康管理办法
	11. 环境保护管理规则

续表

制度分类	制度名称	
基础安全管理制度	12. 安全文化建设管理办法	
	13. 安全管理体系及安全质量标准化考核实施细则	
	14. 安全生产奖惩管理规定	
	15. 安全生产监督检查管理规定	
安全行为管理制度	16. 员工不安全行为监督管理规定	
	17. 入井人员管理办法	
	18. XX 煤矿管理人员入井及矿领导入井带（跟）班规定	
	19. 不安全行为人员管理办法	
	20. 安全操作管理办法	
隐患管理制度	21. 安全隐患排查与整改管理办法	
	22. 重大安全隐患分析问责制度	
	23. 重大隐患排查与治理制度	
	24. 重大危险源检测监控制度	
安全技术、设备管理制度	25. 安全技术措施审批管理规定	
	26. 矿用设备器材使用管理办法	
	27. 安全监测监控系统管理办法	
	"一通三防"管理制度	28. "一通三防"制图标准
		29. "一通三防"设施管理制度
		30. 瓦斯防治管理制度
		31. 矿井粉尘防治管理制度
		32. 安全监测管理制度
		33. 矿井防灭火管理
		34. 爆破管理制度
		35. "一通三防"岗位责任制
		36. "一通三防"系统审查制度
		37. 无计划停风追查制度
		38. "一通三防"隐患排查制度
		39. "一通三防"例会制度
		40. 事故应急救援管理办法
		41. 矿井主要灾害预防管理办法
		42. 应急救援工作例会制度
		43. 应急职责履行情况检查制度
		44. 应急培训制度

续表

制度分类	制度名称
事故及应急救援管理制度体系	45. 应急预案管理制度
	46. 应急宣传教育制度
	47. 预防性安全检查制度
	48. 应急投入保障制度
	49. 应急救援档案管理制度
	50. 井下"紧急避险系统"管理制度
	51. 应急救援责任追究与奖惩制度
	52. 应急预案演练与评估制度
	53. 应急救援物资装备管理制度

表 10-1 列出该煤矿企业 2015 年编订成册的安全管理制度，俱为应国家、行业或集团管理规定，或因特定的安全监管事件所需制定的一系列管理制度，尚不包括以往制定的其他安全监管制度。

鉴于制度的条目较多，本研究按照制度的功能初步将其分为以下几种类型：①基础安全管理制度。包括从总体上规范安全管理的目标管理、主体安全责任管理、安全投入、安全信息、安全文化、安全教育培训、安全监督检查、安全奖惩、职业卫生、环境保护等规定企业总体安全管理规则的系列制度。②安全行为管理制度。事故致因理论研究表明，人的不安全行为是事故发生的重要原因。煤矿对作业人员的不安全行为管理逐步重视，因此制定了一系列围绕不安全行为监察、奖惩等方面的制度，如员工不安全行为监督管理规定等。③隐患管理制度。煤矿井下生产环境复杂多变，地质条件及设备设施等方面存在多种隐患，基于风险管理思想，煤矿企业制定一系列与隐患排查、隐患整改、隐患问责以及危险源监控等方面的制度。④安全技术、设备及管理制度。包括井下各类生产技术，如"一通三防"、瓦斯治理、安全监测、矿用设备器材等管理制度。⑤事故及应急救援管理制度。主要规定了事故预防、事故救援、事故处理等方面的规范。

（二）煤矿企业员工的制度认知概况

本研究对收集上述煤矿安全监管制度资料进行初步整理后，就煤矿企业员工对上述表中所列制度的知晓程度做了简要调查分析。采用问卷形式询问被调查者对表中所列制度的了解程度，首先询问其是否知道该制度，若知道，对制度相关的内容是否了解，分为完全不了解、了解一点、比较了解和非常熟悉4类程度。该企业210名员工的调查统计结果如下。

1. 基础安全管理制度

根据统计，90%以上被调查人员"知道"的制度有：班组建设管理办法、安全教育与培训管理办法、安全生产责任制度、安全管理体系及安全质量标准化考核实施细则、风险管理办法、安全目标管理办法、职业卫生健康管理办法、安全生产奖惩管理规定、安全文化建设管理办法等在日常生产活动中常态执行的相关制度。较多被调查人员回答"不知道"的是安全投入保障管理办法和安全办公会议管理办法这2项由中高层人员执行参与的制度。而对于员工"知道"的制度而言，选择"非常熟悉"该类制度的煤矿企业员工比例仅在20%~30%，大多数煤矿企业员工对此类制度的了解程度处于"了解一点"或"比较了解"的状态。

表 10-2 员工对基础安全管理制度的认知排序情况

单位：人，%

认知情况 制度序号	不知道		知道		完全不了解		了解一点		比较了解		非常熟悉	
	人数	占比	人数	占比	人数	占比	人数	占比	人数	占比	人数	占比
制度9	2	1.70	119	98.30	3	2.50	31	25.60	46	38.00	39	32.20
制度6	4	3.30	117	96.70	3	2.50	31	25.60	49	40.50	34	28.10
制度1	2	1.70	119	98.30	3	2.50	34	28.10	48	39.70	34	28.10
制度13	7	5.80	114	94.20	1	0.80	41	33.90	46	38.00	26	21.50
制度8	8	6.60	113	93.40	2	1.70	42	34.70	42	34.70	27	22.30
制度2	5	4.10	116	95.90	3	2.50	45	37.20	41	33.90	27	22.30
制度10	6	5.00	115	95.00	2	1.70	48	39.70	48	39.70	17	14.00
制度14	9	7.40	112	92.60	2	1.70	46	38.00	45	37.20	19	15.70
制度12	6	5.00	115	95.00	3	2.50	50	41.70	39	32.50	22	18.30
制度7	22	18.20	99	81.80	4	3.30	43	35.50	37	30.60	15	12.40

续表

认知情况 制度序号	不知道		知道		完全不了解		了解一点		比较了解		非常熟悉	
	人数	占比	人数	占比	人数	占比	人数	占比	人数	占比	人数	占比
制度15	13	10.70	108	89.30	6	5.00	53	43.80	35	28.90	14	11.60
制度4	21	17.40	100	82.60	5	4.10	51	42.10	29	24.00	15	12.40
制度11	24	19.80	97	80.20	8	6.60	46	38.00	32	26.40	11	9.10
制度3	31	25.60	90	74.40	8	6.60	47	38.80	24	19.80	11	9.10
制度5	48	39.70	73	60.30	7	5.80	31	25.60	21	17.40	14	11.60

2. 安全行为管理制度

据统计显示，安全行为管理制度是日常生产中对个体影响最大的制度类型。除了制度18"××煤矿管理人员入井及矿领导入井带（跟）班规定"，对其他四项制度"知道"的人员比例均超过了97%。且选择"比较了解"和"非常熟悉"的人员总占比超过70%。

表10-3 员工对安全行为管理制度的认知排序情况

单位：人，%

认知情况	不知道		知道		完全不了解		了解一点		比较了解		非常熟悉	
	人数	占比	人数	占比	人数	占比	人数	占比	人数	占比	人数	占比
制度16	3	2.50	118	97.50	1	0.80	20	16.50	50	41.30	47	38.80
制度17	2	1.70	118	98.30	2	1.70	22	18.20	37	30.60	58	47.90
制度19	1	0.80	120	99.20	3	2.50	26	21.50	44	36.40	47	38.80
制度20	2	1.70	119	98.30	5	4.10	25	20.70	52	43.00	37	30.60
制度18	8	6.60	113	93.40	3	2.50	33	27.50	34	28.30	43	35.80

3. 隐患管理制度

与基础安全管理制度知晓程度相仿，对隐患管理制度回答"知道"的人员比例在85%~95%，在"知道"的人员中选择"比较了解"和"非常熟悉"的占50%左右。

4. 安全技术、设备管理制度

安全技术、设备等管理制度中制度35"一通三防"岗位责任制，由于涉及具体岗位的技术指标，对制度"比较了解"及"非常熟悉"的人员总占比较高，达75.20%，其余制度由于专业性较强，人员认知情况并不乐观，多数是"知道"但只是"了解一点"。

表10－4 员工对隐患管理制度的认知排序情况

单位：人，%

认知情况	不知道		知道		完全不了解		了解一点		比较了解		非常熟悉	
	人数	占比	人数	占比	人数	占比	人数	占比	人数	占比	人数	占比
制度21	6	5.00	115	95.00	7	5.80	38	31.40	37	30.60	33	27.30
制度22	10	8.30	111	91.70	8	6.60	43	35.50	43	35.50	17	14.00
制度24	17	14.00	104	86.00	10	8.30	39	32.20	38	31.40	17	14.00
制度23	15	12.40	106	87.60	7	5.80	45	37.50	29	24.20	25	20.80

表10－5 员工对安全技术、设备管理制度的认知排序情况

单位：人，%

认知情况	不知道		知道		完全不了解		了解一点		比较了解		非常熟悉	
	人数	占比	人数	占比	人数	占比	人数	占比	人数	占比	人数	占比
制度35	7	5.80	114	94.20	4	3.30	19	15.70	42	34.70	49	40.50
制度33	5	4.10	116	95.90	4	3.30	43	35.50	42	34.70	26	21.50
制度31	7	5.80	114	94.20	4	3.30	50	41.30	38	31.40	22	18.20
制度34	17	14.00	104	86.00	13	10.70	31	25.60	34	28.10	26	21.50
制度37	23	19.00	98	81.00	12	9.90	30	24.80	27	22.30	29	24.00
制度29	12	9.90	109	90.10	11	9.10	43	35.50	31	25.60	24	19.80
制度30	11	9.10	110	90.90	4	3.30	56	46.30	28	23.10	22	18.20
制度25	25	20.70	96	79.30	6	5.00	42	34.70	26	21.50	22	18.20
制度39	39	32.20	82	67.80	12	9.90	25	20.70	23	19.00	22	18.20
制度38	16	13.20	105	86.00	7	5.80	54	44.60	20	16.50	24	19.80
制度26	28	23.10	93	76.90	6	5.00	44	36.40	30	24.80	13	10.70
制度32	25	20.70	96	79.30	6	5.00	47	38.80	27	22.30	16	13.20
制度36	31	25.60	90	74.40	15	12.40	34	28.10	25	20.70	16	13.20
制度27	18	15.00	102	85.00	8	6.60	57	47.10	26	21.50	12	9.90
制度28	26	21.50	95	78.50	15	12.40	43	35.50	20	16.50	17	14.00

5. 事故及应急救援管理制度

事故及应急救援管理制度中，编号 41 的"矿井主要灾害预防管理办法"的认知情况较好，其余均表现出知晓度较低的总体特征。非常熟悉的选项占比较低。

表 10-6　员工对事故及应急救援制度的认知排序情况

单位：人，%

认知情况	不知道		知道		完全不了解		了解一点		比较了解		非常熟悉	
	人数	占比	人数	占比	人数	占比	人数	占比	人数	占比	人数	占比
制度 41	7	5.80	114	94.20	6	5.00	39	32.20	38	31.40	31	25.60
制度 40	13	10.70	108	89.30	11	9.10	33	27.30	34	28.10	30	24.80
制度 50	7	5.80	114	94.20	10	8.30	40	33.10	36	29.80	28	23.10
制度 44	16	13.20	105	86.80	10	8.30	47	38.80	27	22.30	21	17.40
制度 45	26	21.50	95	78.50	12	9.90	37	30.60	29	24.00	17	14.00
制度 47	25	20.70	96	79.30	5	4.10	46	38.00	32	26.40	13	10.70
制度 46	22	18.20	99	81.80	11	9.10	46	38.00	25	20.70	17	14.00
制度 42	37	30.60	84	69.40	14	11.60	32	26.40	23	19.00	15	12.40
制度 43	35	28.90	86	71.10	12	9.90	37	30.60	22	18.20	15	12.40
制度 52	27	22.30	94	77.70	11	9.10	46	38.00	24	19.80	13	10.70
制度 51	34	28.10	87	71.90	12	9.90	39	32.20	20	16.50	16	13.20
制度 53	38	31.40	83	68.60	16	13.20	31	25.60	26	21.50	10	8.30
制度 48	42	34.70	79	65.30	14	11.60	32	26.40	25	20.70	9	7.40
制度 49	38	31.40	83	68.60	16	13.20	41	33.90	16	13.20	10	8.30

煤矿安全监管制度是一系列复杂的认知对象，需要主体具备较强的专业知识、技能和较强的认知能力。就上述调查结果来看，煤矿企业员工对部分煤矿安全监管制度的知晓度偏低，除了与工作行为密切相关的安全行为管理制度，其余分类项中选择"比较了解"和"非常熟悉"的比例低于50%的制度合计达到 33 项。在此基础上，本研究对矿工安全制度认知的现状做了进一步的调查。调查者完成了对整个制度的知晓度评价后，引导被调查者从上述制度体系中选择印象最深刻的某一项制度，并完成"典型制

度认知与行为特征调查问卷"。

（三）典型安全监管制度的认知规律及行为反应

如上分析，与日常生产活动关系更加密切或者约束范围更普遍的安全监管制度较易于被个体知觉、判断并执行。调查了解了煤矿企业员工对制度设计目标与完备性、制度执行方式、激励措施、执行的规范性、与体系中其他制度之间的关系，以及制度实施所产生的收益和成本等多个维度的认知情况，以及对自身和他人制度行为选择的评价等方面的信息。问卷以情境假设的方式进行设计，包括9个维度，18个选项。210位被调查人员中，有195人接受了进一步的结构化访谈，获取的有效数据173份，初步对调查信息进行汇总分析，提及较多的制度，包括安全生产责任制、安全教育与培训管理办法、班组建设管理办法、入井人员管理办法、不安全行为人员管理办法等，下文将对上述安全管理制度的认知及行为选择信息进行梳理。

1. 安全生产责任制

安全生产责任制是煤矿企业根据《中华人民共和国安全生产法》第十九条之规定"生产经营单位的安全生产责任制应当明确各岗位的责任人员、责任范围和考核标准等内容"，通过责任制的形式建立起来的各级、各部门、各单位领导以及各部门、各岗位人员对安全生产工作层层负责的安全生产责任制度，包括各个岗位的责任人员、责任范围以及考核标准等基本内容。安全生产责任制是煤矿企业保证安全生产的重要组织措施，是一项基本的安全生产制度。本次调查人员中有21人选择对此制度进行评价，如表10-7所示。

表10-7　安全生产责任制的认知及行为反馈调研信息

比较熟悉/不太认同的 制度编号	安全生产责任制（评价人数21人）
1. 对制度目标的认同程度	21位评价人员中均对该项制度的目标表示认同，其中13人选择非常认同，8人选择比较认同。

比较熟悉/不太认同的 制度编号	安全生产责任制（评价人数21人）
2. 制度如何执行	制度的执行方式包括过程监督和结果考核，原则上同一个单位的被调查对象应当对此有共同的认知，但实际上11人选择了该项制度的执行同时使用了结果考核与过程监管两种手段，而其中4人选择了过程监督，2人选择了结果考核。其中对于结果考核的严格程度，8人均选择为非常严格，而过程监督的严密程度，均认为该项制度的过程监督是非常严格的
3 制度的激励措施	该项制度的激励措施是奖励引导与违反罚款相结合的方式，其中对于奖励的力度，问卷中共分为五级，认为力度非常高、有力度、一般和不太有力度的各占25%。罚款的力度感知，则50%的人员认为惩罚的力度较大，难以承受，另有30%的人员认为处罚的强度较大
4. 制度执行有没有刚性	被访者对制度执行刚性的认知比较统一，所有被访者均认为该项制度的执行规范性高，任何人在任何时候违反制度都会受罚
5. 制度设计是否完备	对于制度设计的完备性，17人认为制度设计完备，2人认为几近完备，2人认为是不太完备，略有缺失
6. 与其他制度的关系	全部认为该制度与其他制度之间是相互补充、互为支撑的关系。
7. 制度制定产生的利益和成本｜对自己而言的利益	企业实施该项制度将给自身带来的收益如何，有5人认为只是一般相关，有16人认为给自己带来了很大的收益
对自己而言的成本	实施该项制度时员工需要付出的成本如何，有3人认为没有增加任何成本，有11人认为有一些成本，另有5人认为成本较小，有2人认为该项制度的实施给个人带来了较大成本。
对他人而言的利益	将制度对他人产生的利益分为5级，程度由1至5依次递增，10人认为达到3级，与他人利益一般相关；4人认为达到4级，对他人利益较大；7人认为达到5级，对他人利益很大
对他人而言的成本	将他人实践制度要付出的成本分为5级，程度由1至5依次递增。6人认为是1级，没有成本；4人是2级，稍有成本；3人是3级，成本一般；4人是4级，成本较大；4人认为是5级，成本很大
对组织而言的利益	被访者均认为该项制度的实施给企业带来了很大的收益
对组织而言的成本	被访者对于实施该项制度所产生的成本认知并不一致，其中1人认为没有成本；5人认为稍有成本；4人认为成本一般；6人认为该项制度的实施成本很大

比较熟悉/不太认同的 制度编号		安全生产责任制（评价人数 21 人）
8. 违反制度的收益		将违反制度产生的收益分为 5 级，16 人认为违反该项制度不会产生任何收益，有 3 人认为收益一般，2 人认为有较大收益
9.1	A 我一直百分百遵守，将来也是	15 人认为自己遵守程度非常高，并能长时间遵守
	B 遵守强度比例	3 人认为遵守强度为 100% ～ 80%，3 人认为遵守强度为 80% ～ 60%
	强度消减所需时间	6 人认为强度消减所需时间较短，不满一年
	随时间变化，最终遵守比例	4 人认为随时间变化，最终遵守比例是 80% ～ 60%，2 人认为是 60% ～ 40%
9.2 自愿程度		将遵守制度的自愿程度分为 5 级，由 5 至 1 依次递减，有 15 人认为是 5 级，自愿程度非常高

从表 10 - 7 中汇总的信息可知，员工对于安全生产责任制的规制目标是认同的，且均表示自愿遵守，但是对于执行方式、激励措施等认知不一致，但均认为该项制度的执行规范性很好，而对于激励的强度，奖励的吸引力和惩罚的力度等认知也并不相同，同样对于该项制度的实施对组织和个人所产生的收益、成本的认知也不一致。基于此对该项制度的效果评价也略有差异，多数人认为该项制度是有效的，少部分被访者认为该项制度并非是完全收敛的。

2. 安全教育与培训管理办法

根据《中华人民共和国安全生产法》的相关规定，国家安全生产监督管理总局于 2011 年、2014 年先后制定了《安全生产培训管理办法》和《煤矿安全培训规定》，接受本次调查的煤矿企业也制定了相应的《安全教育与培训管理办法》，规定了主要负责人、安全生产管理人员、特种作业人员以及岗前人员、"三违"人员的安全教育和培训要求。有 8 个人选择对该项制度进行评价，具体内容见表 10 - 8。

表 10 - 8 中汇总信息显示，8 个被访者对该项制度的认知在各个维度上都呈现出差异化的特征，这项制度涉及全员，知晓度比较高，但并非所

表 10 - 8　安全教育与培训管理办法认知及行为反馈调研信息

比较熟悉/不太认同的制度编号	安全教育与培训管理办法（评价人数 8 人）
1. 对制度目标的认同程度	对制度目标认同度分为 5 级，程度由 1 至 5 依次递减，4 人达到 1 级，为非常认同；2 人达到 2 级，比较认同；2 人是 3 级，认同度一般
2. 制度如何执行	对于制度的执行方式，7 人认为同时使用了结果考核与过程监管两种手段，1 人认为只使用了结果考核手段 对结果考核力度分为 5 级，程度由 5 至 1 力度依次递减，6 人认为达到 5 级，为非常严格；1 人认为达到 4 级，为严格；1 人认为达到 3 级，严格度一般 过程监控的严密程度分为 5 级，程度由 5 至 1 严密度依次递减，6 人认为达到 5 级，为非常严密，2 人认为达到 3 级，严密度一般
3 制度的激励措施	6 人认为采用了奖励引导与违反罚款相结合的激励措施，2 人认为只采用了违反罚款的方式 将奖励引导的吸引力分为 5 级，程度由 5 至 1 依次递减，2 人认为奖励设置达到 5 级，非常有吸引力；1 人认为达到 4 级，有吸引力；1 人认为是 3 级，吸引力一般；2 人认为是 2 级，不太有吸引力；2 人认为是 1 级，没有吸引力 将惩罚力度分为 5 级，程度由 5 至 1 依次递减，4 人认为达到 5 级，罚款额度太高，难以承受；2 人认为达到 4 级，罚款额度较高；1 人认为是 3 级，惩罚额度不太高；1 人认为是 2 级，惩罚额度较低
4. 制度执行有没有刚性	将制度执行刚性分为 4 级，程度由 1 至 4 依次递减，6 人认为达到 1 级，任何人在任何时候违反制度都会受罚，2 人认为是 2 级，如果违反制度要费很大力气找人才能免于受罚
5. 制度设计是否完备	将制度设计的完备程度分为 4 级，程度由 1 至 4 依次递减，2 人认为达到 1 级，制度设计完备；3 人认为是 2 级，几近完备；3 人认为是 3 级，不太完备，略有缺失
6. 与其他制度的关系	6 人认为该制度与其他制度之间是相互补充、互为支撑的关系，1 人认为与其他制度略有重复，1 人认为与重大安全隐患分析问责制度冲突

续表

比较熟悉/不太认同的 制度编号		安全教育与培训管理办法（评价人数8人）
7. 制度制定产生的利益和成本	对自己而言的利益	将制度对自己产生的利益分为5级，程度由1至5依次递增，2人认为是2级，与自身利益不太相关；2人认为达到3级，与自身利益一般相关；4人认为达到5级，对自己利益很大
	对自己而言的成本	将实践制度要付出的成本分为5级，程度由1至5依次递增，3人认为是1级，没有成本；3人是2级，稍有成本；2人是3级，成本一般
	对他人而言的利益	将制度对他人产生的利益分为5级，程度由1至5依次递增，2人认为是1级，对他人没有利益；3人认为达到3级，与他人利益一般相关；1人认为达到4级，对他人利益较大；2人认为达到5级，对他人利益很大
	对他人而言的成本	将他人实践制度要付出的成本分为5级，程度由1至5依次递增，5人认为是1级，没有成本；2人是2级，稍有成本；1人是3级，成本一般
	对组织而言的利益	将制度对组织产生的利益分为5级，程度由1至5依次递增，1人认为是1级，对组织没有利益；3人认为达到4级，对组织利益较大；4人认为达到5级，对组织利益很大
	对组织而言的成本	将组织实践制度要付出的成本分为5级，程度由1至5依次递增，3人认为是2级，稍有成本；4人认为是3级，成本一般；1人认为是5级，成本很大
8. 违反制度的收益		将违反制度产生的收益分为5级，程度由1至5依次递增，4人是1级，没有任何收益；1人认为是3级，收益一般；1人认为达到4级，有较大收益；2人认为达到5级，有很大收益
9.1 是否需要遵守制度		全部认为需要遵守这项制度
9.2	A 我一直百分百遵守，将来也是	8人均认为自己遵守程度非常高，并能长时间遵守
	B 遵守强度比例	
	强度消减所需时间	
	随时间变化，最终遵守比例	
9.3 自愿程度		将遵守制度的自愿程度分为5级，程度由5至1依次递减，3人认为是3级，自愿度一般；2人认为是4级，自愿程度较高；3人认为是5级，自愿程度非常高

有人对制度的全部规定有完整和系统的认知。实施该项制度对个体产生的收益与成本感知方面，超过一半的人员认可对个人收益很大，而成本很小，在对制度遵从行为的评价上显示出高度的一致性，认为自己能够长时间遵守。

3. 班组建设管理办法

国家安全生产监督管理总局，国家煤矿安全监察局根据《安全生产法》《煤炭法》《工会法》的相关规定于 2012 年制定了《煤矿班组安全建设规定》，按照此规定，被调查企业制定了相应的《班组建设管理办法》，规定了班组作为煤矿安全生产监管的基本单元，应当履行的各项安全生产管理职责和生产活动过程中的行动准则，包括班前、班后会和交接班，安全质量标准化和文明生产管理、隐患排查治理报告、事故报告和处置、学习培训、安全承诺、民主管理以及安全绩效考核等多方面的内容。有 6 个被访者选择对该项制度进行评价，具体内容见表 10 - 9。

表 10 - 9 班组建设管理办法认知及行为反馈调研信息

比较熟悉/不太认同的 制度编号	班组建设管理办法（评价人数 6 人）
1. 对制度目标的认同程度	对制度目标认同度分为 5 级，程度由 1 至 5 依次递减，3 人达到 1 级，为非常认同；2 人是 2 级，比较认同；1 人是 3 级，认同度一般
2. 制度如何执行	对于制度的执行方式，2 人认为同时使用了结果考核与过程监管两种手段，4 人认为只使用了过程监管 对结果考核力度分为 5 级，程度由 5 至 1 力度依次递减，1 人认为达到 5 级，为非常严格；1 人认为达到 4 级，为严格 过程监控的严密程度分为 5 级，程度由 5 至 1 严密度依次递减，3 人认为达到 5 级，为非常严密；3 人认为达到 4 级，为严密
3. 制度的激励措施	4 人认为采用了奖励引导与违反罚款相结合的激励措施，2 人认为只采用了奖励引导的方式，1 人认为只采用了违反罚款的方式 将奖励引导的吸引力分为 5 级，程度由 5 至 1 依次递减，1 人认为奖励设置达到 5 级，非常有吸引力；2 人认为达到 4 级，有吸引力；1 人认为是 3 级，吸引力一般；2 人认为是 2 级，不太有吸引力 将惩罚力度分为 5 级，程度由 5 至 1 依次递减，3 人认为达到 4 级，罚款额度较高；2 人认为是 3 级，惩罚额度不太高

续表

比较熟悉/不太认同的 制度编号		班组建设管理办法（评价人数6人）
4. 制度执行有没有刚性		将制度执行刚性分为4级，程度由1至4依次递减，3人认为达到1级，任何人在任何时候违反制度都会受罚；2人认为是2级，如果违反制度要费很大力气找人才能免于受罚；1人认为是3级，只要有关系，就能免于受罚
5. 制度设计是否完备		将制度设计的完备程度分为4级，程度由1至4依次递减，5人认为是2级，几近完备；1人认为是3级；不太完备，略有缺失
6. 与其他制度的关系		4人认为该制度与其他制度之间是相互补充、互为支撑的关系；2人人认为与其他制度略有重复
7. 制度制定产生的利益和成本	对自己而言的利益	将制度对自己产生的利益分为5级，程度由1至5依次递增，3人认为达到3级，与自身利益一般相关；3人认为达到4级，对自己利益较大
	对自己而言的成本	将实践制度要付出的成本分为5级，程度由1至5依次递增，3人认为是1级，没有成本；1人是3级，成本一般；1人是4级，成本较大；1人是5级，成本很大
	对他人而言的利益	将制度对他人产生的利益分为5级，程度由1至5依次递增，1人认为是2级，对他人利益较小；2人认为达到3级，与他人利益一般相关；2人认为达到4级，对他人利益较大；1人认为达到5级，对他人利益很大
	对他人而言的成本	将他人实践制度要付出的成本分为5级，程度由1至5依次递增，2人认为是1级，没有成本；1人是2级，稍有成本；1人是3级，成本一般；1人是4级，成本较大；1人认为是5级，成本很大
	对组织而言的利益	将制度对组织产生的利益分为5级，程度由1至5依次递增，1人认为是1级，对组织没有利益；3人认为达到4级，对组织利益较大；2人认为达到5级，对组织利益很大
	对组织而言的成本	将组织实践制度要付出的成本分为5级，程度由1至5依次递增，1人认为是1级，没有成本，3人是3级，成本一般，两人认为是5级，成本很大。
8. 违反制度的收益		将违反制度产生的收益分为5级，程度由1至5依次递增，2人是1级，没有任何收益；1人认为是2级，有一些收益；2人认为是3级，收益一般；1人认为达到5级，有很大收益
9. 1是否需要遵守制度		5人需要遵守制度；1人不需要遵守

续表

比较熟悉/不太认同的 制度编号		班组建设管理办法（评价人数6人）
9.2	A 我一直百分百遵守，将来也是	5人认为自己遵守程度非常高；并能长时间遵守
	B 遵守强度比例	2人认为遵守强度为100%~80%，2人认为遵守强度为80%~60%
	强度消减所需时间	3人认为强度消减所需时间较短，不满一年
	随时间变化，最终遵守比例	2人认为随时间变化，最终遵守比例是80%~60%，1人认为是60%~40%
9.3 自愿程度		将遵守制度的自愿程度分为5级，程度由5至1依次递减，5人均认为是5级，自愿程度非常高

因涉及的内容较多，班组建设管理制度是一个复杂的认知对象，员工对此项制度的认知和评价信息非常分散，再一次说明煤矿企业员工的认知特点是聚焦性高，而复杂性低。

4. 入井人员管理办法

入井人员管理办法同样是煤矿企业根据法律法规的相关要求制定的员工行为标准。主要规定了人员入井考勤、井下人员数量控制，以及员工在入井时的穿戴、劳保及其他安全设备、工具的佩戴要求，入井前的历史活动和精神状态等等。有9位被访者选择对该项制度进行评价，具体内容见表10-10。

表10-10　入井人员管理办法认知及行为反馈调研信息

比较熟悉/不太认同的 制度编号	入井人员管理办法（评价人数9人）
1. 对制度目标的认同程度	对制度目标认同度分为5级，程度由1至5依次递减，1人达到1级，为非常认同；8人达到2级，比较认同
2. 制度如何执行	对于制度的执行方式，5人认为同时使用了结果考核与过程监管两种手段；2人认为只使用了结果考核，2人认为只使用了过程监管 对结果考核力度分为5级，程度由5至1力度依次递减，3人认为达到5级，为非常严格；4人认为达到4级，为严格 过程监控的严密程度分为5级，程度由5至1严密度依次递减，2人认为达到5级，为非常严密；5人认为达到4级，为严密

比较熟悉/不太认同的制度编号		入井人员管理办法（评价人数 9 人）
3 制度的激励措施		8 人认为只采用了违反罚款的方式，1 人认为没有激励措施 将惩罚力度分为 5 级，程度由 5 至 1 依次递减，3 人认为达到 5 级，罚款额度太高，难以承受；4 人认为达到 4 级，罚款额度较高；1 人认为是 3 级，惩罚额度不太高
4. 制度执行有没有刚性		将制度执行刚性分为 4 级，程度由 1 至 4 依次递减，8 人认为达到 1 级，任何人在任何时候违反制度都会受罚；1 人认为是 4 级，制度执行的很随意，领导说罚就罚，说不罚就不罚
5. 制度设计是否完备		将制度设计的完备程度分为 4 级，程度由 1 至 4 依次递减，2 人认为达到 1 级，制度设计完备；4 人认为是 2 级，几近完备；3 人认为是 3 级，不太完备，略有缺失
6. 与其他制度的关系		6 人认为该制度与其他制度之间是相互补充、互为支撑的关系；2 人认为与其他制度略有重复；1 人认为与制度 14 冲突
7. 制度制定产生的利益和成本	对自己而言的利益	将制度对自己产生的利益分为 5 级，程度由 1 至 5 依次递增，2 人认为是 1 级，没有利益，2 人认为是 2 级，与自身利益不太相关，4 人认为达到 4 级，对自己利益较大；1 人认为达到 5 级，对自己利益很大
	对自己而言的成本	将实践制度要付出的成本分为 5 级，程度由 1 至 5 依次递增，3 人认为是 1 级，没有成本；3 人是 2 级，稍有成本；2 人是 3 级，成本一般；1 人认为是 4 级，成本较大
	对他人而言的利益	将制度对他人产生的利益分为 5 级，程度由 1 至 5 依次递增，1 人认为是 1 级，对他人没有利益；2 人认为达到 3 级，与他人利益一般相关；4 人认为达到 4 级，对他人利益较大；2 人认为达到 5 级，对他人利益很大
	对他人而言的成本	将他人实践制度要付出的成本分为 5 级，程度由 1 至 5 依次递增，3 人认为是 1 级，没有成本；2 人是 2 级，稍有成本；3 人是 3 级，成本一般；1 人认为是 5 级，成本很大
	对组织而言的利益	将制度对组织产生的利益分为 5 级，程度由 1 至 5 依次递增，1 人认为是 1 级，对组织没有利益；1 人认为是 2 级，对组织有一些利益；1 人认为是 3 级，对组织利益一般；5 人认为达到 4 级，对组织利益较大；1 人认为达到 5 级，对组织利益很大
	对组织而言的成本	将组织实践制度要付出的成本分为 5 级，程度由 1 至 5 依次递增，3 人认为是 1 级，没有成本；1 人认为是 2 级，稍有成本；4 人认为是 3 级，成本一般；1 人认为是 4 级，成本较大

比较熟悉/不太认同的 制度编号	入井人员管理办法（评价人数9人）			
8. 违反制度的收益	将违反制度产生的收益分为5级，程度由1至5依次递增，5人是1级，没有任何收益；1人认为是2级，有一些收益；1人认为是3级，收益一般；2人认为是4级，收益较大			
9.1 是否需要遵守制度	全部认为需要遵守这项制度			
9.2	A 我一直百分百遵守，将来也是	8人均认为自己遵守程度非常高，并能长时间遵守		
	B 遵守强度比例	1人认为遵守强度为80%~60%		
	强度消减所需时间	1人认为强度消减所需为一年（同一人）		
	随时间变化，最终遵守比例	1人认为最终遵守比例为40%~20%（同一人）		
9.3 自愿程度	将遵守制度的自愿程度分为5级，程度由5至1依次递减，3人认为是3级，自愿度一般；2人认为是4级，自愿程度较高；4人认为是5级，自愿程度非常高			

该项制度涉及全员，且内容并不复杂，表10-10中汇总信息显示，员工对该项制度的各维度认知较为一致，尤其是对制度的执行方式和激励措施这两个应当是客观信息的认知，总体遵守程度比较高。

5. 不安全行为人员管理办法

生产过程中的不安全行为是各类事故的重要致因，被调查企业根据安全生产管理的现实需求制定了不安全行为人员管理办法，其主要内容包括不安全行为预防、检查、认定、纠正、以及治理的原则、基本措施和针对性措施，其中针对性措施即为员工最熟知的不安全行为人员处罚办法，该项制度附则为不安全行为预警登记表和不安全行为处罚标准。被访者中有9人选择对该项制度进行评价，具体内容见表10-11。

表10-11 不安全行为人员管理办法认知及行为反馈调研信息

比较熟悉/不太认同的 制度编号	不安全行为人员管理办法（评价人数9人）
1. 对制度目标的认同程度	对制度目标认同度分为5级，程度由1至5依次递减，2人达到1级，认同度很高；4人为2级，认同度较高；2人为3级，认同度一般；1人为4级，认同度较低

续表

比较熟悉/不太认同的制度编号	不安全行为人员管理办法（评价人数9人）
2. 制度如何执行	对于制度的执行方式，3人认为制度执行依靠结果考核；2人认为依靠过程监管；3人认为二者兼有；1人认为依靠自我约束 对结果考核力度分为5级，程度由5至1力度依次递减，4人认为达到5级，为非常严格；1人认为达到4级，为严格；1人认为是2级，不太严格；1人认为是1级，不严格 过程监控的严密程度分为5级，程度由5至1严密度依次递减，2人认为达到5级，为非常严密；3人认为达到4级，为严密；2人为3级，严密度一般
3 制度的激励措施	3人认为采用了奖励引导与违反罚款相结合的激励措施；6人认为只采用了违反罚款的方式 将奖励引导的吸引力分为5级，程度由5至1依次递减，1人认为奖励设置达到5级，非常有吸引力；1人认为达到4级，有吸引力；1人认为是2级，不太有吸引力；2人认为是1级，没有吸引力 将惩罚力度分为5级，程度由5至1依次递减，5人认为达到5级，罚款额度很高，难以承受；3人认为达到4级，罚款额度较高；1人认为是3级，惩罚额度不太高
4. 制度执行有没有刚性	将制度执行刚性分为4级，程度由1至4依次递减，3人认为达到1级，任何人在任何时候违反制度都会受罚；4人认为是2级，如果违反制度要费很大力气找人才能免于受罚；2人认为是3级，只要有关系，就能免于受罚
5. 制度设计是否完备	将制度设计的完备程度分为4级，程度由1至4依次递减，1人认为是1级，制度设计完备；3人认为是2级，几近完备；3人认为是3级，不太完备，略有缺失；2人是4级，认为制度设计不完备，存在较大缺失
6. 与其他制度的关系	7人认为该制度与其他制度之间是相互补充、互为支撑的关系；2人认为与其他制度略有重复
7. 制度制定产生的利益和成本 — 对自己而言的利益	将制度对自己产生的利益分为5级，程度由1至5依次递增，2人认为是1级，没有利益；2人认为是3级，与自身利益相关度一般；2人认为达到4级，对自己利益较大；3人认为达到5级，对自己利益很大
7. 制度制定产生的利益和成本 — 对自己而言的成本	将实践制度要付出的成本分为5级，程度由1至5依次递增，3人认为是1级，没有成本；3人是3级，成本一般；2人是4级，成本较大；1人是5级，成本很大

续表

比较熟悉/不太认同的 制度编号		不安全行为人员管理办法（评价人数9人）
7. 制度制定产生的利益和成本	对他人而言的利益	将制度对他人产生的利益分为5级，程度由1至5依次递增，3人认为是1级，对他人没有利益；1人认为是2级；对他人利益较小；2人认为达到4级，对他人利益较大；3人认为达到5级，对他人利益很大
	对他人而言的成本	将他人实践制度要付出的成本分为5级，程度由1至5依次递增，6人认为是1级，没有成本；1人是3级，成本一般；2人认为是5级，成本很大
	对组织而言的利益	将制度对组织产生的利益分为5级，程度由1至5依次递增，1人认为是1级，对组织没有利益；2人认为是3级，利益一般；1人认为达到4级，对组织利益较大；5人认为达到5级，对组织利益很大
	对组织而言的成本	将组织实践制度要付出的成本分为5级，程度由1至5依次递增，1人认为是1级，没有成本；2人认为是2级，成本较小；3人是3级，成本一般；3人认为是5级，成本很大
8. 违反制度的收益		将违反制度产生的收益分为5级，程度由1至5依次递增，5人是1级，没有任何收益；2人认为是4级，收益较大；两人认为达到5级，有很大收益
9.1 是否需要遵守制度		均需遵守制度
9.2	A 我一直百分之百遵守，将来也是	8人认为自己遵守程度非常高，并能长时间遵守
	B 遵守强度比例	1人认为遵守强度比例为80%～60%
	强度消减所需时间	1人认为强度消减所需时间较短，为两个月
	随时间变化，最终遵守比例	1人认为随时间变化，最终遵守比例仍为80%～60%
9.3 自愿程度		将遵守制度的自愿程度分为5级，程度由5至1依次递减，4人认为是5级，自愿程度非常高；4人认为是4级，自愿程度较高；1人认为是3级，自愿程度一般

该项制度涉及全员，且制度宣贯更加深入，但是员工的认知仍然存在较大的差异，行为评价也不一致。

综合汇总信息可见，由于人的认知能力、认知策略有差异，所以员工对制度的认知差异较大，即便是对制度执行方式、激励措施等客观情形的认知也不一致，对于制度目标、制度激励强度、制度完备程度等信息的认知也存在较大差异，但是对于制度执行评价却较为一致，多数人员认为自己对制度执行程度高，且自愿性高。如此，个体的制度认知与制度行为选择之间是否存在明确的关系，影响规律为何，需要进行进一步的探讨。

三　基于多主体的遵从/非遵从行为建模与仿真设计

（一）研究方法与工具简介

1. Agent 建模方法的应用

基于主体的建模与仿真（Agent – Based Modeling and Simulation，ABMS）是研究大量个体或 Agent 之间的交互以及它们的交互所展现的宏观尺度行为的一种方法，该方法将复杂系统中各个仿真实体用 Agent 的方式/思想自下而上地对整个系统进行建模，以 Agent 为系统的基本抽象单位，先建立每个个体的 Agent 模型，并赋予个体 Agent 一定的智能，然后采用合适的多主体系统体系结构来组装这些个体 Agent，设置多个 Agent 之间的交互方式，从而建立整个复杂适应系统的模型，试图对 Agent 的行为及其之间的交互关系、社会性进行刻画，来描述复杂系统的行为，并借助计算机语言编程和仿真软件平台对相关行为仿真。从软件工程的角度来看，ABMS 是当前所流行的面向对象范式的自然继承、扩充与发展，它继承了面向对象建模的一般形式和优点，并且由于建模基本元素具有更高的主动性、自治性和智能性，这种建模方法能够实现更加复杂、传统方法无法完成的仿真建模分析。基于主体的建模与仿真方法被认为是研究复杂系统的有效途径。

在基于主体的建模与仿真中，涉及的主要概念和建模思想包括基本组成单位与模型聚合、感知与行为、环境、交互与控制等几个方面。

（1）组成单位与模型聚合

Agent 是建模中的基本组成单位，是对复杂系统中的主动个体进行抽象建模后所产生的模型。在实际应用中，并不是将系统中所有的实体和对象都进行 Agent 建模，通常建模的单元包括 Agent 和对象。同时 Agent 是一个嵌套层次概念，最基础的 Agent 也叫作元 Agent，是不可分割的最小单元，具有一般 Agent 的自治、通信及交互功能。若干个 Agent 可以以某种契约聚合成组合型 Agent。因此 Agent 的建模是一种自下而上的观察、描述系统的建模思路，也是一种从微观到宏观的跨层次研究思路，同时，基于 Agent 的建模颠覆了传统建模中将系统中的个体看作被动、静态的系统元素的概念，而赋予其主动性特征，通过系统中具有主动性的 Agent 的状态变化和交互活动所形成系统全局性的"涌现"实现对复杂系统更加逼真的动态仿真模拟。

（2）感知与行为

Agent 的内部设有感知器和效应器，Agent 通过感知器感知环境和其他 Agent 的信息，然后通过效应器实施对环境和其他 Agent 的行为，通过"感知—行为"模型实现 Agent 功能行为建模。

（3）环境

在基于主体的建模与仿真中，环境包括物理环境和通信环境，物理环境为 Agent 的存在及活动提供条件，同时环境中的要素是 Agent 的感知和作用对象；通信环境则为 Agent 之间的交互提供合适的条件。对于单个 A-gent 而言，环境包括其他的 Agent 与对象，以及支持 Agent 存在和交互的所有相关准则和过程。

（4）交互

交互是现实复杂系统产生复杂行为的原因之一，是主体重要的社会属性。在多主体建模中必须能够实现 Agent 之间的交互，才能够满足对复杂社会系统的精确刻画，通过 Agent 之间的交互实现系统的动态演变，Agent 感知环境和其他 Agent 的行动，修改自身的状态和规则，其动态变化的信息又成为其他 Agent 的感知信息源，如此持续交互所产生的相对稳定的系统输出，包括环境状态和群体 Agent 的集体行动即系统涌现。实现 Agent 与环境及其他主体的交互须借助有效的通信机制。

（5）控制

在基于主体的建模与仿真中，各 Agent 具有相对的独立性，系统实施分散控制。

2. BP 神经网络应用

BP 神经网络的学习原理是神经网络接受外界环境的完全或不安全的状态输入，并通过神经网络系统进行计算，输出强化系统所需的 Q 值或 V 值。网络由一些同层神经元间不存在互连的输入层、隐含层（可以多层）、输出层组成，信息的处理具有逐层传递进行的方向性，各神经元接受前一层的输入信号，并且输出至下一层。

BP 算法是目前应用最为广泛的神经网络学习算法，绝大部分的神经网络模型都是采用该算法或它的变化形式，其基于梯度的最速下降法，以误差平方为目标函数。但标准算法也不是尽善尽美的，在理论研究和实际应用中，有研究者发现了这种基于梯度下降的算法的不足，即有收敛速度慢、容易陷入局部极小值、缺乏统一的理论指导网络设计等缺点。针对这些缺陷，国内外学者已经提出了很多行之有效的改进算法，现有的常见方法分为增加动量项、自适应学习率、初始权值的优化三类。本研究将采用第三种方法进行改进，在标准算法中，权值调整过程按照误差梯度降的方式进行，所以一旦确定初始值，就基本确定了权值调整方向，那么一旦初始权值选择不好，就会影响算法收敛，即收敛是否可以到达指定的精度。目前一种常用的方法是可以采取相关的算法采用随机方式生成初始权值，使其最大限度地避免算法发散。

采取批训练模式实现 BP 算法的流程一般为：输入所有样本，计算总误差，再根据总误差计算各层误差信号后再调整各层权值。据此构建煤矿企业员工安全监管制度认知的神经网络模型。BP 算法对网络结构非常敏感，不同的网络结构会导致网络具有不同的性能。神经网络的结构越复杂，它非线性变换的能力越强，但是这是以牺牲训练时间换来的。相反网络结构越简单，学习时间也越短，但是会导致学习能力不足。神经网络的拓扑结构由网络的层数、各层的节点数以及各个连接权等组成。网络结构的设计包括隐含层数、各层神经元个数选择、初始权值、初始阈值及样本的选择方法。

当训练样本确定后，输入层和输出层节点数也随即确定。因此对于网络拓扑结构的设计，关键在于隐含层数和隐含层节点数的确定。理论证明，只有当学习不连续函数时，网络才需要两个隐含层，除此之外具有单隐含层的网络可以实现任意的连续函数的映射。因此在设计网络过程中，优先一个隐含层，在增加隐含层的节点数时仍不能改变网络性能时，才考虑两个隐含层。

3. Netlogo 平台应用

Netlogo 是多主体建模仿真较多选用的一种计算机软件，是 1999 年由美国西北大学（Northwestern University）的 Tisue 和 Wilensky 首次提出，并对该校的网络学习和计算机建模中心进行系统完善和维护。Netlogo 平台的编写语言为 JAVA，用户构建的 Netlogo 模型一般包括三大部分："海龟"（Turles）、"瓦片"（Patches）和"观察者"（Observer）。"海龟"是可以在"瓦片"上自由移动的主体 Agent，根据用户仿真对象的不同，"海龟"可被设计为人、行为、车辆等多种个体。"瓦片"也可被视为一种不能移动的主体（"海龟"），是二维网格系统（Grid system）的构成要素，相当于 Netlogo 模型的"底座环境"，"底座"的中央即为二维网格系统的坐标原点。"观察者"通过设计"海龟"与"海龟"之间、"海龟"与"瓦片"之间、"瓦片"与"瓦片"之间的互动规则，使系统中的"海龟"和"瓦片"按照特定规则交互，不断衍生出复杂的结果，从而实现基于 Netlogo 的仿真。

（二）仿真模型描述

仿真计算模型需建立在真实系统抽象出的概念模型基础之上。本研究拟构建煤矿企业员工群体的制度行为涌现规律仿真模型，其真实系统中包含两类关键要素，即制度与制度相关人。根据前述研究，制度相关人通过对制度的方针目标和内容规则的解读形成初始的制度遵从意愿，但制度遵从意愿并不能完全表达为相应的制度行为，其受到制度执行过程的交互作用，还受到个体所在群体他人行为或群体规范的调节，另外，群体制度行为的涌现将体现为系统整体的秩序性和安全性。据此将真实系统抽象为概念模型，包括制度、制度执行、个体制度遵从意愿、个体行为、群体行为、系统安全性与秩序性等要素。同样，在基于主体的建模中可设计三类主体：制度、制度执行监督主体、制度作用对象。制度作用对象与制度之间的交互即表现为制度认知，即制度作用对象对某项制度的方针目标、内容规则、利益取向、与其他制度之间的关系等属性的认知；制度执行监督主体与制度作用对象的交互表现为制度执行的奖励、惩罚及执行刚性等属性；制度作用对象与制度作用对象之间的交互体现为个体在群体效应中的行为选择。

在仿真模型设计中，管理层（制度设计、制度执行监督主体）可设计为隐性 Agent，通过系统环境参数体现，制度作用对象为显性 Agent，其活动的轨迹可被视为制度行为选择。管理层（制度相关人中的设计者、执行者）Agent 的主要功能是决定制度的方针目标、内容规则、制度执行并以此与制度作用对象之间进行交互，在系统中将以一系列输入变量体现。制度作用对象 Agent 的主要功能是通过认知产生制度遵从意愿，并基于该意愿在制度激励约束机制与群体成员行为下产生制度行为选择。系统中所有个体当前时刻下的制度行为的群体性表现，即体现为制度作用下的行为敛散。

（三）Agent 模型设计

Agent 系统结构是一个关于建造 Agent 的方法问题，通常有三种类型的系统结构：反应型系统结构、认知型系统结构和混合型系统结构。反应型系统结构指不包括符号世界模型，且不适用于复杂的符号推理的系统结构，仅有一些简单的行为模型，这些行为模式以"刺激—响应"的方式对环境做出反应。反应型系统结构由 MIT 的 Brooks 所倡导，他认为 Agent 的智能来自对外部环境的感知，以及做出的相应反应。认知型系统结构是建立在人工智能的符号机制基础上的，决策是通过基于模式匹配和符号处理的逻辑推理进行的。建立这种结构，一是需要在一定时间内将现实世界翻译成准确的、充分的符号描述，二是要明确如何用符号表示复杂的现实世界的实体和过程，以及对这些信息的推理。混合型系统结构则包括两个子系统，一是认知子系统，用符号人工智能的方法生成规划，做出决策；另一个是反应子系统，能够对环境中发生的事件做出反应，无须进行复杂推理。通常而言，反应子系统比认知子系统优先高级，以便于对环境中出现的事件做出快速反应。混合型系统结构也是目前研究应用比较多的一种

Agent 系统结构。

本研究拟建立的仿真系统中，仅有制度作用对象是显性 Agent，管理层（制度相关人中的设计者、执行者）Agent 的行动通过制度的设计方针目标、内容规则、制度执行与制度作用对象进行交互，因此重点关注制度作用对象 Agent 的设计。该 Agent 需同时具备"刺激—响应"和"感知—判断"功能，通过感知制度属性并进行计算产生制度遵从意愿，感知制度执行计算出行为选择，同时根据群体中其他主体的行为选择调整自身的行为策略，并且能够感知到系统的安全性和秩序性进而产生意愿波动。

每一个制度作用对象 Agent 的认知和行动功能通过神经网络来实现。在 Agent 的计算模型中规划了两个网络，网络参数见表 10 - 12 与表 10 - 13。

表 10 - 12　制度认知与制度遵从意愿的网络参数

问题编号	变量标签	变量含义解释	变量属性
1	MBRT	制度目标的认同程度	
5	WBCD	制度完备程度	
6	QTZD	与其他制度的关系	
7.1	GRLY	制度执行给自身带来的收益	
7.2	GRCB	制度执行给自身带来的成本	输入
7.5	ZZLY	制度执行给组织带来的收益	
7.6	ZZCB	制度执行给组织带来的成本	
8	WFSY	违反该项制度所获得的收益	
9.3	ZCYY	遵守该项制度的意愿强度	输出

如表 10 - 12 所示，第一个网络的输入为制度认知，输出为制度意愿，即 Y = F（X1，…X8），其中 X1 表示个体对制度的方针目标的认同程度；X2 表示个体对制度的内容规则的认知，认为制度的完备程度；X3 表示个体认为该项制度与其他制度之间的关系，是相互支撑、互为补充，还是存在制度交叉、冲突、真空等现象；X4 表示实施该项制度给个体自身带来的利益感知；X5 表示实施该项制度个体需要付出的成本感知；X6 表示个体认为实施该项制度给组织带来的利益大小；X7 表示个体认为实施该项制度组织需要付出的成本大小；X8 表示个体认为违反该项制度可能获得的收益大小。

表 10 – 13　制度遵从意愿、制度执行等与制度遵从行为概率网络参数

问题编号	变量标签	变量含义解释	变量属性
9.3	ZCYY	遵守该项制度的意愿强度	输入
2A	KHLD	制度执行结果考核力度	
2B	JDLD	制度执行过程监督力度	
3A	JLCD	遵守制度获得奖励的吸引力	
3B	CFLD	违反制度遭到处罚的力度	
4	ZXGX	制度执行刚性	
9.4	TRZS	群体中他人的制度遵从行为	
9.2D	ZZZS	最终遵守行为的概率	输出

如表 10 – 13 所示，第二个网络的输入包括制度遵从意愿、制度执行要素及他人行为，输出为个体判断最终遵从该项制度的概率，即 Z = F（Y，X9，…，X13），其中 Y 表示个体的制度遵从意愿；X9 表示个体对制度执行过程中采取的过程监督的严密程度感知；X10 表示个体对制度执行过程中结果考核的严格程度感知；X11 表示个体对制度执行过程中采取的奖励措施的强度感知；X12 表示个体对制度执行过程中采取的惩罚措施的强度感知；X13 表示个体对制度执行的刚性程度感知。

本研究采用前述 173 份结构化访谈数据作为训练样本，基于 Netlogo 平台构建了两个神经网络的模型。Agent 通过第一个 BP 神经网络模型运算生成并输出基于制度认知的制度遵从意愿，再通过第二个 BP 神经网络模型计算制度遵从行为，Agent 系统通过实时计算当前小组中的不安全行为发生频次，纳入网络动态计算。

四　基于 Netlogo 平台的仿真系统开发

（一）仿真环境设置

社会学问题涉及的主体、环境等诸多要素比较复杂，通常难以在仿真模型中尽数体现，通过尽量简洁的规则去实现对现实问题的模拟是仿真设计的重要原则。在 Netlogo 中世界相当于现实的煤矿企业生产管理环境，"瓦片"为身处其中的 Agent 所处的地址，根据研究需求，研究者可设计世

界的大小，本系统世界大小为 73 * 73，即"瓦片"数量为 5329 个。世界中仅有制度作用对象 Agent，其数量由研究者给定，研究者为了方便观察，可以将世界中的 Agent 进行分组，分组后的 Agent 活动范围将限制在本小组内，其将受到本组内其他 Agent 的行为的影响。Agent 每个步长（仿真系统中的时间单位）活动一次，其活动可分为遵守该项制度和不遵守该项制度，在世界中设定中线，选择遵从行为的 Agent 将活动到中线上部，选择非遵从行为的 Agent 将活动到中线下部。

（二）制度作用对象 Agent 设置

制度作用对象 Agent 是系统中唯一的显性 Agent，其制度遵从意愿和制度行为是系统的主要输出。前述关于制度作用对象 Agent 的基本功能均已述及，此处将其功能在平台上的实现过程予以简要说明。

1. 制度作用对象 Agent 的数量

制度作用对象 Agent 的数量是可控参数，可任意设置。

2. 制度作用对象 Agent 的制度遵从意愿

如前所述，制度作用对象 Agent 具有感应和计算功能，其基于对制度的感知产生相应的遵从意愿。在仿真系统中将个体遵从意愿分为 5 级，1 级表示意愿极低，非常不愿意主动遵守该项制度，5 则表示遵从意愿很高，并采用不同的颜色表示不同程度的意愿。Netlogo 平台提供了良好的基础设施来创建人工神经网络，首先根据表 10 - 12 和表 10 - 13 创建两个 BP 神经网络，两个网络输入层节点、隐含层个数为 9，隐含层节点为 22，输出层节为 1 的 BP 神经网络，如图 10 - 1 所示。学习速率和学习案例集由外部给定。经一段时间的学习之后，收敛效果良好。

3. 制度作用对象 Agent 的制度行为

在系统中设定 Agent 的行为有两种，即制度遵从行为和制度非遵从行为，为了在世界中能够直观地看到行为涌现，设置中线将世界分为上下两个区域，在中线上方区域活动代表 Agent 选择了制度遵从行为，在中线下方区域活动代表 Agent 选择了制度非遵从行为，中线用一组统计制度非遵从行为发生数量的数字来表示，如图 10 - 2 所示。

如前所述，制度对象的制度行为选择同样借助神经网络训练实现。样

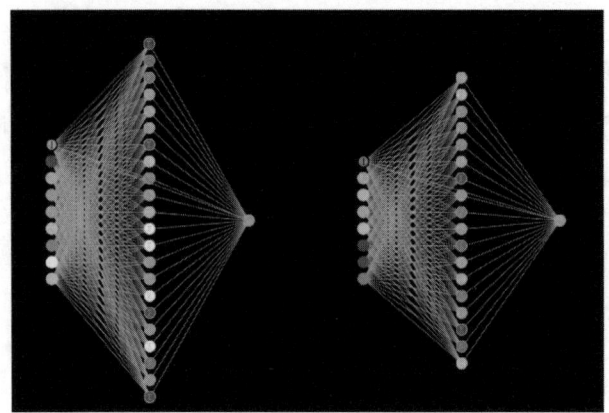

图 10 - 1　BP 神经网络创建示意

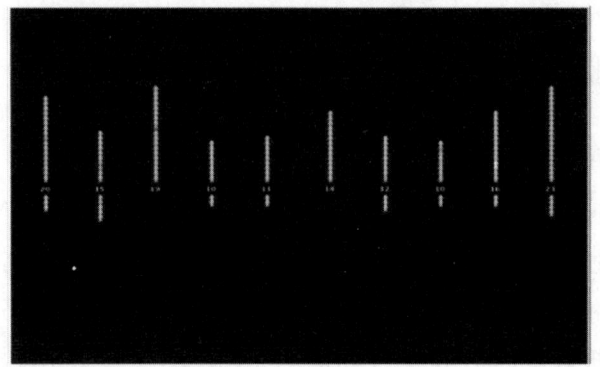

图 10 - 2　制度遵从行为模拟世界建构示意

本训练数据通过后，Agent 可以通过感知当前制度执行情况以及当前小组中制度遵从和制度非遵从行为的比例计算自己下一时刻的行为选择。在 Netlogo 平台上通过如下代码实现上述制度行为选择功能。

```
ask residents[
;;计算同组其他人的平均遵从级别
    let group - residents other residents with[ xcor = [xcor]of myself]
    let group - total - zzzs - level 0
    ask group - residents[
        set group - total - zzzs - level group - total - zzzs - level + zzzs - level
    ]
    let group - avg - zzzs - level zzzs - level
```

```
if count group – residents > 0
    [ set group – avg – zzzs – level round5 ( group – total – zzzs – level/
count group – residents） ]
```

;;调用神经网络计算下个时刻的目标遵从级别

```
network2 – compute zsyy – level khld – level jdld – level jlcd – level
cfld – level zxgx – level group – avg – zzzs – level
    set target – zzzs – level network2 – output
    set zzzs – level target – zzzs – level
```

;;根据目标遵从级别对应的概率计算是否遵从

```
set will – follow? random – float 1 > = ( 5 – zzzs – level ) * 0.2
]
```

4. 制度作用对象 Agent 群体认知规律的设置

经过对前述 173 例调查数据的简单分析可知，即便是评断同一项制度，评价者的感知也不完全相同。在系统的每一组输入下，本研究假设煤矿企业员工对安全监管制度的认知服从正态分布，在仿真系统中 Agent 对制度属性的认知评价在群体层面上表现为服从正态分布的钟形曲线。根据"林德伯格—费勒"中心极限定理，若一个指标受到若干独立的因素的共同影响，且每个因素不能产生支配性的影响，那么这个指标就服从中心极限定理，收敛到正态分布。社会环境中服从正态分布的例子很多，比如学生成绩、产品质量、员工绩效等人的社会属性、甚至身高、智商等人的自然属性均服从正态分布。煤矿企业员工对安全监管制度的认知受到个体的智力水平、知识、经验、价值观、制度宣贯方式甚至组织文化等因素的影响，因此本研究在处理 Agent 群体对制度属性的认知时采用了正态分布，分布的偏差值 bias 通过控制参数由研究者给定。设计代码如下：

```
create – residents number[
    set mbrt – level random – normal MBRT cognition – bias
    set wbcd – level random – normal WBCD cognition – bias
    set qtzd – level random – normal QTZD cognition – bias
```

set grly – level random – normal GRLY cognition – bias

set grcb – level random – normal GRCB cognition – bias

set zzly – level random – normal ZZLY cognition – bias

set zzcb – level random – normal ZZCB cognition – bias

set wfsy – level random – normal WFSY cognition – bias

set khld – level random – normal KHLD motivation – bias

set jdld – level random – normal JDLD motivation – bias

set jlcd – level random – normal JLCD motivation – bias

set cfld – level random – normal CFLD motivation – bias

set zxgx – level random – normal ZXGX motivation – bias

]

（四）仿真界面及功能区设计

基于 Netlogo 平台开发仿真系统，仿真界面的设计包括三部分构成，分别为命令区、控制区和输出区，如图 10 – 3 所示。

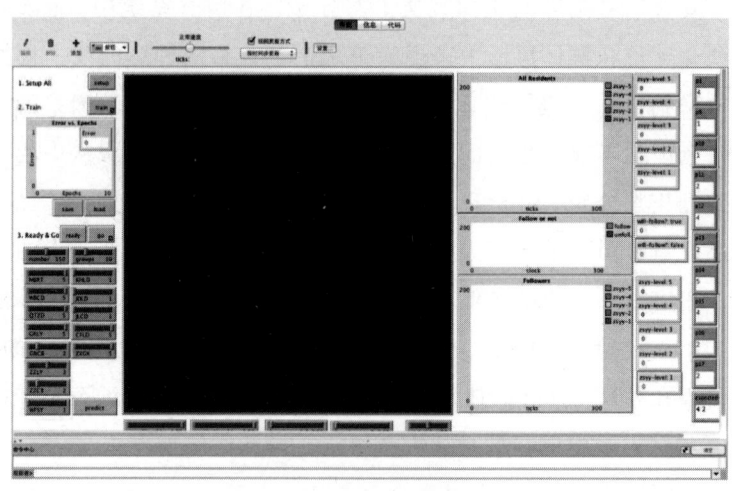

图 10 – 3　仿真界面构成

命令区主要是对系统发出动作，驱动系统运行，比如"Setup""Train"，"Go"等控件；控制区主要是在运行过程中对关键参数值进行控制，比如

MBRT、WBCD 等控件；输出区则是系统以 2D 图或曲线给出运行过程中的各项指标以便直观地和精确地监控系统状态和观测干预结果，如图 10-3 右侧为系统的输出区。该系统从功能上看，主要包括两个神经网络子系统和一个群体制度行为选择模拟系统，第一个子系统的输出是第二个子系统的输入之一，同时还集成了群体制度行为选择模拟系统，Agent 通过对该系统中群体制度行为的动态变化的感知，进入第二个子系统进行运算，进而得出实时制度行为选择。整个仿真系统从步骤上看又可以分为三部分，分别为初始化阶段、网络训练阶段和制度行为选择模拟阶段。初始化阶段主要是调用 Setup 命令进行仿真系统的重置初始化，网络训练阶段主要是建立人工神经网络，根据给定制度属性、遵从意愿、他人遵从行为与自身遵从行为的数据进行训练，最后是神经网络的计算精确度收敛到可接受范围，制度行为模拟阶段就是根据给定的控制参数和不同的制度属性参数进行实际仿真模拟，通过调整制度参数，观察输出变化，解释制度的敛散特征。

下面就界面各部分的功能做具体说明。

1. 命令区功能设计

命令区包括 Setup、Train、Save、Load、Ready、Go 以及 Predict 七个命令控件。Setup 的功能是重置仿真环境和初始化；Train 的功能是对人工神经网络进行训练；Save 功能是对人工神经网络的训练结果进行保存，因两个网络的训练输入输出值较多，网络结构复杂，训练数据的样本规模也比较大，要使网络的精度达到要求，需要训练较长的时间（可能长达数个小时），因此可将训练误差较小的训练结果进行保存，系统再次初始化之后可以通过 Load 功能直接调用最优的训练结果；Ready 的功能是初始化制度作用对象 Agent，为制度行为选择模拟做准备；Go 的功能是进行实际仿真模拟，Go 可以循环往复一直执行下去；Predict 的功能是对第一个网络的特定的输入组合给出即时的意愿输出，对仿真系统的精确性进行校验。

实施本仿真的一般顺序为：第一步，执行 Setup 命令重置仿真环境和初始化人工神经网络、全局变量和输出界面；第二步，初次运行该仿真系统时，应执行 Train 命令训练人工神经网络，观察 Error 值的收敛情况和当前值，Error 值小于 0.05 为可接受范围，执行 Save 命令将此训练结果进行保存，再次运行该系统时刻直接执行 Load 命令，调用已经训练好的网络结果，而不必重复执行 Train 命令；第三步，执行 Ready 命令隐藏人工神经网络界面（节点和连接），初始化制度对象 Agent，准备进行制度行为仿真；第四步，执行 Go 命令进行仿真，观看仿真动态输出，监测相关变量变化趋势。

在 Go 命令执行过程中可任意调整控制区参数。下面具体介绍控制区的各项参数。

2. 控制区功能设计

控制区包括 20 个参数。包括仿真界面左下方的 15 个输入参数和正下方的 5 个系统控制参数。如图 10－4 和 10－5 所示。

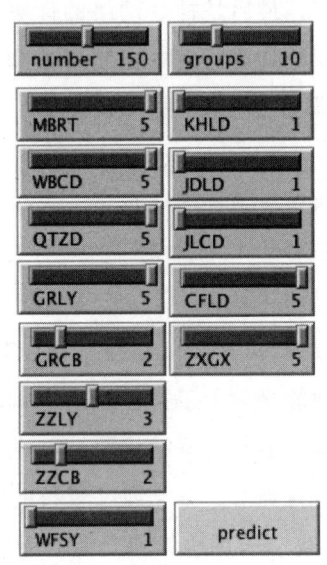

图 10－4　仿真系统中的输入参数设计示意

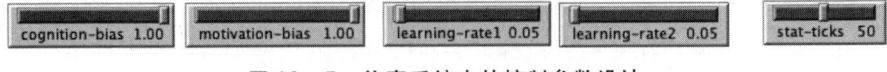

图 10－5　仿真系统中的控制参数设计

图 10－4 中最上方的 number 和 groups 两个滑动条是初始化系统中 Agent 数量和分组参数，在本系统中进行分组实际上是用来控制 Agent 的活动范围，便于后续的观察，Agent 对每一个输入的制度属性认知呈现正态分布，这些 Agent 将随机分配到各个小组，即各个小组的 Agent 的认知偏

差是随机的，而 Agent 仅受到本小组内其他 Agent 行为的影响，而非全局范围内所有 Agent 的影响，这也更符合现实情况。其余参数解释如下。

MBRT：意指制度目标认同，输入的是系统中 Agent 对某项制度的方针目标的认同程度均值。

WBCD：意指制度完备程度，输入的是系统中 Agent 对某项制度内容规则设计的科学性和完备性程度的感知均值。

QTZD：意指某项制度与其他制度之间的关系，输入的是系统中 Agent 对某项制度与其他制度之间是否存在冲突情况的感知均值。

GRLY：意指个人利益，输入的是系统中 Agent 对某项制度实施后个人能够获得利益的感知均值。

GRCB：意指个人成本，输入的是系统中 Agent 对某项制度实施后个人需要付出的成本的感知均值。

ZZLY：意指组织利益，输入的是系统中 Agent 对某项制度实施能够给组织带来收益的感知均值。

ZZCB：意指组织成本，输入的是系统中 Agent 对某项制度实施组织需要付出成本的感知均值。

WFSY：意指违反收益，输入的是系统中 Agent 对违反某项制度能够获得的收益的感知均值。

KHLD：意指考核力度，输入的是系统中 Agent 对某项制度执行过程中采取结果考核的考核力度的感知均值。

JDLD：意指监督力度，输入的是系统中 Agent 对某项制度执行过程中采取过程监督的监督力度的感知均值。

JLCD：意指奖励力度，输入的是系统中 Agent 对某项制度执行过程中实施的遵从奖励的吸引力感知均值。

CFLD：意指惩罚力度，输入的是系统中 Agent 对某项制度执行过程中实施的非遵从处罚力度的感知均值。

ZXGX：意指执行刚性，输入的是系统中 Agent 对某项制度在执行过程中刚性程度的感知均值。

图 10-5 中的控制参数中 cognition-bias 是指 Agent 对制度设计认知的正态分布偏差；motivation-bias 是指 Agent 对制度执行认知的正态分布偏

差；learning - rate1 和 learning - rate 2 拖动条是用来控制人工神经网络的学习速率，取值范围在 0 到 1 之间，当数值较小时网络的收敛速度较慢，但网络的逼近能力较好，当数值较大时网络的收敛速度较快，但在网络到达一定精度后会出现波动而无法继续逼近。

3. 输出区功能设计

仿真界面的中间部分是系统设计和运行的 3D 界面，右边有一列曲线框及数字框，为系统输出区。曲线框输出的是表示系统从运行开始到当前时刻过程中参数变化的折线，而数字框则表示当前时刻的这一状态参数的取值。3D 界面通过 Agent 的颜色与所在位置呈现不同制度下群体的行为敛散状态，可将此与具体的折线框图结合起来观察和分析系统输出，如图 10 - 6 所示。

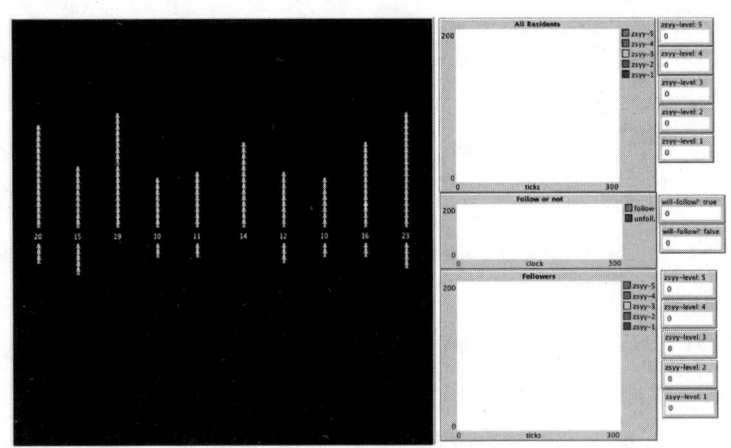

图 10 - 6　仿真系统的输出区设计

All Residents（群体遵从意愿）输出的曲线表示当前系统中 Agent 的制度遵从意愿。不同颜色的线条代表当前系统中不同制度遵从意愿的 Agent 的数量变动情况。

Follow or not（群体制度行为）输出的曲线表示当前系统中选择 Follow（制度遵从行为）和选择 Unfollow（制度非遵从行为）的 Agent 的数量变动情况。

Followers（遵从者意愿）输出的曲线表示当前系统中选择 Follow（制度遵从行为）的 Agent 的遵从意愿情况。

据此，系统可能出现的几种典型情形。

情形一：自然正向收敛情形。当 3D 区的活动演化出所有 Agent 均呈现绿色并且均处于数字上方位置的状态，表示在当前制度属性下，所有主体表现出高遵从意愿，且均选择了制度遵从行为，即制度行为是正向收敛的。从折线上来看，群体遵从意愿收敛在 zsyy – 5 这条曲线上，群体制度行为收敛在 Follow 曲线上，遵从者意愿收敛在 zsyy – 5 的曲线上，此为最为理想的状态。

情形二：强制正向收敛情形。当 3D 区的活动演化出所有 Agent 呈现为橙色或深红色但处于数字上方位置的状态，表示在当前制度属性下，主体遵从意愿很低，但仍选择了制度遵从行为，即制度行为是强制正向收敛的，这种收敛状态并不稳定。从折线上来看，群体遵从意愿收敛在 zsyy – 2 和（或）zsyy – 1 的曲线上，群体制度行为收敛在 Follow 曲线上，遵从者意愿收敛在 zsyy – 2 和（或）zsyy – 1 的曲线上，这也是较为极端的情形。

情形三：高意愿发散情形。当 3D 区的活动演化出所有 Agent 呈现为绿色但数字上下方的位置上均有分布的状态，表示在当前制度属性下，主体遵从意愿很高，但制度行为不可预测，即制度意愿正向收敛而行为发散。从折线上来看，群体遵从意愿收敛在 zsyy – 5 和（或）zsyy – 4 的曲线上，群体制度行为在 Follow 和 Unfollow 两条曲线上均有表现，遵从者意愿无规律，这是高遵从意愿而制度行为发散的情形。

情形四：低意愿发散情形。当 3D 区的活动演化出所有 Agent 呈现为橙色或红色且在数字上下方的位置上均有分布的状态，表示在当前制度属性下，主体遵从意愿很低，但制度行为不可预测，即制度意愿反向收敛而行为发散。从折线上来看，群体遵从意愿收敛在 zsyy – 2 和（或）zsyy – 1 的曲线上，群体制度行为在 Follow 和 Unfollow 两条曲线上均有表现，遵从者意愿无规律，这是低遵从意愿而制度行为发散的情形。

情形五：反向收敛情形。当 3D 区的活动演化出所有 Agent 颜色不一但均分布在数字下方位置上的状态，表示在当前制度属性下，主体遵从意愿发散，但制度行为选择均为非遵从，即制度行为反向收敛。从折线上来看，群体遵从意愿无显著规律，群体制度行为收敛在 Unfollow 曲线上，此为反向收敛情形。

在仿真系统运行中能否出现意愿或行为的完全收敛情形尚未可知，但仍可按照接近情形进行类比分析。

五 仿真输出与结果讨论

（一）仿真校验

在进行仿真结果讨论之前，需对仿真系统进行校验，一般仿真的校验包括与实验结果、现有文献进行比较或采取定性检验。本研究对仿真系统的校验采取了两种方式：一种是通过仿真系统界面最右侧的 Test 命令来执行，任选几个样本数据，将其输入参数录入，执行 Test 命令后观察其输出值是否与样本的输出值相近；另一种方式是通过 Predict 命令来执行，设置几组试图检验的输入参数，执行 Predict 命令观察其输出值的变化是否符合理论或经验，即定性分析检验。本仿真系统通过了上述两种途径的验证。

因系统输入参数较多，任意组合情形较多，本研究仅呈现两种类型的仿真结果进行讨论。第一种类型为单个输入参数变动所产生的输出，便于比较分析各输入参数对输出结果的影响；第二类为典型情形的输入与输出分析，在明确了单个参数变动所引起的变化规律的基础上，探寻典型情形的输入参数组合，即研究产生典型行为敛散情形的特定的制度属性。

（二）制度设计属性对遵从意愿的影响规律分析

执行 Setup 初始化系统后，执行 Load 命令载入神经网络训练结果，设置 Agent 数量 number 为 150，分组 group 为 10。为了控制其他参数对输出结果的影响，初始状态下影响遵从意愿的参数全部设置在中间值，而影响行为的制度执行参数则全部设置在最高值，即强度最高的制度执行状态。基于此逐一调整制度参数观察其变动情形。

1. MBRT 参数变动模拟

在系统控制区将 MBRT 参数从初始状态 3 调整至 5，再逐级调整至 1，系统输出如图 10-7 所示。

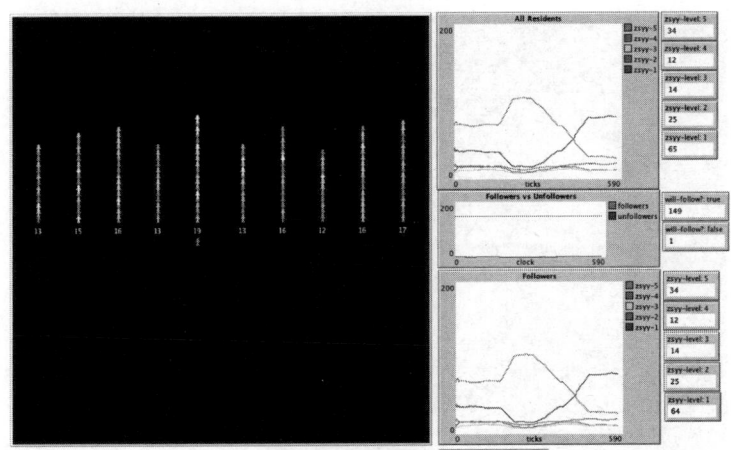

图 10 – 7　MBRT 参数变动下的系统输出

图 10 – 7 表明在其他参数保持初始状态的情形下，调整 Agent 对制度的目标和方针认同程度变量引起制度遵从意愿产生显著的变化。从 3D 图中 Agent 的颜色可以看出当 MBRT 的输入值为 1 时，即其他变量保持中等水平，煤矿企业员工对某项制度的目标与方针极不认同将会产生较低的遵从意愿，约 60% 的 Agent 的制度遵从意愿低于 3。从折线图的变动趋势来看，制度遵从意愿输出框中代表煤矿企业员工制度遵从意愿最高和最低的两条曲线 zsyy – 5 和 zsyy – 1 随目标认同变量的变动最为明显，MBRT 输入值自 5 调整到 1，非常愿意遵从该项制度的人数显著下降，而非常不愿意遵从该项制度的人数显著上升。由于当前代表制度执行的输入参数都设置为极值状态，即最严格的结果考核、最大密度的过程监督、奖励和惩罚力度最大，且执行刚性程度最高，此时制度遵从行为输出框显示行为收敛与遵从曲线，即群体的制度行为呈现强制正向收敛状态，且不受制度遵从意愿的影响，3D 图中同样能够看出 Agent 都集中在中线上方的位置。

2. WBCD 参数变动模拟

在系统控制区将 WBCD 参数从初始状态 3 调整至 5，再逐级调整至 1，系统输出如图 10 – 8 所示。

图 10 – 8 表明在其他参数保持初始状态的情形下，调整 Agent 对制度内容规则设计的科学完备程度变量引起制度遵从意愿产生显著的变化。从 3D 图中 Agent 的颜色可以看出当 WBCD 的输入值为 1 时，即其他变量保持

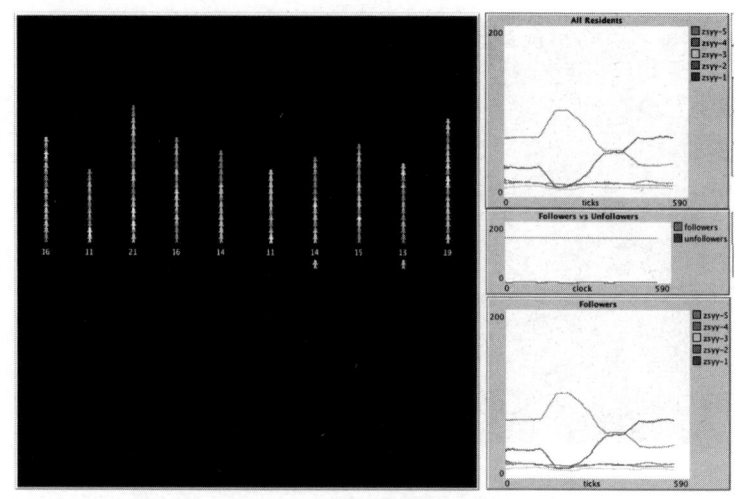

图 10 - 8　WBCD 参数变动下的系统输出

中等水平，煤矿企业员工认为某项制度的内容规则设计的科学性和完备性很低时，将会产生较低的遵从意愿，约 50% 的 Agent 的制度遵从意愿低于3。从折线图的变动趋势来看，与图 10 - 7 的变动趋势接近，但变化程度不同。制度遵从意愿输出框中代表煤矿企业员工制度遵从意愿最高和最低的两条曲线 zsyy - 5 和 zsyy - 1 随完备程度变量的变动最为明显，WBCD 输入值自5调整到1，非常愿意遵从该项制度的人数显著下降，而非常不愿意遵从该项制度的人数显著上升，但是下降和上升的趋势均弱于 MBRT 变量调整时的变化，表明煤矿企业员工对某项制度的内容规则设计科学完备的认知对其遵从意愿的影响显著，但弱于目标认同变量的影响。制度遵从行为和遵从者意愿分布两个输出框的变化与前文相同，不予赘述，同样后续不涉及制度执行变量调整的情形时，这两个输出框均不讨论。

3. QTZD 参数变动模拟

在系统控制区将 QTZD 参数从初始状态3调整至5，再逐级调整至1，系统输出如图 10 - 9 所示。

图 10 - 9 表明在其他参数保持初始状态的情形下，调整 Agent 对制度与其他制度的协调性变量引起制度遵从意愿产生显著的变化。根据问卷 QTZD 变量取值含义，当 QTZD 取1时表明该项制度与其他制度之间相互补充、互为支撑、没有冲突，当 QTZD 取5时表明该项制度与其他制度之间

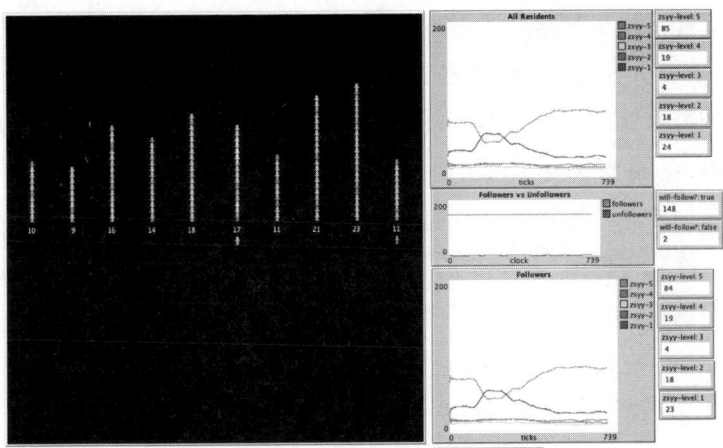

图 10 – 9　QTZD 参数变动下的系统输出

存在明显的冲突。因此调整 QTZD 变量取值从 5 至 1，制度遵从意愿折线图中代表最高遵从意愿的 zsyy – 5 曲线显著上升，代表最低遵从意愿的 zsyy – 1 显著下降。从 3D 图中 Agent 的颜色可以看出，当 QTZD 取值为 1时，群体中高遵从意愿的 Agent 数量明显较多，超过 75% 的 Agent 产生了较高的遵从意愿。

4. GRLY 参数变动模拟

在系统控制区将 GRLY 参数从初始状态 3 调整至 1，再逐级调整至 5，系统输出如图 10 – 10 所示。

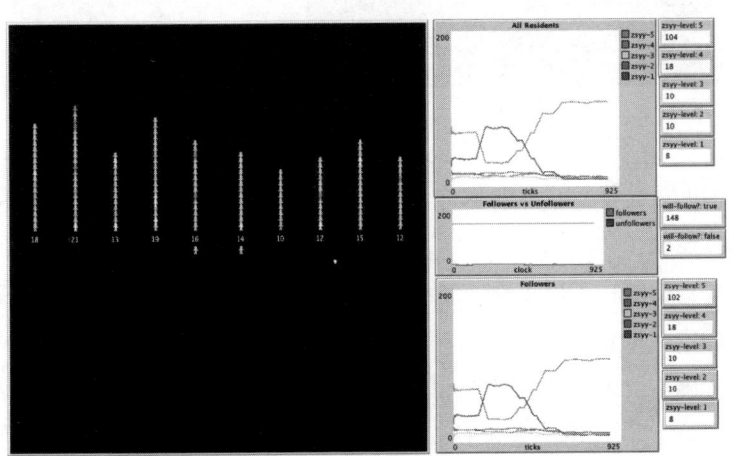

图 10 – 10　GRLY 参数变动下的系统输出

制度经济学认为制度的形成通过影响人的收益机制调整人们的行为，图 10 – 10 表明当制度设计给制度作用对象带来显著收益的情形下，制度作用对象的遵从意愿也将产生极大的提升。在其他参数保持初始状态的情形下，调整 Agent 对制度实施给个人带来的收益这一变量引起制度遵从意愿产生显著的变化。调整 GRLY 变量取值从 1 至 5，制度遵从意愿折线图中代表最高遵从意愿的 zsyy – 5 曲线显著上升，代表最低遵从意愿的 zsyy – 1 显著下降。从 3D 图中 Agent 的颜色可以看出，当 GRLY 取值为 5 时，群体中绝大多数 Agent 的颜色为绿色，即高遵从意愿，从折线图统计数据中看，80% 的 Agent 产生了较高的遵从意愿。

5. GRCB 参数变动模拟

在系统控制区将 GRCB 参数从初始状态 3 调整至 1，再逐级调整至 5，系统输出如图 10 – 11 所示。

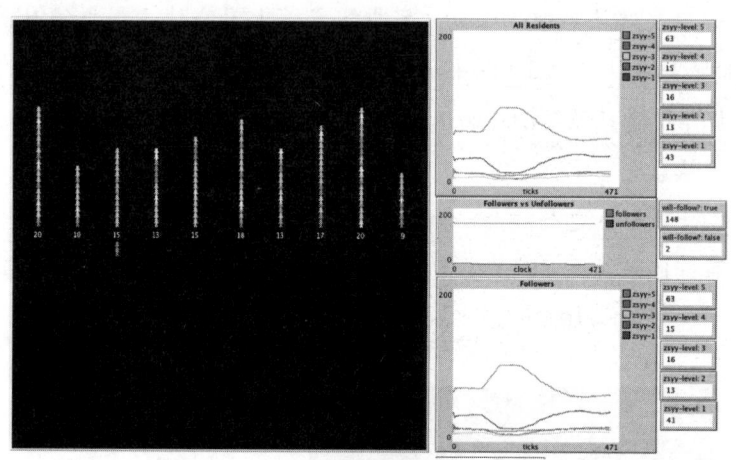

图 10 – 11　GRCB 参数变动下的系统输出

GRCB 变量与 GRLY 变量含义相似，制度的执行可以给人们带来利益，同样也可能使个体付出相应的成本，包括生理、心理、时间以及经济上的成本。根据访谈中 GRCB 的含义，取值 5 表示实施该项制度个人需要付出很大的成本，取值 1 表示实施该项制度个人无须付出成本。图 10 – 11 表明当制度实施需要制度作用对象付出较高成本时，制度作用对象的遵从意愿会有所下降。在其他参数保持初始状态的情形下，调整 Agent 对制度实施需要个体付出的成本这一变量引起制度遵从意愿产生明显的变化，调整

GRCB 变量取值从 1 至 5，制度遵从意愿折线图中代表最高遵从意愿的 zsyy -
5 曲线下降，代表最低遵从意愿的 zsyy - 1 曲线上升，但是与初始状态相比
则变化不甚显著。表明当煤矿企业员工感知到该项制度的执行成本很低
（取值 1）时，意愿显著提升，成本取值上升到 3 之后对意愿的影响不再特
别显著。从折线图输出的统计数据来看，其他输入变量不变的情况下
GRCB 取值上升到 5 仍有 60% 的 Agent 呈现出高遵从意愿，30% 的 Agent 呈
现出低遵从意愿。

6. ZZLY 参数变动模拟

在系统控制区将 ZZLY 参数从初始状态 3 调整至 5，再逐级调整至 1，
系统输出如图 10 - 12 所示。

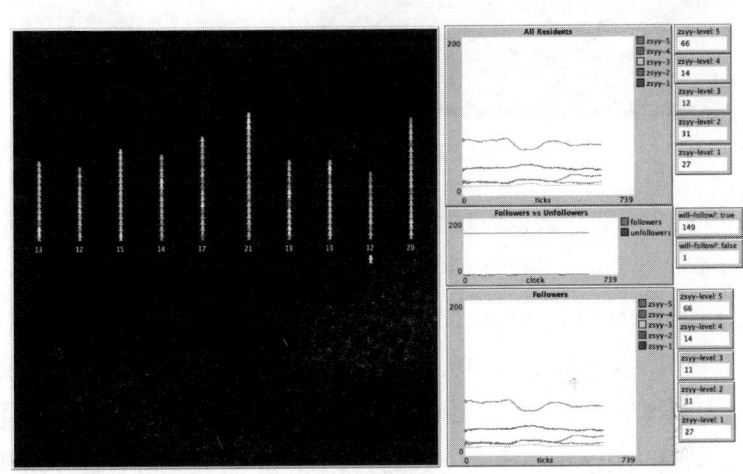

图 10 - 12　ZZLY 参数变动下的系统输出

图 10 - 12 表明在其他参数保持初始状态的情形下，调整 Agent 对制度
实施产生的组织收益变量感知对其制度遵从意愿的影响是不显著的。根据
问卷 ZZLY 变量取值含义，当 ZZLY 取 1 时表明煤矿企业员工认为实施该项
制度不能给组织带来利益，项当 ZZLY 取 5 时表明煤矿企业员工认为实施
该项制度将给组织带来很大的收益。从初始状态调整 ZZLY 变量取值从 3
至 5 再至 1，遵从意愿折线的变化趋势均不显著。相比较 GRLY（个人利
益）调整时的输出曲线，这一输出表明煤矿企业员工对某项制度实施是否
会给组织带来收益并不关心。

7. ZZCB 参数变动模拟

在系统控制区将 ZZCB 参数从初始状态 3 调整至 5，再逐级调整至 1，系统输出如图 10 - 13 所示。

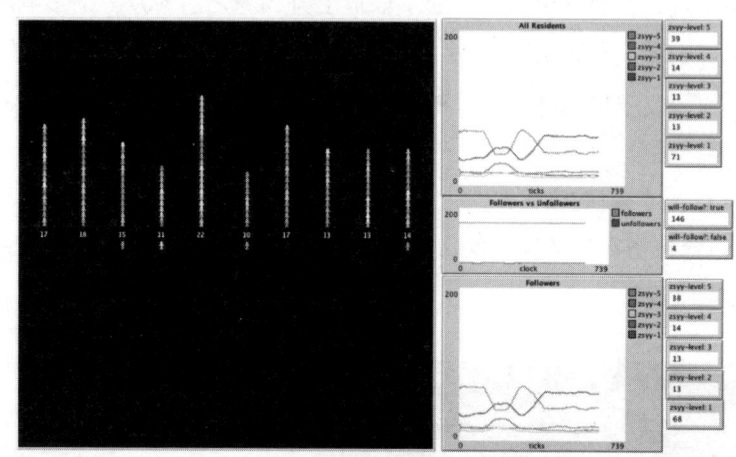

图 10 - 13　ZZCB 参数变动下的系统输出

图 10 - 13 表明在其他参数保持初始状态的情形下，调整 Agent 对制度实施时组织产生的制度执行成本感知对其制度遵从意愿有显著的影响，但作用规律是非线性的。从折线图看当 ZZCB 从初始值 3 调整至 5 时，即员工感知该项制度实施组织成本明显提高时，其遵从意愿呈现下降趋势；当 ZZCB 从 3 调整至 1 时，即员工感知实施该项制度组织的制度执行成本明显下降时，其遵从意愿也呈现出下降趋势；当 ZZCB 为 3 时，群体遵从意愿总体偏高。出现这样的数据规律，结合调查获得原始数据分析，可能的原因是任何一项制度的实施不需要制度实施成本的情况是极少的，员工认为当制度的执行成本是"适当"的时候，产生了对制度可能持续执行的积极预期，进而影响了其遵从意愿。

8. WFSY 参数变动模拟

在系统控制区将 WFSY 参数从初始状态 3 调整至 5，再逐级调整至 1，系统输出如图 10 - 14 所示。

图 10 - 14 表明当违反该项制度能够给制度对象带来的收益越大，个体对制度的遵从意愿越小。在控制其他参数保持初始状态的情形下，调整 Agent 对制度实施后个人违反该项制度所产生的收益变量引起制度遵从

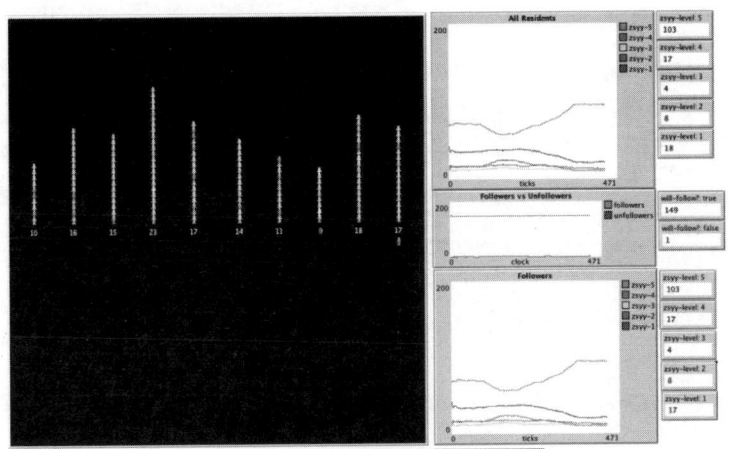

图 10 - 14 WFSY 参数变动下的系统输出

意愿发生显著变化。调整 WFSY 变量取值从 5 至 1，遵从意愿折线图中代表最高遵从意愿的 zsyy - 5 曲线显著上升，代表最低遵从意愿的 zsyy - 1 曲线显著下降。从 3D 图中 Agent 的颜色可以看出，当 WFSY 取值为 1 时，群体中绝大多数 Agent 的颜色为绿色，即高遵从意愿，从折线图统计数据中看，80% 的 Agent 产生了较高的遵从意愿。

9. 制度设计类参数连续调整变动模拟

在系统初始状态下，顺次调整 MBRT、WBCD、QTZD、GRLY、GRCB、ZZLY、ZZCB、WFSY 这 8 个变量，由中间值 3 调向该指标的劣性认知值，系统输出的变动如组图 10 - 15 所示，图（a）至图（h）分别顺序对应上述变量调整后的折线变动。

组图 10 - 15 显示，在系统中连续向劣性值方向调整输入参数制度遵从意愿的变动与始于初始状态下单个变量调整的变动情况不完全相同，随着参数的逐个调整，即使单个变量调整时影响不显著的在连续调整状态下也对降低遵从意愿起到了显著的作用，呈现"雪上加霜"的劣化趋势。最终组合成制度遵从意愿最低的典型情境。

（三）制度执行属性对遵从/非遵从行为的影响规律分析

执行 Setup 初始化系统后，执行 Load 命令载入神经网络训练结果，设置 Agent 数量 number 为 150，分组 group 为 10。根据上一步仿真结果，将

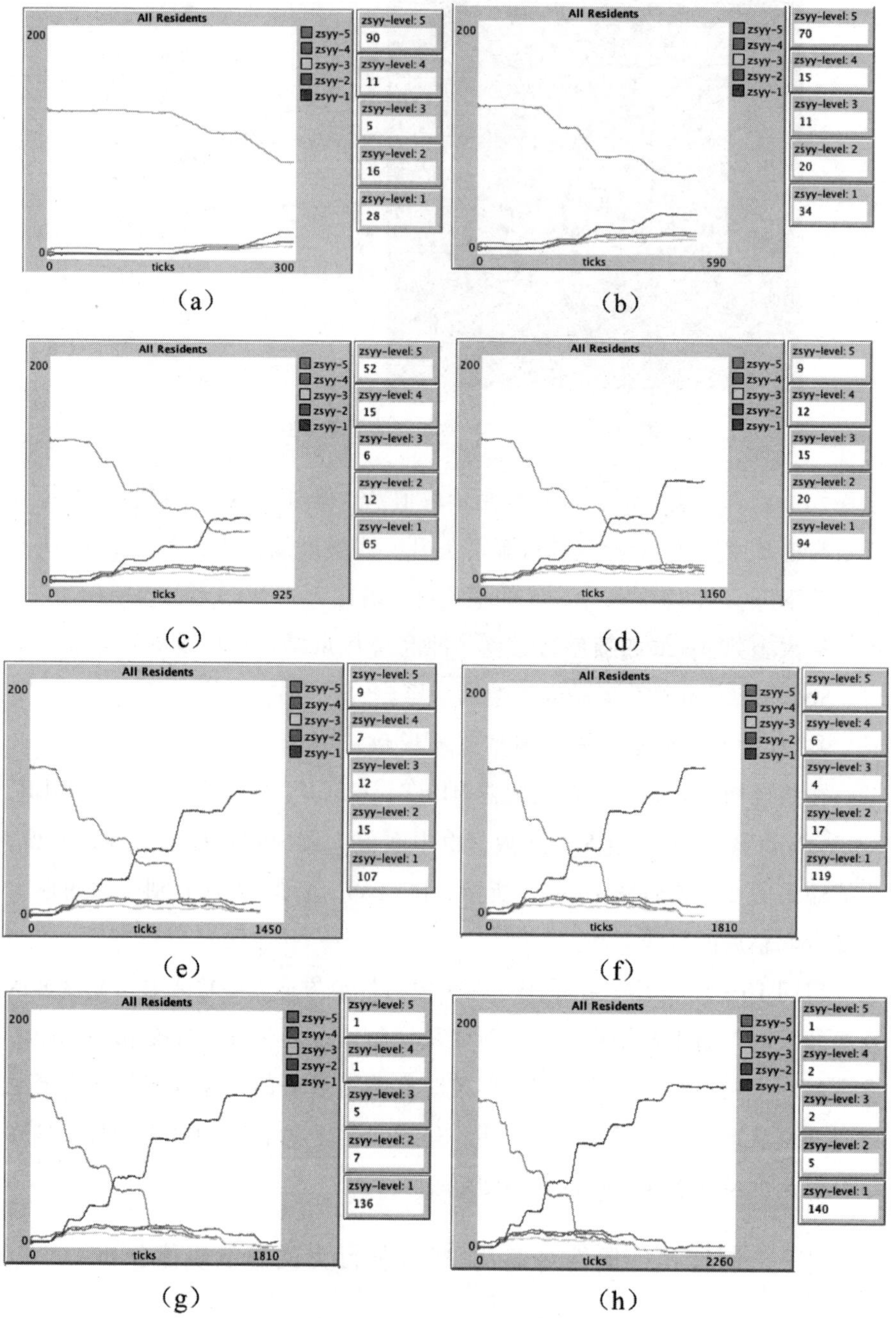

图 10-15　连续调整制度设计输入参数制度遵从意愿的变动

制度设计类输入参数设置成导致意愿最低的状态，而制度执行输入参数处于执行强度最大的状态，即将组图 10-15 中（g）图的状态作为初始状态。在初始状态下逐一调整制度执行参数并观察执行偏离行为的规律。

1. KHLD 参数变动模拟

在系统控制区将 KHLD 参数从初始状态 5 再逐级调整至 1，系统输出如图 10-16 所示。

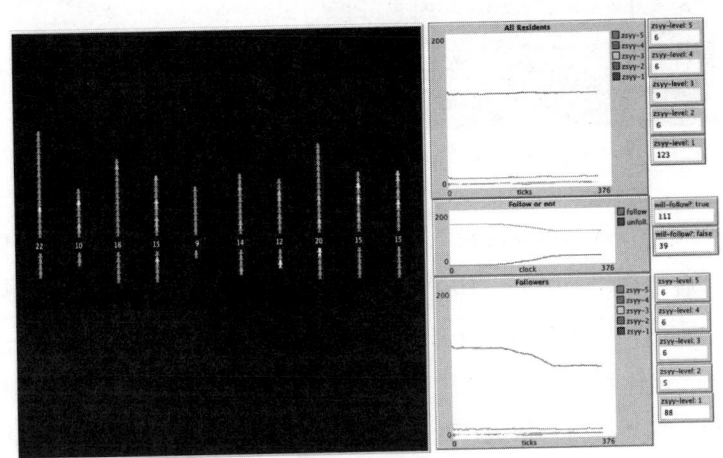

图 10-16　KHLD 参数变动下的系统输出

图 10-16 显示，制度执行采取结果考核的方式，即通过工作结果的呈现来考核制度作用对象是否遵守了该项制度，适用于制度执行偏离行为在工作结果中能够体现出来的一类安全事项。随着结果考核严格程度逐渐降低，3D 图中中线下方出现了若干 Agent，从制度遵从行为输出框的折线图走向来看，随着考核严格程度逐渐降低，系统中 Agent 选择遵从行为的曲线略呈下行状态，而非遵从行为曲线上行，从统计数据上看，超过 70% A-gent 选择遵从行为，从遵从者意愿分布的输出框折线图来看，低遵从意愿的 Agent 选择遵从行为的数量明显减少。

2. JDLD 参数变动模拟

在系统控制区将 JDLD 参数从初始状态 5 再逐级调整至 1，系统输出如图 10-17 所示。

图 10-17 显示，制度执行采取过程监督的方式，即通过在工作过程中进行监察来督促制度作用对象遵守该项制度，适用于在工作过程中必须要

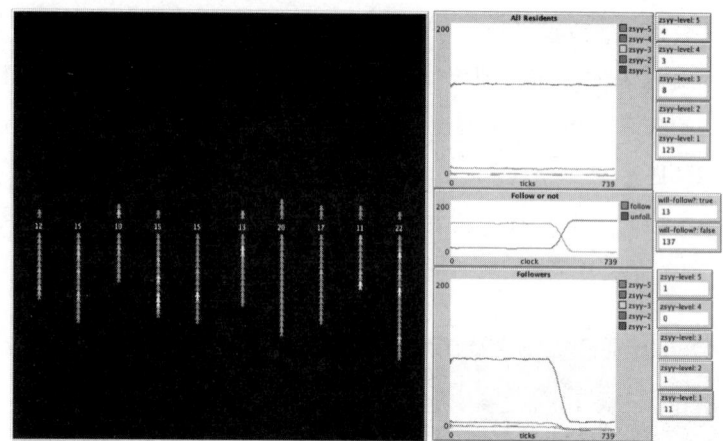

图 10-17　JDLD 参数变动下的系统输出

执行某些程序或规范但无法在工作结果中体现的相关事项。随着结果过程监督的严密程度逐渐降低，3D 图中中线下方出现了大量的 Agent，从制度遵从行为输出框的折线图走向来看，随着过程监督严密程度逐渐降低，系统中 Agent 选择遵从行为的曲线与非遵从行为的曲线出现了倒置，涌现出大量的执行偏离行为。从统计数据上看，接近 80% Agent 选择非遵从行为，从遵从者意愿分布的输出框折线图来看，低遵从意愿的 Agent 选择遵从行为的数量锐减。在现实煤矿生产环境中，大量的非遵从行为具有无痕性，依赖监察人员现场监察纠正，一旦监管的严密程度下降，个体低遵从意愿必将导致大量的非遵从行为涌现。

3. JLCD 参数变动模拟

在系统控制区将 JLCD 参数从初始状态 5 再逐级调整至 1，系统输出如图 10-18 所示。

图 10-18 显示，制度执行过程中根据结果考核或过程监督对遵从行为实施奖励，奖励对员工所具有的吸引力程度显著影响制度行为选择。随着奖励吸引力度的逐渐降低，3D 图中中线下方出现了大量的 Agent，从制度遵从行为输出框的折线图走向来看，随着奖励吸引程度逐渐降低，系统中 Agent 选择遵从行为的曲线与非遵从行为曲线相互趋近，呈现出对半分布的局势，即遵从和非遵从的比例各约 50%。对于低遵从意愿的个体而言，缺少了遵从奖励的刺激，其遵从行为选择显著减少。

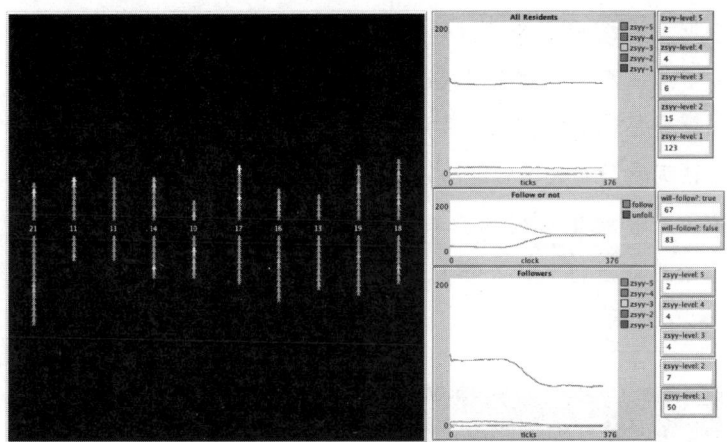

图 10 - 18 JLCD 参数变动下的系统输出

4. CFLD 参数变动模拟

在系统控制区将 CFLD 参数从初始状态 5 再逐级调整至 1，系统输出如图 10 - 19 所示。

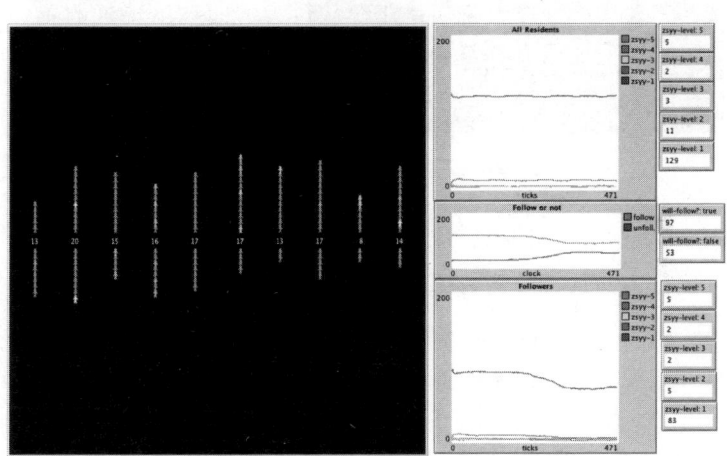

图 10 - 19 CFLD 参数变动下的系统输出

图 10 - 19 显示，制度执行过程中根据结果考核或过程监督对非遵从行为实施惩罚，惩罚的力度显著影响制度行为选择。随着惩罚力度的逐渐降低，3D 图中中线下方出现了一部分 Agent，从制度遵从行为输出框的折线图走向来看，随着惩罚力度逐渐降低，系统中 Agent 选择遵从行为的曲线与非遵从行为曲线相互趋近，总体上遵从行为曲线依然高于非遵从行为曲线，

从统计数据上看约 60% 的 Agent 选择遵从行为。对于低遵从意愿的个体而言，缺少了遵从奖励的刺激，其遵从行为选择显著减少。经济性的遵从奖励与非遵从惩罚是现实煤矿企业最常用的激励手段，从仿真的结果来看，煤矿企业员工认为奖励比处罚更能激励低意愿的员工选择遵从行为。

5. ZXGX 参数变动模拟

在系统控制区将 ZXGX 参数从初始状态 5 再逐级调整至 1，系统输出如图 10 - 20 所示。

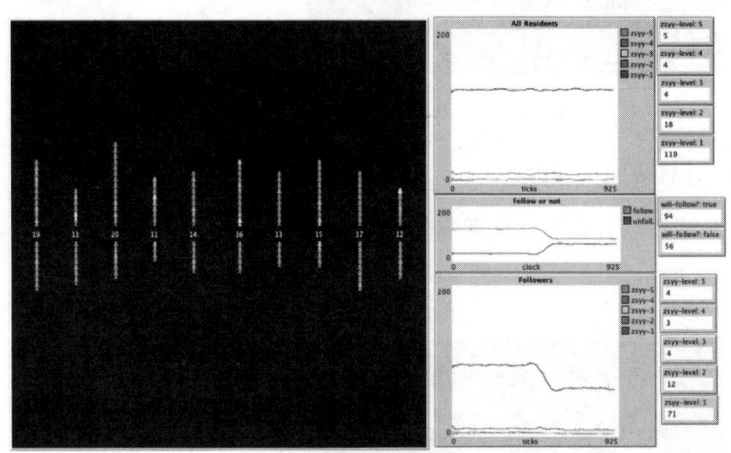

图 10 - 20　ZXGX 参数变动下的系统输出

图 10 - 20 显示，制度执行刚性意味着制度执行过程规范、公正，其显著影响制度行为的选择。随着执行刚性逐渐降低，3D 图中中线下方出现了一部分 Agent，从制度遵从行为输出框的折线图走向来看，随着执行刚性逐渐降低，系统中 Agent 选择遵从行为的曲线与非遵从行为曲线相互趋近，总体上遵从行为曲线依然高于非遵从行为曲线，从统计数据上看有近 40% 的 Agent 会选择非遵从行为。

6. 制度执行类参数连续调整变动模拟

在系统初始状态下，顺次调整 KHLD、JDLD、JLCD、CFLD、ZXGX 这 5 个变量，由最大值 5 调向最小值 1，系统输出的变动如图 10 - 21 所示。

图 10 - 21 显示，3D 图中的 Agent 集中在中线以下，即系统中所有 Agent 都选择了非遵从行为。从制度遵从行为输出框的折线图走向来看，有两个明显的转折，分别发生在将 KHLD 和 JDLD 从 5 调至 1 的时刻，当

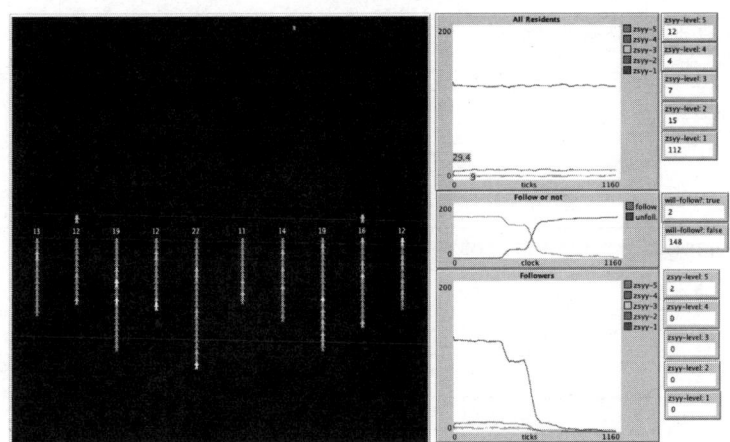

图 10-21　参数顺序变动下的系统输出

这两个变量调整至最低后，再行调整 JLCD、CFLD、ZXGX 系统输出只出现轻微的变化，选择非遵从行为的人数少量增加。在现实情境下，制度执行如结果考核不严格、过程监督极为松散，那么后续的变量中奖励和惩罚的依据是不科学的，执行刚性也没有意义，由此说明制度执行的方式是非常重要的，目前看来过程监督并且即时奖励对激励低遵从意愿的个体选择遵从行为是最有效的。

（四）典型遵从/非遵从行为群体涌现情形仿真

如前所述，在仿真系统中可尝试 5 种典型情形，据此可分析制度执行偏离行为涌现的典型情境。5 种情形分别是：第一，自然正向收敛情形，在 3D 区的活动演化出所有 Agent 均呈现绿色并且均处于数字上方位置的状态，即"高意愿—高遵从"状态；第二，强制正向收敛情形，在 3D 区的活动演化出所有 Agent 呈现为橙色或深红色但处于数字上方位置的状态，即"低意愿—高遵从"状态；第三，高意愿发散情形，在 3D 区的活动演化出所有 Agent 呈现为绿色但数字上下方的位置上均有分布的状态；第四，低意愿发散情形，在 3D 区的活动演化出所有 Agent 呈现为橙色或红色且在数字上下方的位置上均有分布的状态；第五，反向收敛情形，在 3D 区的活动演化出所有 Agent 颜色不一，且均分布在数字下方位置上的状态。本部分尝试通过仿真探讨这 5 种典型情形的制度参数组合。

1. 自然正向收敛情形

图 10 - 22 给出的是自然正向收敛的情形，系统的输入参数组合如表 10 - 14 所示。

表 10 - 14　自然正向收敛情形的参数组合

参数	MBRT	WBCD	QTZD	GRLY	GRCB	ZZLY	ZZCB	WFSY
取值	5	5	1	5	1	任意	3	1
参数	KHLD	JDLD	JLCD	CFLD	ZXGX			
取值	5	5	5	5	5			

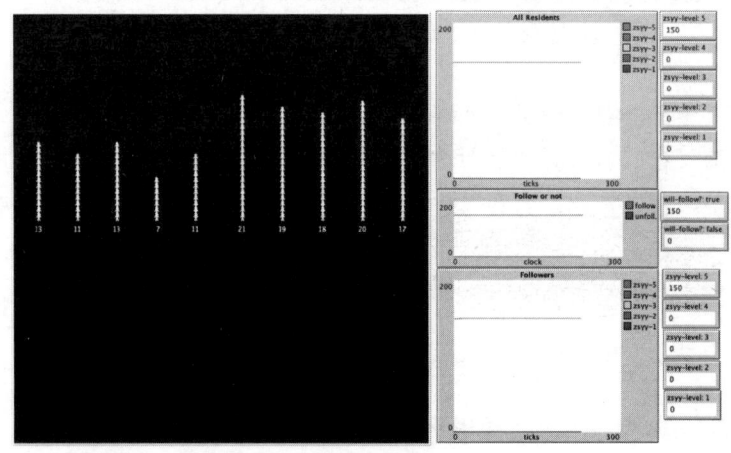

图 10 - 22　制度的自然正向收敛输出

这是制度设计与执行的最理想之状态，员工对该项制度的方针目标高度认同，对制度内容规则设计的科学性和完备性高度认同，对制度与其他制度之间是相互补充且互为支撑的关系高度认同，实施该项制度给个体带来较高的收益，个体执行该项制度无须付出成本，制度对组织是否有利影响不显著，组织执行该项制度的成本中等，此外个体违反该项制度没有任何收益。这种情境将产生高度的制度遵从意愿。在制度执行过程中有严格的结果考核、同时有严密的过程监督、并且奖励和惩罚的力度均比较大，同时制度执行刚性，如此便可形成自然收敛的状态。此时若放松制度执行强度，群体成员是否会继续呈现正向收敛输出？在仿真实验中逐渐下调执行参数，结果如图 10 - 23 所示，呈现出高意愿发散的涌现情形。

2. 高意愿发散情形

图 10－23 是在自然正向收敛情形下逐个降低制度执行参数得到的仿真输出。在降低 KHLD 时系统未给出响应，输出框的折线图遵从行为曲线中第一个下行转折点是在降低了结果考核的严格程度后又降低过程监督的严密程度时出现的，随后下调奖励与惩罚力度，折线平稳下降，在降低执行刚性后再次出现较大的转折。

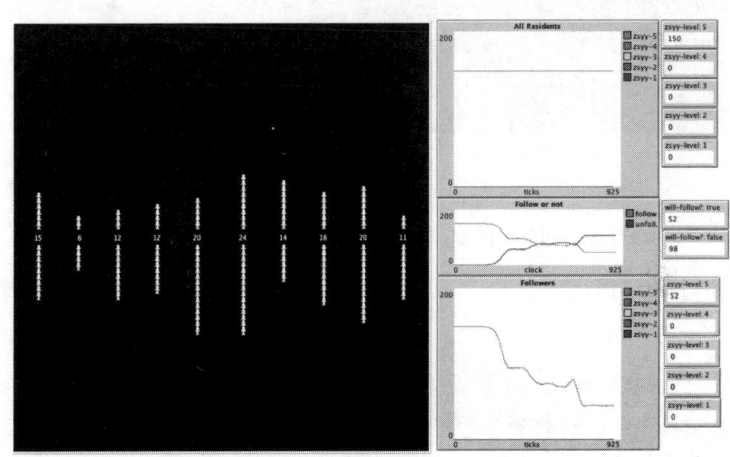

图 10－23　高意愿发散情形仿真输出

高意愿发散情形的参数并不唯一，在自然正向收敛状态下，先后下调不同的制度执行参数可获得自然发散情形。表明在现实煤矿企业当中，不论制度的设计多么合情合理、科学先进，就当前员工的认知水平而言，仍需要进行较高强度的制度执行水平。

3. 强制正向收敛情形

图 10－23 给出的是自然正向收敛的情形，系统的输入参数组合如表 10－15 所示。

表 10－15　强制正向收敛情形的参数组合

参数	MBRT	WBCD	QTZD	GRLY	GRCB	ZZLY	ZZCB	WFSY
取值	1	1	5	1	5	1	5	5

参数	KHLD	JDLD	JLCD	CFLD	ZXGX
取值	5	5	5	5	5

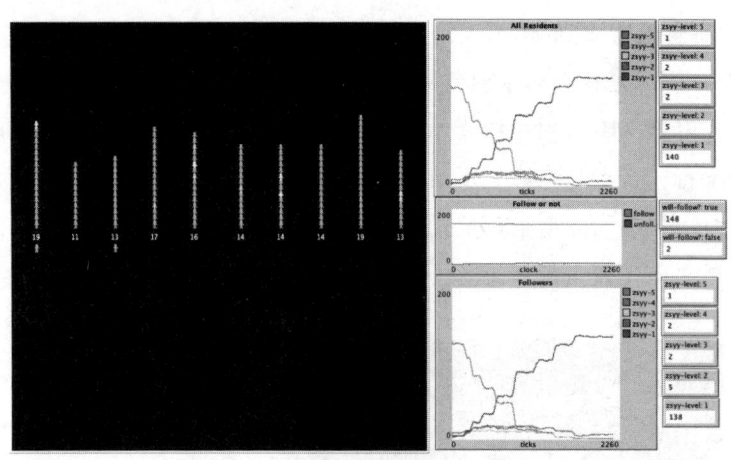

图 10 - 24　制度的强制正向收敛输出

图 10 - 24 模拟了制度设计与执行的一种较为极端的状态，员工对该项制度的方针目标极度不认同，对制度内容规则设计的科学性和完备性不认同，认为制度与其他制度之间存在冲突，实施该项制度不会给个体带来任何收益，个体执行该项制度需要付出很大的成本，制度实施对组织也无利，执行成本是否有利影响不显著，此外个体违反该项制度将有很大收益。这种情境将产生非常低的制度遵从意愿。在制度执行过程中有严格的结果考核、同时有严密的过程监督、并且奖励和惩罚的力度均比较大，同时制度执行刚性，如此形成了极端的制度强制正向收敛输出状态。强制收敛情形的出现取决于制度执行参数，无论意愿如何分布，执行强度够强都会出现强制正向收敛的情形。强制收敛状态并不稳定，一旦调整执行参数，非遵从行为就会大量涌现。对比制度行为输出框和遵从者意愿分布输出框，在强制正向收敛情形下，个体的意愿与行为形成了极大的反差，即存在强烈的认知失调，长期的失调必然对个体心理产生损害，甚至导致反生产行为的产生。

图 10 - 24 与图 10 - 25 是在强制正向收敛状态下，下调结果考核严格程度和过程监督严密程度后的涌现状态，又符合了低意愿发散和反向收敛两种情形。

4. 低意愿发散情形

如上，图 10 - 25 是在强制正向收敛情形下调低考核力度所呈现出的涌现现象。

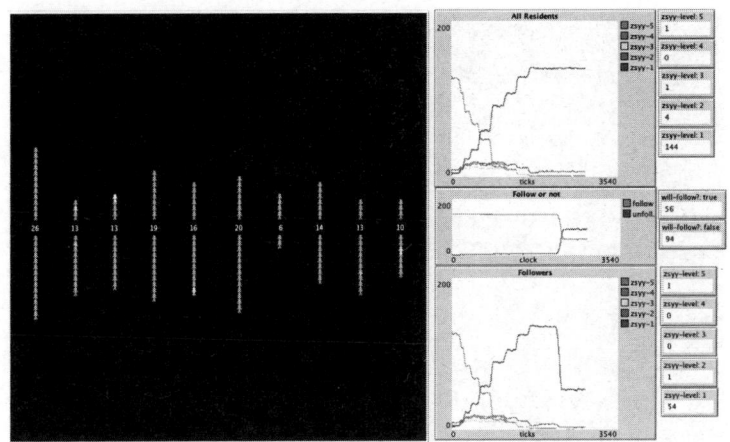

图 10 – 25　低意愿发散情形仿真输出

　　低意愿发散的情形是强制正向收敛向反向收敛的过渡，在群体低意愿状态下，任意调低执行中的参数都可能涌现出发散的情形，因而参数并不唯一。总体特征是员工对该项制度的方针目标极度不认同，对制度内容规则设计的科学性和完备性不认同，认为制度与其他制度之间存在冲突，实施该项制度不会给个体带来任何收益，个体执行该项制度需要付出很大的成本，制度实施对组织也无利，执行成本是否有利影响不显著，此外个体违反该项制度将有很大收益。这种情境将产生非常低的制度遵从意愿。而制度执行过程中任意一个参数的强度降低都会出现类似的情境。

　　5. 反向收敛情形

　　如前所述，图 10 – 26 是在强制正向收敛情形下，下调 KHLD 和 JDLD 两个变量后的输出。

　　图 10 – 26 也是制度设计与执行中的一种极端状态，与自然正向收敛相对，呈现出"低意愿—低遵从"现象。其参数特征是员工对该项制度的方针目标极度不认同，对制度内容规则设计的科学性和完备性不认同，认为制度与其他制度之间存在冲突，实施该项制度不会给个体带来任何收益，个体执行该项制度需要付出很大的成本，制度实施对组织也无利，执行成本是否有利影响不显著，此外个体违反该项制度将有很大收益。这种情境将产生非常低的制度遵从意愿，此时在制度执行过程中既无结果考核也无过程监督，即可出现反向收敛的输出，其他执行变量影响不大。

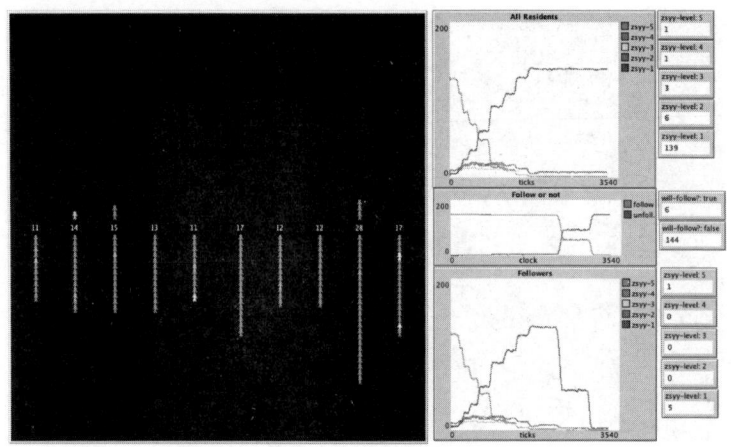

图 10-26　反向收敛情形仿真输出

（五）仿真结果讨论

根据前文的研究，将影响制度遵从意愿的制度设计因素和影响制度行为的执行系统参数分别进行检验。最初状态将设计因素的初始值设置为中间值，而制度执行系统参数设置为最优值，在此状态下分别"逐一"和"接续"调整制度设计因素，仿真得到如下主要结论：员工对制度设计的目标认同（MBRT）程度，对制度内容规则设计的科学性和完备性（WBCD）的感知，对该项制度与其他制度的协调程度（QTZD）感知均对制度遵从意愿产生显著的影响，其中以目标认同（MBRT）影响最大，与其他制度的协调程度（QTZD）次之，内容的完备程度（WBCD）最小。从制度设计的利益取向角度进行评价，制度设计与执行使个体获得的利益（GRLY）与个体执行付出的成本（GRCB）均影响制度遵从意愿，个体感知到的制度实施使个体获利（GRLY）对制度遵从意愿的影响大于制度实施过程中付出的成本感知（GRCB），员工感知到的制度实施使组织获利（ZZLY）程度对其制度意愿没有明显的影响，而员工感知到的制度实施需要组织付出成本（ZZCB）的大小对制度意愿的影响表明，当员工认为组织实施该项制度的成本是"适当的"，即模拟输入参数为"3"时，遵从意愿最高。参数接续变动的情形下，制度遵从意愿的变动与始于初始状态下单个变量调整的变动情况不完全相同，随着参数的逐个调整，即使单个变量调整时影响不显著的在连续调整状态下也对降低遵从意愿起到了显著的作用，呈现"雪上加霜"的劣化趋势。

在系统出于 Agent 群体呈现低遵从意愿的情形下，"逐一"和"接续"调整制度执行系统参数，得到如下重要结论：制度执行参数中结果考核的力度（KHLD），过程监督的严密力度（JDLD），遵从奖励对个人的吸引力程度（JLCD），故意违反的惩罚力度（CFLD）以及执行刚性（ZXGX）在低水平的制度遵从意愿情形下均对制度遵从行为有显著的作用，都能显著增加遵从行为频次。从折线图的趋势来看，过程监督的严密力度（JDLD）参数变动对遵从行为的影响强度最高，其后依次是执行刚性（ZXGX），奖励程度（JLCD），惩罚力度（CFLD）和结果考核力度（KHLD）。接续调整以上制度执行参数，在遵从行为输出框图中出现两个明显的转折，分别发生在将 KHLD（结果考核力度）和 JDLD（过程监督力度）从5调至1的时刻，当这两个变量调整至最低后，再行调整 JLCD（奖励程度）、CFLD（惩罚力度）、ZXGX（执行刚性）系统输出只出现轻微的变化，选择非遵从行为的人数少量增加。符合现实情形下制度执行若存在结果考核不严格、过程监督松散等情形，那么后续的变量中奖励和惩罚的依据不足，输出图形变动较小，说明制度执行的方式是非常重要的，目前看来过程监督并且即时奖励对激励低遵从意愿的个体选择遵从行为是最有效的执行措施。

最后对群体制度行为涌现的四种典型情形进行了模拟，得到了自然收敛（高意愿—遵从涌现），强制收敛（低意愿—遵从涌现），发散（高意愿—行为无规律、低意愿—行为无规律），以及反向收敛（低意愿—非遵从涌现）的组合参数。

第五篇
安全监管偏离行为管控

中 国 煤 矿 安 全 监 管 制 度 执 行 研 究

第十一章　安全监管偏离行为的
管控对策建议

从仿真结果看，在寻租作用下煤矿安全监管状况呈现出波动状态，呈现出不稳定震荡特征，寻租也反映出促进性和抑制性双重特征。市县级管理部门一般位于煤矿企业所在地，与煤矿企业互动频繁，煤矿企业向其行贿的可能性高于国家级、省级管理部门。在一定的寻租范围内，煤矿企业也可受到国家级、省级管理部门的权力寻租，在此范围内并不会对煤矿造成大的损失。但是，这仅仅是短期假性现象。从长期看来，当寻租强度超过临界点时，事故发生率呈现持续增高的趋势。因此，为保障我国煤炭产业长期稳定、健康发展，必须从根源上取消寻租，才能遏制煤矿安全监管中存在的权力腐败，才是真正改善我国煤矿安全状况的有效途径。

一　基于"三源"健康监管的策略模型

根据陈红的研究，煤矿安全监管具有公共性产出、条件性产出、公共物品属性等特征。明确煤矿安全监管具有的基本特征，能够更好地引导提升煤矿安全监管状况的制度体系等政策建议。

第一，煤矿安全监管是公共性产出，具有完全主体贡献特性。安全监管制度的核心目标是安全产出，在具体实践中煤矿安全监管绝不仅是参与人一方的事，而是参与人各方共同促成的结果。煤矿生产多属地下作业，环境特殊，作业面复杂封闭，工作点分散又贯通，因而煤矿安全监管必须取决于所有的行为主体做出的一致稳定的行为选择，所以煤矿安全监管具有完全主体贡献特性，即安全是煤矿生产系统众多产出主体共同承担的一项不可分割的产出任务，是一种依赖于"全部主体安全行为选择结果"的公共性产出，以系统状态形式呈现，具有"多对一""协同性""非物质性"的特征。

第二，煤矿安全监管是条件性产出。所谓条件性是指安全产出不是煤矿企业的根本目标性产出，而是满足其实现根本性目标产出根据系统内部均衡要求以及社会限制性要求而投入资源所获得的产出。相应地，基于煤矿企业生产组织情境，原煤等产出是其根本性目标产出，我们称其为核心经济性产出。煤矿企业的条件性产出与核心经济性产出之间是相互依存，又互有矛盾的两个产出目标，一方面安全目标是经济目标实现的保障，另一方面没有经济目标的实现，安全目标也难以支撑和维系。

第三，煤矿安全监管具有公共物品属性。在同一企业内部，各部门和成员对安全的消费不具有竞争性和排他性，存在"搭便车"的可能性。同时，由于企业内部存在职权分割，部门和成员间又形成了各自的利益团体，出于效用最大化的考虑，这些利益团体多是以经济目标为主导，而主动以具有公共物品属性的安全目标为主导的动力不足，其必然影响企业的安全产出的总体水平。

煤矿安全监管制度相关人组成了煤矿安全监管的各种利益主体，其寻租行为存在于行为选择的某些环节。煤矿安全监管制度相关人由外部制度制定者、外部监管者、内部制度制定者、直线管理者、职能管理者、内部监管者、一线作业人员等构成，他们在任务立场、人格特质、效用偏好、风险偏好等方面存在差异，也决定了他们拥有不同的效用准则、行动准则和行为维系路径。制度、利益相关人都对煤矿安全监管产生影响，借鉴陈红的研究，图 11 - 1 反映了煤矿安全与生产制度、利益相关主体的相互作用关系。

从长期来看，寻租对于煤矿的生产力具有抑制作用，也恶化了煤矿安全监管状况。本着稳定、健康的发展思路，有效遏制寻租是提升煤矿经济产出和安全产出的必然路径，生产力的健康促进是煤矿经济产出和安全产出提升的最终目标，健康关系的构建是煤矿经济产出和安全产出的有力保障。

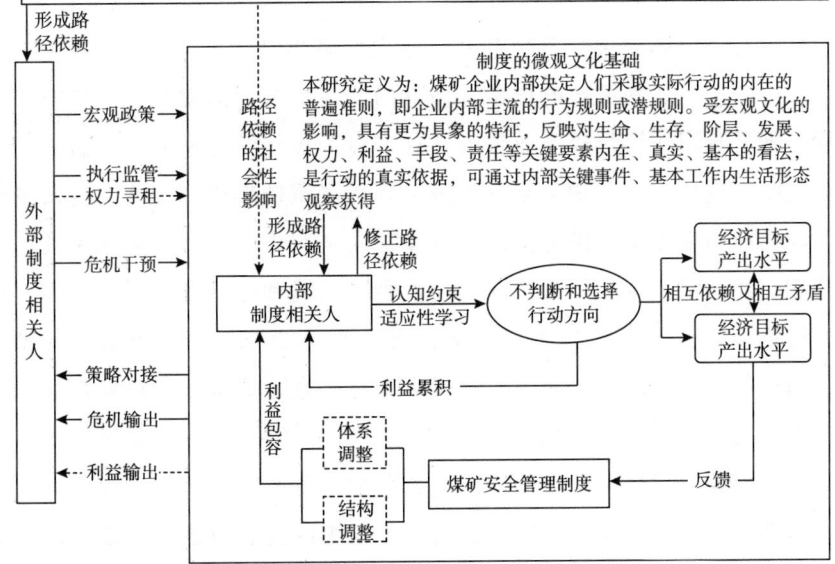

图 11 -1　煤矿安全监管制度与制度相关人行为选择关系

由前文研究结论可知，寻租行为损害了煤炭经济的长期稳定发展，应予以遏制；生产力的促进应以健康、稳定为前提，而不能为了短暂性经济增长以长期发展为代价；煤矿企业的管理者和员工应该建立更加和谐的关系，防止行为和心理异位。因此，基于寻租行为生产力的特征，煤矿安全监管应从危害安全监管状况的源头出发探寻安全策略。根据仿真结果，寻租行为的长期负效应、生产力的扭曲性增长、管理者与员工行为心理异位是危害煤矿安全发展的三大源头，为改善煤矿安全生产状况，本研究从寻租、生产力、健康关系三大源头的改善出发，从寻租源的抑制、生产力源的健康促进、健康关系源的构建三个层面建立基于三源健康监管的策略模型。

1. 寻租源抑制层面

安监部门人员寻租概率受到部门收入水平、煤矿企业贿赂金额、国家罚款力度、国家监督成本、合理寻租范围因素的共同制约。煤矿企业是否选择贿赂的概率与安监部门人员正常工资收入、贿赂金额、罚款金额、合理寻租范围有关。可以看出,层级不同会造成管理部门寻租概率的不同,而且煤矿企业应对寻租的选择也不同,层级差异即反映了监管权力在层级上的分布差异。

在现行监管体制中,多是上下级链式管理结构,其实这种层级关系也提供了寻租空间。地方政府煤矿管理部门对煤矿企业的安全生产负有管理职责,尤其是对于将煤炭产业作为支柱产业的煤炭资源型城市而言,城市的兴衰受到资源型产业的牵制,经济、环境严重依赖煤炭产业,行政管理部门与煤矿企业的关联极为密切,对煤矿安全监管也发挥着更为重要的监管作用,同时滋生寻租行为。现在随着资源枯竭和经济发展需要,煤炭城市开始逐步培育非资源型主导产业,谋求产业结构由单一型向综合型转化,由低级向高级转化,使资源型城市向加工城市或综合型城市演化,完成产业和城市的转型,跳出一般煤炭城市的生命周期[196]。在煤炭城市转型的同时,若希望煤矿企业保持市场竞争力,行政管理部门对煤矿企业的行政监管权力也应该随之转型,过去基于权力的监管应该更多考虑煤矿企业的需求,并发挥监管部门执行安全监管的职能。对于煤矿安全监管部门而言,寻租行为的盛行对传统的直接链式管理结构提出了质疑,煤矿企业处于管理结构的底层,只能被监管,无法发挥作为利益主体的能动性和监督作用。

为遏制寻租,需建立消除层级差异、体现职责分工的环式管理结构(见图11-2)。安全监管部门对煤矿进行安全检查,煤矿企业将安全监管部门的监察反馈给行政管理部门,由行政管理部门对安全监管部门进行监督。在环式管理结构中,煤矿企业不再只是被监管的主体,而是参与到整个监管流程中,若安全监管部门向其寻租,煤矿企业可将信息直接反馈到行政管理部门,保障了煤矿企业的利益;而且,行政管理部门可直接监督安监部门的监管职责,确保其监察高效真实;同时三方处于环状结构中,相互之间的监督更为直接有效。环状管理结构使各主体既执行了本身职责,又能充分相互监督。

2. 生产力源健康促进层面

由仿真结果可知,国家级、省级管理部门的一定范围的寻租对安全状况无明显影响,虽然市县级管理部门在未达到寻租强度临界值时的寻租具

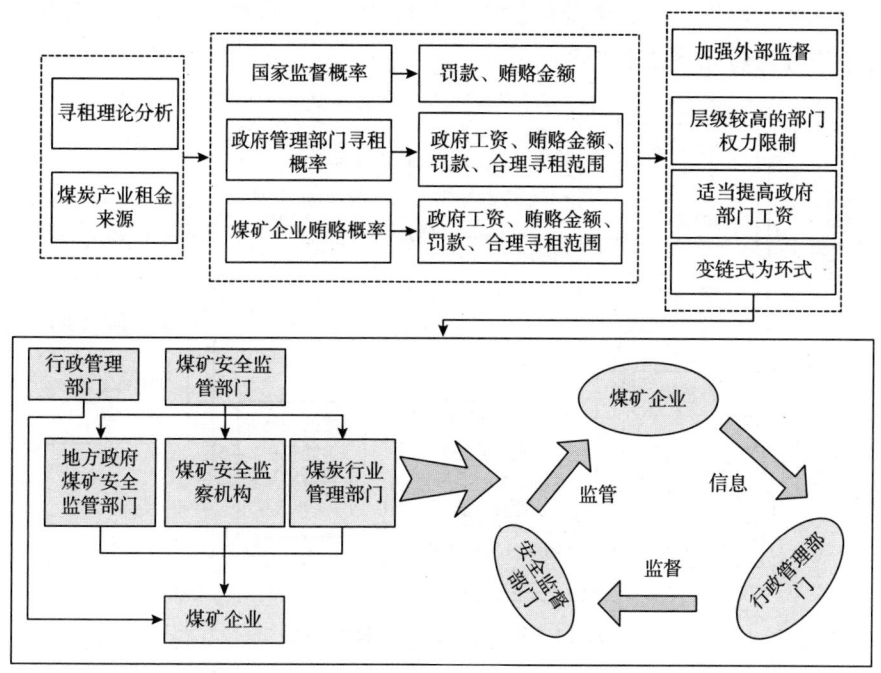

图 11－2　寻租抑制策略模型

有一定的生产力促进作用，但这种促进作用是不健康的。而且，在寻租作用下，生产力呈现大幅度波动特征，有悖于经济发展长期、健康、稳定的要求。为引导生产力健康稳定发展，应该制定鼓励煤矿企业从寻租行为中获利转向在企业经营过程中寻求利润的寻利行为，在政策制定层面要把可能存在的暗租转化为明租并公平分配，促使煤矿企业通过正常运营获得明租，不仅遏制了寻租，而且提高了企业竞争活力，促进了生产力的健康稳定发展。生产力健康促进策略模型如图 11－3 所示。

　　将过去基于个人判断、部门判断或机构判断的政策、制度等设租来源，从制度出台，到具体实施，再到实施后反馈的全过程公开操作，减少不当寻租的发生。在政策角度，应立法变暗租为明租公平分配，使政府监管或批复的内容具有可监督性，即开放第一层面的寻租竞争，促使这一层面寻租活动中"租"的消散，可用于减少寻租者的预期得利。如公开获取证照、批文、额度、特许权的煤矿企业资格条件等；政府扶持政策实行公开招标，让效率最高的煤矿企业优先使用社会的有限资源；减少暗租，征收合理的资源税，以限制煤矿企业的超能力开采。暗租向明租的转变其实将不当寻租转化为公平竞争。

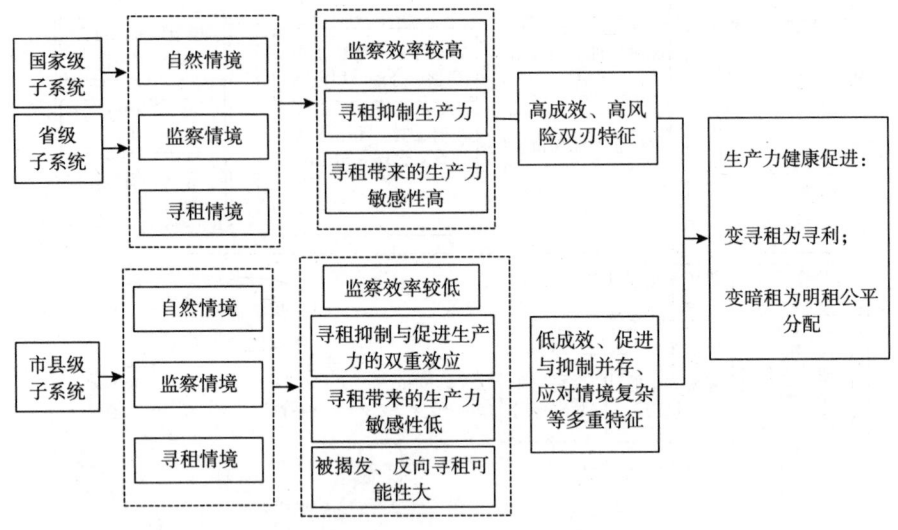

图 11 - 3　生产力促进策略模型

3. 健康关系源的构建层面

寻租的存在反映了煤矿安全监管中非健康的监管关系，导致了管理者和员工的行为异位。企业若想提高自身竞争力，管理者与员工必须具有统一一致的组织目标，克服异位现象。为构建健康的"管理者—员工"关系，尤其是在寻租存在的情况下，需实行"刚柔并济"的管理模式，在制度执行方面实行刚性原则，但在制度的执行过程中重视沟通，沟通时实行柔性原则，改变传统的强制性和权力性，变"重管轻理"为"理管并重"，让组织共同愿景把管理者和员工行为联系在同一路径上，变异位为正位，达成一种健康的监管关系、管理者与员工关系。健康关系的构建策略模型如图 11 - 4 所示。

消除管理者与员工之间的异位现象，能使管理者和员工为共同的组织目标努力，营造和谐积极的企业文化。寻租行为的存在破坏了健康的管理者与员工关系，而有效的管理方式可以防止异位现象的发生。"理管并重"管理方式更加重视管理者与员工之间的沟通过程，管理者需要以自身行动向员工展示企业内部管理方式的公平合理，引导员工加强自身能力提升，重视管理，重视沟通，将组织目标的实现深入人心。

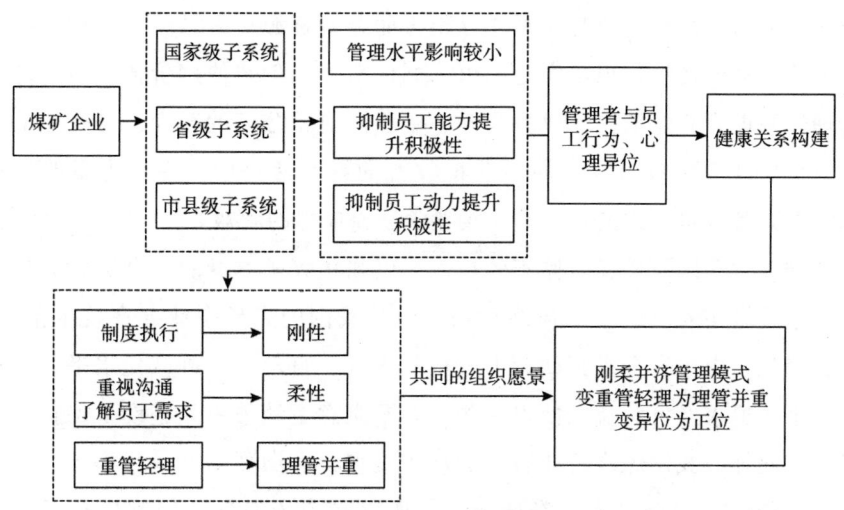

图 11 - 4　健康关系的构建策略模型

二　宏观层面策略实施与保障

为促使我国煤矿安全监管迈上新的台阶，在宏观层面应创造增进煤矿安全监管的环境、制度、引导机制等。

从宏观层面讲，煤矿安全监管的政策与体制改革可以加强行业管理部门、安全监管部门、煤矿企业之间的相互监督。一个体现监察、行政和生产企业间相互制约、精神地位平等的"三方环状等权"管理体制，可以有效改善生产企业"被动适应"的角色地位，抑制寻租行为的发生。现存的链式权利监管体制，煤矿企业处于被动和被监管链条的最底端，各方权力不平等，为寻租行为的发生创造了条件；而环状管理体制中，监察、行政、生产企业三方履行各自不同职责过程中形成相互监督、共同发挥作用的平等主体，若一方向另一方寻租或送租，环状循环式的关系模式将会使得这种寻租行为是徒劳的和无意义的，寻租行为不具有原始动力从而不会发生。这种环状管理体制抑制了寻租行为，也从根本上节约了监督成本。

在立法变暗租为明租公平分配的基础上，使政府监管或批复的内容具有可监督性，可进一步建立引导企业从寻租向寻利转变的监管制度，它能够将相关的寻租行为引导和转变为寻利行为。监管制度体系的完善，能够使管理部门、煤矿企业都无须在寻租方面花费资源，而是深入研究如何能够创造更多的经济产出和安全产出，如何最大化创造使用价值。通过环状管理体制提升企业地位、政务公开、暗租向明租分配的转变，将企业的注意力引导到遵循政策、法规而获得收益的寻利活动中，集中力量改进技术、提升管理水平，通过参与市场竞争获得应得的利益。

增加对我国煤矿安全监管的投入，以强化煤矿本身的安全监管为出发点，这是煤矿安全监管的最终目的。目前我国的煤矿企业存在技术落后、设备老化、由于资金紧张而无力改造的现象，自动化、机械化水平处于较低水平。追求经济利益，使得一些企业不愿意主动采用先进设备保护工人安全。此外，我国煤炭行业属于劳动密集型，在激烈的市场竞争下，煤矿企业不断减少安全投入，降低成本，所以必须依靠健全的制度体系做支撑。目前中国缺乏明确、具体、可操作性强的安全法律，应提高煤矿行业准入门槛的高度。

我国也应充分学习美国成熟的安全监管体制的发展经验，包括法律界定清晰，政府行政检查严格，增加统计汇报透明度，限制向存在安全管理问题的煤矿企业贷款，对事故发生率高的企业征收更高的保险费，改善作业环境和安全设备，规定高额赔偿事故伤亡者。这都意味着低安全生产水平的企业会面临更大的风险或受到更大的损失。在现阶段下，我国处在经济高质量发展时期，必须依靠强有力的法规规范煤矿作业，政府承担的职责较大，投入和监管是必不可少的两个方面。

提高我国煤矿安全监管制度的规制效果，使煤矿安全监管的法律法规都真正发挥作用，一方面现有的煤矿安全监管法律法规仍需要进一步完善，尤其在煤炭行业的安全准入标准方面，必须设立严格、可操作性强的规则体系。对于无法达到安全监管标准的企业，禁止进入煤炭行业，或者强制关闭停产，确保安全监管法规的权威性与原则性。另一方面，煤炭行业的监管主体必须责权利分明，明确各机构的职责范围，相互监督，相互制约，避免出现向煤矿企业非法寻租影响安全监管的现象。除此之外，煤矿企业的安全监管需要社会公众的共同关注与监督，法律法规执行程序的公开性与透明性是制度发挥作用的有效途径。

在遏制寻租行为的同时也应加强对反向寻租的监督和控制。煤矿企业向政府寻求政策方面的优惠，一方面，如果寻求的政策是巩固自身地位，不利于公平竞争的政策，则这种反向寻租会促进不公平竞争，不会改善煤矿整体的安全监管状况，甚至由于要求降低安全监管标准而使安全监管状况恶化；另一方面，如果这种政策有利于煤矿企业规避现行监管体制的不合理之处，这种反向寻租能在某种程度上改进现行体制设计的缺陷，但从长期来看，这也增加了我国煤矿安全监管的复杂情境，不利于安全监管体制的完善。因此，反向寻租是煤矿企业基于自身利益的寻租活动，是不值得提倡的。完善安全监管体制，避免恶性寻租的深层次发展，才是提高煤矿安全监管的有力保障。

政府还应加大对安全事故率低的煤矿企业奖励力度，鼓励企业、高校研发安全生产方面新的理论方法，从政策上多方面扶持对安全生产有突出贡献的煤矿企业，增加投入确保进行安全生产的煤矿，不因增加安全设备、规范操作而使经济利益受损。从企业追求经济利益角度来看，只有安全生产状况下煤矿管理者得到的综合收益大于非安全生产下的收益，煤矿管理者才会鼓励煤矿工人提高认知，进行安全生产。政府应担负起宏观指引责任，增加财政投入，保障煤矿企业进行安全生产的经济利益，这样煤矿企业才能主动积极进行安全生产，投入足够的人、财、物和热情，不断开发新技术、新的管理方法保障工人生命健康。

三　微观层面策略实施与保障

在微观层面，具体的安全监管部门、煤矿企业自身也要意识到安全生产的重要性，从自身内部加强安全管理。

管理部门的监管规范性和合法性需要加强。市县级管理部门人员的寻租行为对企业造成的影响最为明显，地方政府要提高对煤矿安全监管的效率，以发现安全隐患为出发点，并加强对寻租行为的监督，发现向煤矿企业寻租的单位和个人要严厉处罚。此外，成立专门机构接受煤矿企业的举报，一经查实既要处罚违法违纪的单位和个人，也要奖励反映问题的煤矿企业，鼓励煤矿企业在面对权力寻租时变被动为主动，举报寻租行为后煤矿企业的利益会得到有效保障。

　　寻租行为对煤矿员工工作能力提升、工作动力积极性的调动产生负面影响，煤矿企业在尽量避免寻租行为的同时，也要更多地向员工呈现企业积极向上的企业文化。在煤矿企业内部，所有的晋升、薪酬分配、制度执行等都应该是公平合理的，让员工感受到自身能力才是实现自身价值的最关键途径。

　　对于煤矿作业人员的人为、故意违章行为的管控，现有依靠煤矿内部安监人员和各级安监部门现场巡查的管理方法让作业人员感知到的不安全行为法规执行成本发生具有一定的概率性，而行为效价是即时获得并累加的，因而降低了作业人员对行为成本的感知值，表明单纯地依靠人员监察和提高经济惩罚力度控制作业人员故意违章行为收效并不显著。管理失误行为一般分布在"高责任相关—低技术相关"的作业区域，所以在煤矿安全监管中不能仅体现强制约束性的特征，应当以激励相容为导向，提升管理人员主动承担责任的意愿。所以，在煤矿企业内部，应该采用积极安全监管的思想，单纯依靠处罚已不能改善安全状况，甚至使工人容易产生抗逆心理，而是应给予遵守安全监管制度的煤矿工人物质层面和精神层面的双重奖励。这样既能弥补煤矿工人因遵守制度产生的成本，消除工人顾虑，又能提高工人的安全生产认知，激发全体工人遵守安全制度的积极性。在积极安全管理模式下，工人遵守制度的临界成本会逐渐升高，最终人人安全生产，不再存在侥幸心理，实现煤矿的公共安全生产。

　　虽然寻租对管理人员的管理方式影响较小，但是，煤矿管理人员必须清醒意识到寻租是现阶段监管体制不健全的产物，是未来不应该存在的一种扭曲的追求价值方式，不能将其视为普遍存在的正常现象。所以，管理者面对管理部门人员非法寻租时，应该坚决予以抵制或举报，而不应协助管理部门助长寻租风气。而且，管理者也应自律，不能贪图近期利益向管理部门人员主动给租，而是依靠自身竞争力的提升获取资源地位。

　　从煤矿企业的"寻租—环境"效应出发减少寻租行为的发生。在煤矿企业安全生产效率普遍较高的情况下，各煤矿企业都在公平的政策和竞争环境中专注提高安全生产效率，没有在寻租方面花费资源，不存在寻租行为，是煤矿安全生产的理想状态；在部分煤矿安全生产效率较高、而另一部分煤矿安全生产效率较低的情况下，安全生产条件较差的煤矿企业倾向于利用寻租行为获得扶持和优惠，扭曲了国家设立扶持优惠政策的初衷，这种寻租行为导致了资源的浪费和政策扶持的不公平；在煤矿企业安全生产绩效普遍较差的情况下，利用寻租行为获取利益的风气盛行，各煤矿企业普遍采用与管理部门共谋的方式争取自身利益，寻租行为的存在造成煤矿安全监管极其混乱。因此，寻租行为的发生率必然与煤矿企业外部环境和内部安全条件相关，其中煤矿的内部安全条件是最为关键和核心的因素。有效地规制寻租行为，应从规制外部环境氛围和内部安全条件入手，加强对寻租行为的监督，严格控制煤矿安全生产条件，当大部分煤矿企业甚至所有煤矿企业都达到安全生产的标准时，在理论上因为非必要及机会成本的原因，即使管理部门进行权力寻租，煤矿企业与之共谋发生寻租行为的现象也将极少，甚至不会发生。

第十二章 安全监管制度执行偏离行为的管控对策建议

一 主要研究结论的管理启示

安全监管制度执行偏离的研究采用了质性分析、数理统计、结构方程模型以及基于多主体建模仿真等方法，在研究的不同阶段得出如下主要研究结论。

在采用质性研究方法对煤矿企业员工的安全监管制度认知特性与制度行为关系的研究中发现：①煤矿企业员工的认知复杂性低、聚焦性高，并不能获得制度本身，即制度的内容、执行以及实际效果的全面和系统的信息，更多的是通过周围人的行动获取相关制度的知觉信息，具有明显的不完全理性和群体趋同特征，并且其制度情感受到所在环境氛围的影响较大。②对访谈信息进行结构化编码得出煤矿企业员工安全监管制度认知结构可分为以下四个方面：制度的方针和目标、制度的内容和规则、制度的执行过程、制度的背景。③在借鉴主要的"认知—行为"理论的基础上，提出了安全管理制度"认知—情感—意愿"的心理过程，煤矿企业员工基于认知形成的制度情感表征为制度信任，制度信任通过利益相容机制、刚性约束机制与责任交换机制形成制度遵从意愿。

在利用结构方程模型探讨制度相关人的制度认知、心理特征、制度遵从意愿以及制度行为的作用路径研究中，得到如下结论：①被调查人员的年龄、职位层级以及工种不同，自我报告的部分制度行为存在显著的差异，具体表现为，在年龄维度上，45~59岁年龄段的群体自我报告的内源遵从和外源遵从均高于其他年龄段，29~44岁的年龄段自我报告的故意违反行为频次较高；在职位层级维度上，基层员工自我报告更多外源遵从，而高层员工更多报告内源遵从；在工种维度上，采掘一线的员工自我报告外源遵从、故意违反和抱负破坏行为均显著高于其他组别。此外，教育水平的差异对制度遵从行为没有显著的影响。②制度认知特性与个体心理特征对制度遵从意愿的实证检验结果表明个体对制度方针目标的重要性、清晰性，方针目标与现实的匹配性认知正向影响制度遵从意愿；个体对制度内容规则的科学性完备性，制度内容规则与其他制度的协调性正向影响制度遵从意愿；个体对制度背景的人本公正维度的认知，"宣称—执行"一致性维度的认知正向影响制度遵从意愿；冒险倾向反向预测制度遵从意愿。制度遵从意愿对制度行为的作用路径检验发现制度遵从意愿显著正向预测内源遵从，负向预测外源遵从，故意违反以及报复破坏行为。③中介效应检验发现，制度遵从意愿在制度认知特性影响制度行为时发挥完全中介作用，在冒险倾向作用于制度行为的过程中发挥部分中介作用。④对内源遵从行为的交互作用检验显示制度执行资源支持、执行强度、执行刚性、执行有效性与制度遵从意愿正向交互作用于内源遵从行为。⑤对外源遵从行为的交互作用检验显示制度执行资源支持、执行强度、执行刚性、执行有效性与制度遵从意愿负向交互作用于外源遵从行为，制度执行系统运作良好，将弱化低制度意愿对外源遵从行为的预测力，同样，低制度遵从意愿也会减弱制度执行系统对外源遵从行为的正向作用。⑥对故意违反行为的交互作用检验显示制度执行资源支持、执行强度、执行刚性、执行有效性与制度遵从意愿共同负向作用于故意违反行为，且其路径系数大于单独作用时的系数，即遵从意愿越高，制度执行系统运行越好，故意违反行为的发生频次越低。⑦制度执行强度与执行有效性两项指标与制度遵从意愿交互作用于报复破坏行为，且其路径系数大于单独作用时的系数，即制度执行刚性与执行有效性与制度遵从意愿能够共同降低报复破坏行为的发生频次，共同作用的强度大于单独作用的强度。⑧群体的遵从行为带来的秩序感和安全感能有效提高遵从意愿，内源遵从行为，对外源遵从也有正向影响，减少故意违反和报复破坏行为的选择。遵从行为带来的安全奖励或非遵从行为受到的经济处罚，以及遵从行为带来的个人职业发展的收益，对制度遵从意愿没有显著的影响，对内源遵从、外源遵从有正向影响，对故意违反有负向影响。

由具体煤矿企业安全监管制度认知调查得出，被调查企业员工对部分煤矿安全监管制度的知晓度偏低，除了与工作行为密切相关的安全行为管理制度，其余分类项中选择"比较了解"和"非常熟悉"的比例低于50%的制度超过制度总量一半。选择部分典型制度的评价信息，进行汇总分析发现，由于人的认知能力、认知策略的不同，员工对同一项制度的认知存在差异，即便是对制度执行方式、激励措施等客观情形的认知也不一致。

采用多主体建模仿真方法探讨不同的安全监管制度情境下群体制度行为的涌现规律得出如下结论。①员工对制度设计的目标认同（MBRT）程度，对制度内容规则设计的科学性和完备性（WBCD）的感知，对该项制度与其他制度的协调程度（QTZD）感知均对制度遵从意愿产生显著的影响，其中以目标认同（MBRT）影响最大，与其他制度的协调程度（QTZD）次之，内容的完备程度（WBCD）最小。从制度设计的利益取向角度进行评价，制度设计与执行使个体获得的利益（GRLY）与个体执行付出的成本（GRCB）均影响制度遵从意愿，个体感知到的制度实施使个体获利（GRLY）对制度遵从意愿的影响大于制度实施过程中付出的成本感知（GRCB），员工感知到的制度实施对使组织获利（ZZLY）程度对其制度意愿没有明显的影响，而员工感知到的制度实施需要组织付出成本（ZZCB）的大小对制度意愿的影响表明，当员工认为组织实施该项制度的成本是"适当的"，即模拟输入参数为"3"时，遵从意愿最高。上述制度设计参数接续变动的情形下，制度遵从意愿的变动与始于初始状态下单个变量调整的变动情况不完全相同，随着参数的逐个调整，即使单个变量调整时影响不显著的，在连续调整状态下也对降低遵从意愿起到了显著的作用，呈现"雪上加霜"的劣化趋势。②制度执行参数中结果考核的力度（KHLD），过程监督的严密力度（JDLD），遵从奖励对个人的吸引力程度（JLCD），故意违反的惩罚力度（CFLD）以及执行刚性（ZXGX）在低制度意愿情形下均对制度遵从行为有显著影响，都能显著增加遵从行为频次，从折线图的趋势来看，过程监督的严密力度（JDLD）参数变动对遵从行为的影响强度最高，其后依次是执行刚性（ZXGX）、奖励程度（JL-

CD）、惩罚力度（CFLD）、考核（KHLD）。接续调整以上制度执行参数，在遵从行为输出框中出现两个明显的转折，分别发生在将结果考核力度（KHLD）和过程监督力度（JDLD）从5调至1的时刻，当这两个变量调整至最低后，再行调整奖励程度（JLCD）、惩罚力度（CFLD）、执行刚性（ZXGX）系统输出只出现轻微的变化，选择非遵从行为的人数少量增加。在现实情境下，制度执行如结果考核不严格、过程监督极为松散，那么后续的变量中奖励和惩罚的依据是不科学的，执行刚性也没有意义，由此说明制度执行的方式是非常重要的，目前看来过程监督并且即时奖励对激励低遵从意愿的个体选择遵从行为是最有效的。③模拟不同的参数组合可得到制度的四种典型情形：自然收敛（高意愿—高遵从），强制收敛（低意愿—高遵从），发散（高意愿发散、低意愿发散），以及反向收敛（低意愿—低遵从），这四种典型情形可帮助建立制度有效的分类，同时基于五种情形的演化有助于掌握制度参数变化其有效性的变动规律。基于上述主要研究结论及制度"敛散"观，从认知的主客体，认知心理过程以及行为主体多个方面，探讨提高安全监管管理制度有效性的管理启示。

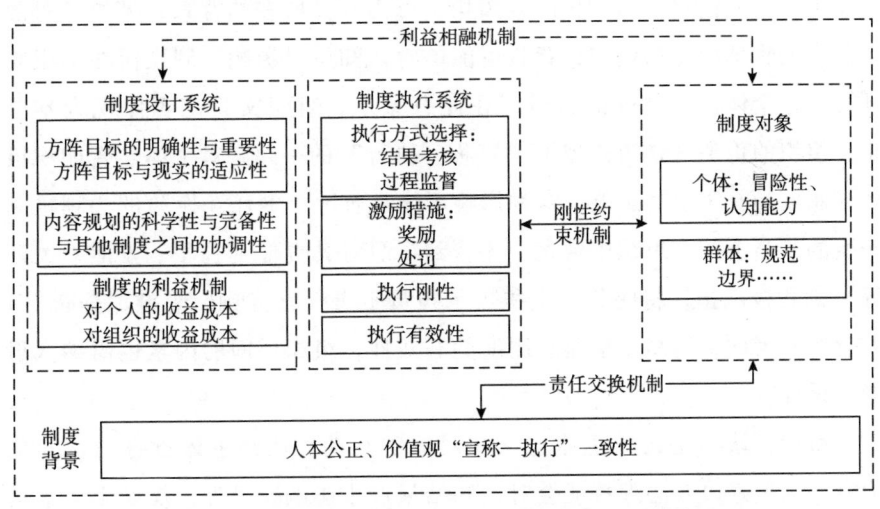

图 12 - 1　煤矿安全监管制度有效性提升的管理启示框架

根据前述研究结果，制度设计系统、制度背景、制度执行系统对个体的制度态度和制度行为有着不同的作用机制，最终由上述因素影响产生的制度行为也具有差异。

基于"敛散"观分析，最重要的是首先考虑制度设计系统，其通过稳定的意愿作用于行为，使行为更稳定，且使得制度在较低的执行成本上运行。仿真结果表明目标认同对意愿的影响最大，因而制度设计中最重要的是明确的方针和目标并使之与现实情形相适应，对制度目标的认同，促使个体产生制度有利的认知判断，形成"个人利益—组织利益"相容的收益判断机制。当然研究结果也表明制度内容规则的科学完备同样重要，但是，一旦制度内容与规则与其他制度之间产生冲突则会对遵从意愿产生非常明显的负向影响，极大地破坏了个体对制度的信任。

其次，应当考虑制度的执行系统，源于认知惯性和对心智成本节约的本能或其他因素，新的制度规则不可能符合所有人的利益，制度的执行系统设计尤为重要，根据研究结果，制度执行方式是制度罚则和执行刚性的基础，且制度采取过程监督的方式对行为的约束效果最显著。制度执行系统作用于制度行为选择需建立其刚性约束的心理机制，形成制度信任，信任制度本身、信任制度相关人，减少交易成本，提高制度有效性。

再次，人们对一切事物的认知均不可离开其所在的背景，哪怕是对静态恒常的物理形态的认知，背景也能够对认知产生影响。制度所在的组织环境，是个体认知制度的背景，在此背景中，组织文化是否体现人本公正，组织的价值观是否体现了"宣称—执行"的一致，对个体是否能积极认知制度具有重要的影响，这种影响可能是通过"责任互换"的心理机制产生的，当个体在组织中观察、体验到组织对其责任（公平、发展、关怀等）的积极承担，将使其产生积极承担员工责任（守则、忠诚、勤奋等）的意愿。因此，提高安全监管制度的有效性，组织层面的因素也需纳入思考和设计。

最后，认知是认知主体与认知对象的互动，认知主体自身的认知能力、认知偏好以及心理特征会对认知结果产生影响。另外，煤矿生产活动通常是群体性的活动，当个体的认知能力越低，其所在群体的规范对其行为选择的影响越大。由于煤矿安全监管制度是复杂的认知对象，在缺乏足够的宣传教育的情况下，认知水平较低的个体可能会放弃主动性认知，选择跟随群体行为，因此从制度认知主体，或者说是制度作用对象的角度同样有值得探讨的问题。

如此综合上述管理启示，设计煤矿企业安全管理制度有效性提升的对策建议。

二　制度设计层面的对策建议

安全发展是国家发展的重要战略目标，当前煤矿企业的安全监管制度建设应充分体现组织对安全健康目标的积极追求。目前煤矿企业的安全监管制度虽然形式上已经形成规范的体例，实际上制度目标不明确，或是应付上级要求，或是临时因领导意见而设计，内容简单，缺少规则设计或规则逻辑混乱。根据研究结论提出如下建议。

煤矿安全监管制度需要顶层设计。煤矿企业需要明确安全健康发展总体战略目标及近期与远期的安全健康生产规划，在此基础上进行煤矿企业安全监管制度的顶层设计。顶层设计的目的是：第一，形成统一的制度框架，统一的框架能够确保制度与制度之间逻辑统一，有利于制度体系的完备性；第二，明确各项制度的方针和目标，通过仿真目标的相互支撑，概览制度体系，使各项制度之间避免重复、冲突等情况，并且清晰的制度方针和目标能够帮助员工对制度形成积极的认知；第三，规范制度行文的科学性，使各项制度在内容设计时有明确的行为标准。

煤矿安全监管制度需明确方针目标，并使其与现实情形相适应。研究结果表明员工对制度方针目标的认同程度越高，其遵从意愿越高。各企业应当组织相关人员对各项安全管理制度的方针与目标进行讨论，使之明确，通过明确的方针目标向员工传达该项制度的价值。同时，还需要讨论组织的现实情形，包括资源禀赋、地质条件、生产设备与工艺、安全设备设施、企业经营获利以及人力资源状况等情形，使每一项制度的方针和目标与企业现实情形相匹配。

对制度的内容规则进行科学设计。根据研究结果，各项制度内容规则需经过充分的调研与讨论，必须符合企业生产的现实情形，匹配企业发展性的资源状况，与此同时制度与制度之间，内容上应尽量做到独立且能够有效衔接，规则上亦不可冲突。建议企业废止无效、冲突、重复的制度，重新整合符合企业实际情形，目标重要清晰、内容规则指导性强的制度，改写目标重要但内容规则设计缺陷的制度，并在同一框架上查缺补漏，对现有制度疏漏的内容进行增补。必要时，可聘请外部专业人士，咨询专家等进行内容规则的撰写。内容规则的科学完备有利于企业员工形成较为一致的、准确的制度认知。

三　制度执行层面的对策建议

制度执行系统是确保制度在现实情境中得以实施运行的工具和手段。每一项制度的产生由于认知惯性、心智成本节约或其他利害关系需要制度对象付出一定的成本，执行系统是激励个体去付出成本做出符合制度约束指向的行为。

研究结果表明，个体基于自身认知形成稳定的意愿更利于其形成制度信任机制，促进内源遵从行为选择频次，而基于对他人行动的观察产生的制度行为选择情况下，个体的遵从意愿较为不稳定。因此在制度执行过程中应充分重视教育培训的作用，尽量使更多的个体能够通过学习和实践操作全面、清晰地了解和掌握制度的内容规则。

制度执行过程中的支持资源与个体遵从意愿交互作用于各类制度行为。企业根据方针目标的重要性对各项制度的实施配置不同的资源，关键制度的执行需获得充分的组织、人力、经济等方面的支持资源。

制度执行强度。多数制度在执行初期对罚则的依赖较重，需要通过实施直接针对行为的刺激才能够在有限的时效内实现对行为的改变。安全健康管理制度的方针和目标总体上是利于组织利于个人的，但由于制度本身内容规则的设计或个体认知的不足，使得制度执行需要借助强制性的手段和方法。但是制度执行的强度也并非越高效果越好，高强度在带来短期效用的同时，可能会促使报复破坏行为的产生，特别是在个体不能够正确认识制度目标的重要性以及不能理解和掌握制度内容规则的情形下，因此需要设计恰当的执行强度。此外，根据仿真的结果可知，制度执行系统中过程监督对低意愿情形下的制度有效执行最有效，如何增强生产活动过程的可察性，是制度执行需要重点考虑的问题。当前通过监察人员和监控设备的监察实现行为可察，在可察的基础上制度的罚则（制度奖励与处罚等激励措施）才能够发挥作用。

制度执行刚性。制度的执行刚性对四类制度行为均有显著的作用。制度执行的刚性体现公平原则，执行过程中任何的制度缺口都会降低遵从行为的频次。建议煤矿企业关注内部信息传递的渠道建设，利用多种现代通信手段，使各类安全生产和制度执行的信息能够真实、快速且可控地传播，使制度执行公开可察。

如研究结果所示，遵从行为选择带来的秩序感和安全感的提升有利于提高遵从意愿，并且遵从行为的获益也能够强化遵从行为。因此，尽管理想的状态是制度作用下个体产生稳定的高遵从意愿，但是基于现实的情境，煤矿企业员工的认知局限性，建议在做好制度建设的同时，必须重视制度的执行过程，使个体尽可能获得制度的直接认知，通过严格规范执行获得好的生产秩序，使遵从获益，形成从外源遵从向内源遵从转变的良性循环。

四　组织管理层面的对策建议

建设"人本公正"的组织文化。制度背景影响认知主体的对安全管理制度的认知判断，组织文化是否"人本公正"影响员工是否对安全管理制度采取积极的认知策略。"人本公正"体现在组织与员工之间在重要事项中的互动，比如分配事项，员工成长与发展事项，职业安全健康保护事项，职业损害安置与关怀事项等。如上重要事项的处理中应将"人本公正"作为首要原则，将有利于积极的组织文化的形成。

关注组织价值观"宣称—执行"的一致性。"宣称—执行"的一致性体现组织的各项工作中对不同的事件、主体是否采取同一的与对内外宣称一致的价值取向，一致性越高，越易形成公平和信任的组织氛围。建议煤矿企业从管理人员和基层员工日常生产过程中实施的积极行动中提炼价值观，明确表示组织所支持的、追求的重要准则，并从实际生产活动中不断丰满价值体系，放弃复制、盲从各类宣传标语，让企业的文化价值源于企业，成于企业。

五 基于认知主体的管理建议

根据研究结果的建议，从个体层面应当采取科学的测评技术甄别冒险性偏高的个体，特别是在工作群体中比较重要或关键的角色不建议选聘冒险性偏高的人员。另外，如前分析，煤矿安全监管制度是一个复杂的认知对象，认知能力弱的个体会放弃对制度的理解和掌握，选择直接随从所在工作群体的规范行事，因此提高个体的认知能力非常重要。建议通过人员选聘、提供有竞争力的薪酬、设计开放有吸引力的发展通路等系统的手段吸引认知能力较高的人员，还可以通过宣传教育、手指口述、岗位帮带、在岗脱岗培训等多种方法提高人员认知能力。

注重对煤矿企业员工按群体进行管理，具体的操作化建议：第一，进行群体类别识别，辨识各工作群体的群体特征，将监察重点向那些需要群体成员紧密协作、成员稳定且工作独立性较强的工作群体倾斜，转变传统"一刀切"式的监管方式为分级监管方式；第二，进行群体关键人物的识别，充分利用关键人物的影响力和感召力。群体关键人物的观点和行为会对群体成员的认知和行为趋势产生重要影响，组织应加强对群体关键人物的引导和管理，发挥其积极作用的同时遏制其消极影响；第三，充分利用群体边界造成的信息不对称优势，阻止制度非遵从行为的扩散。群体边界对内会助长制度非遵从行为扩散，对外则通过屏蔽消极信息阻滞制度非遵从行为扩散。因此，对于存在好的正向规范的群体，组织应尽量使其群体边界"清晰"化；对于已经形成偏常规范的群体则要通过职位轮换、跨部门团队建设、集中培训等方式突破由边界造成的群体封闭，降低信息的不对称性，增加制度非遵从行为可察的概率和降低面临的风险。

参考文献

［1］陈鹏：《中国能源消耗与国内生产总值关系的实证分析》，《国土与自然资源研究》2006 年第 3 期。

［2］Paul Lanoie, "The Impact of Occupational Safety and Health Regulation on the Risk of Workplace," *The Journal of Human Resources*，1992，27（4）.

［3］陈红：《煤炭企业重大事故防控的"行为栅栏"研究》，经济科学出版社，2008。

［4］陈栋生：《东西互动、产业转移是实现区域协调发展的重要途径》，《中国金融》2008 年期 4 期。

［5］李晓西：《东部产业转移趋势与承接机遇》，《中国国情国力》2009 年第 2 期。

［6］陈秀山、徐瑛：《中国区域差距影响因素的实证研究》，《中国社会科学》2004 年第 5 期。

［7］王小鲁、樊纲：《中国地区差距的变动趋势和影响因素》，《经济研究》2004 年第 1 期。

［8］刘满平：《"泛珠江"区域产业梯度分析及产业转移机制构建》，《经济理论与经济管理》2004 年第 11 期。

［9］张春法、冯海华、王龙国：《产业转移与产业集聚的实证分析——以南京市为例》，《统计研究》2006 年第 12 期。

［10］Feng Q., "Chen H. Influence factors of effects of Chinese coal mine safety regulations in different stages," *International Journal of Global Energy Issues*，in press，2014.

［11］周学荣：《生产安全的政府管制问题研究》，《湖北大学学报》（哲学社会科学版）2006 年第 5 期。

［12］姜炯：《重庆再曝煤监腐败窝案》，搜狐财经，Http：//business. sohu. com/20120729/ n349286424. shtml。

［13］夏晓柏、彭立国：《粗放开发下的寻租利益网》，新浪财经，Http：//finance. sina. com. cn/g/ 20111104/025610752385. shtml。

［14］叶檀：《煤老板现象》，搜狐财经，Http：//business. sohu. com/20 0909 22/n26690506 5. shtml。

［15］Tullock G. ，"The welfare costs of tariffs, monopoly and theft"，*Western Economic Journal*，1967，5.

［16］Krueger A. ，"The political economy of the rent seeking society"，*American Economic Review*，1974，64（3）.

［17］Buchanan J. M. ，Tullock G. ，*The calculus of consent*，Ann Arbor：University of Michigan Press，1962.

［18］Tollison R. D. ，"Rent seeking: A survey," *Kyklos*，1982，35（4）.

［19］陈红：《基于不安全行为防控的煤矿安全监管制度有效性研究》，国家自然科学基金申请书，2012。

［20］刘启君：《寻租理论研究》，博士学位论文，华中科技大学，2005。

［21］Bhagwati J. N. ，"Directly unproductive, profit – seeking（DUP）activities," *Journal of Political Economy*，1982a，90（10）.

［22］贺卫：《寻租理论与我国市场经济体制建设》，《昆明工学院学报》1994 年第 2 期。

［23］巫永平、吴德荣：《寻租与中国产业发展》，商务印书馆，2010。

［24］张敏：《从煤炭产业看我国矿业权市场化建设》，《北方经济》2007 年第 9 期。

［25］《国际焦煤价格持续下跌》，网易财经，Http：//money. 163. com/12/0319/17 /7SVPS3DO002533MG. html。

［26］王洁：《澳矿产资源税》，搜狐财经，Http：//business. sohu. com/201 11210/n328581 100. shtml。

［27］赖永添、陈少强、李炜：《加拿大和美国矿业资源税费情况及对我国的启示》，《财务与会计》2012 年第 2 期。

［28］胡珺：《电煤价格并轨仍无时间表》，中国电力网，Http：//

www. chinapower. com. cn/ newsarticle/1164/new1164833. asp。

[29] 陈裔金:《设租与寻租行为的经济学分析》,《经济研究》1997年第4期。

[30] 葛燕:《公务员薪酬制度对政府廉洁程度的影响》,《重庆行政》2009年第4期。

[31] 贺培育、黄海:《"人情面子"下的权力寻租及其矫治》,《湖南师范大学学报》(社会科学版) 2009年第3期。

[32] 李致平、董梅生:《腐败的三方动态博弈模型及其治理对策》,《运筹与管理》2003年第6期。

[33] Smith J. M. , Pan X. Y. , *Evolution and the theory of games*, Shanghai: Fudan University Press, 2008.

[34] Possajennikov A. , "On the evolutionary stability of altruistic and spiteful preferences", *Journal of Economic Behavior & Organization*, 2000.

[35] 刘洋、纪承子、伍阳:《基于演化博弈的煤矿安全监管分析》,《河南科学》2012年第12期。

[36] 郝颖、刘星、伍良华:《基于内部人寻租的扭曲性过度投资行为研究》,《系统工程学报》2007年第2期。

[37] Feng Q. , Chen H. , "Choosing safety production or not? In view of game equilibrium of coal miners and managers", *Disaster Advances*, 2013, 6 (13) .

[38] North D. C. , *Istitution, Institution Change and Economic Performance*, London, 1968.

[39] 齐善鸿、程江、焦彦:《道本管理"四主体论":对管理主体与方式的系统反思——管理从控制到服务的转变》,《管理学报》2011年第8期。

[40] 陈红、祁慧:《积极安全管理视域下的煤矿安全监管制度有效性研究》,科学出版社,2013。

[41] Deutsch M. , "Trust and Suspicion", *The Journal of Conflict Resolution*, 1958, 2 (4) .

[42] Worchel P. , "Trust and Distrust", in Austin & Worchel (eds), *The Social Psychology of Intergroup Relations*, Wadsworth Publishing Company, 1979.

[43] Mesick D. M. and Kramer R. M. , "Trust as a Form of Shalow Mo-

rality", in K . S. Cook （ed. ）, *Trust in Society*, New York: Rusel Sage Foundation, 2001.

［44］ Luhmann N. , *Trust and Power*, New York: John Wiley and Sons, 1979.

［45］ 杨哲、王茂福:《农民"新农保"参与意愿:基于制度信任分析范式》,《湖北大学学报》（社会科学版）2016 年第 1 期。

［46］ 张芷芸、谭康荣:《制度信任的趋势与结构:"多重等级评量"的分析策略》,《台湾社会学刊》2005 年第 35 期。

［47］ Cook K. S. , "Networks, Norms and Trust: The Social Psychology of Social Capital", *Social Psychology Quarterly*, 2005, 68 （1） .

［48］ 肖兴志、王钠:《转型期中国煤矿安全规制机制研究——基于激励相容的视角》,《产业经济评论》2007 年第 6 期。

［49］ 曹庆仁、李凯、李静林:《管理者行为对矿工不安全行为的影响关系研究》,《管理科学》2011 年第 6 期。

［50］ 陈红、刘静、龙如银:《基于行为安全的煤矿安全监管制度有效性分析》,《辽宁工程技术大学学报》（自然科学版）2009 年第 5 期。

［51］ Blau P. M. , *Exchange and Power in Social Life*, . New York: Wiley, 1964.

［52］ Mearns K. , "Reader T. Organizational support and safety outcomes: An uninvestigated relationship?" *Safety Science*, 2008, 46 （3） .

［53］ Demsetz H. , "Toward a theory of property rights", *American EconomicReview*, 1967, 57.

［54］ Alchian A. , Demsetz H. , "The property rights paradigm", *Journal of Economic History*, 1973, 13.

［55］ Posner R. A. , "The social costs of monopoly and regulation", *Journalof Political Economy*, 1975, 83 （8） .

［56］ Posner R. A. , *Economic analysis of law* （2nd ed. ）, Boston: Little Brown, 1977.

［57］ Mueller D. C. , *public choice II*, Cambridge: Cambridge University Press, 1989.

［58］Jensen M. C. , Meckling W. H. , "Rights and production func-tions: an application to labor – managed firms and codetermination", *Journal of Business*, 1979, 52 (4) .

［59］Coase R. H. , "The nature of the firm", *Economica*, 1937, 16 (4) .

［60］Nelson R. R. , Winter S. G. , *An evolutionary theory of economic change*, Cambridge: Belknap Press, 1982.

［61］Langlois R. N. , *Economics as a Process*, Cambridge: Cambridge U-niversity Press, 1986.

［62］〔英〕亚当·斯密:《国民财富的性质和原因的研究（中译本)》, 商务印书馆, 2003。

［63］Magee S. P. , William A. B. , Leslie Y. , *Endogenous tariff theory: black hole tariffs in a special interest model of international economic policy with endogenous politics*, England: University of Texas at Austin, 1984.

［64］〔法〕让·萨伊:《政治经济学概论》（中译本), 商务印书馆, 1963。

［65］Harberger A. C. , "Monopoly and resource allocation", *American E-conomic Review*, 1954, 54 (5) .

［66］张军:《特权与优惠的经济学分析》, 立信会计出版社, 1995。

［67］Stigler G. J. , "Statistics of monopoly and business annexation ", *A-merican Economic Review*, 1956, 64: 33 – 40.

［68］Lee D. R. , Orr D. , "Two laws of survival for ascriptive govern-ment policies," In Buchanan, James M. , Robert D. , Tollison and Gordon Tullock (eds.), *Toward a Theory of the Rent – Seeking Society*, College Station: Texas A&M University Press, 1980.

［69］Benson B. L. , "Rent – seeking from a property rights perspective", *Southern Economic Journal*, 1984, 51 (2) .

［70］Bhagwati J. N. , "Directly unproductive, profit – seeking (DUP) activities", *Journal of Political Economy*, 1982a, 90 (10) .

［71］Alcalde J. , Dahm M. , "Rent seeking and rent dissipation: a neu-trality result," *Journal of Public Economics*, 2010, 94 (1) .

［72］〔美〕道格拉斯·C. 诺思：《经济史中的结构与变迁》，上海人民出版社，1999。

［73］Baik K. H. , Lee S. , "Collective rent seeking when sharing rules are private information", *European Journal of Political Economy*, 2007, 23（3）.

［74］Ahn T. K. , Isaac R. M. , "Salmon TC. Rent seeking in groups", *International Journal of Industrial Organization*, 2011, 29（1）.

［75］〔法〕让－雅克·拉丰、让－梯若尔：《政府采购与规制中的激励理论》，上海三联书店，2003。

［76］Epstein G. S. , Nitzan S. , "The social cost of rent seeking when consumer opposition influences monopoly behavior", *European Journal of Political Economy*, 2003, 19（1）.

［77］Infante D. , Smirnova J. , "Rent – seeking under a weak institutional environment", *Economics Letters*, 2009, 104（3）.

［78］Spinesi L. , "Rent – seeking bureaucracies, inequality, and growth", *Journal of Development Economics*, 2009, 90（2）.

［79］Chesney M. , "Rent extraction and interest – group organization in a coasean model of regulation", *Journal of LegalStudies*, 1991, 20.

［80］Mariani F. , "Migration as an antidote to rent – seeking?" *Journal of Development Economics*, 2007, 84（2）.

［81］Cheikbossian G. , "Heterogeneous groups and rent – seeking for public goods", *European Journal of Political Economy*, 2008, 24（1）.

［82］Cheikbossian G. , "The collective action problem: within – group cooperation and between – group competition in a repeated rent – seeking game", *Games and Economic Behavior*, 2012, 74（1）.

［83］Angelopoulos K. , Philippopoulos A. , Vassilatos V. , "The social cost of rent seeking in Europe", *European Journal of Political Economy*, 2009, 25（3）.

［84］Zheng S. R. , Peng M. , "Rent – seeking behaviors analysis in engineering supervision based on the game theory", *Systems Engineering Procedia*, 2012, 4.

［85］ Priks M. , "Firm competition and incentive pay: rent seeking at work," *Economics Letters*, 2011, 113 (2).

［86］〔美〕拉迪:《中国经济体制再造》,《经济社会体制比较》1988年第 2 期。

［87］黄少安、赵建:《转轨失衡与经济的短期和长期增长:一个寻租模型》,《经济研究》2009 年第 12 期。

［88］宋佳、赵新奎:《寻租活动的经济行为分析及治理》,《甘肃社会科学》2012 年第 1 期。

［89］过勇、胡鞍钢:《行政垄断、寻租与腐败:转型经济的腐败机理分析》,《经济社会体制比较》2003 年第 2 期。

［90］陈云:《基于博弈分析的政府采购中寻租问题研究》,硕士学位论文,河海大学,2006。

［91］陈健:《我国地方政府的权力寻租:现状、原因及治理》,硕士学位论文,上海交通大学,2008。

［92］鹿中山、杨善林、杨树萍:《基于寻租理论的工程安全监理博弈分析》,《工程管理学报》2010 年第 3 期。

［93］邹薇、钱雪松:《融资成本、寻租行为和企业内部资本配置》,《经济研究》2005 年第 5 期。

［94］Mohammad S. , Whalley J. , "Rent seeking in India: its costs and policy significance", *Kyklos*, 1984, 37 (3).

［95］Posner R. A. , "The social costs of monopoly and regulation", *Journal of PoliticalEconomy*, 1975, 83.

［96］Angelopoulos K. , Philippopoulos A. , Vassilatos V. , "The social cost of rent seekingin Europe", *European Journal of Political Economy*, 2009, 25.

［97］Fung K. K. , "Surplus seeking and rent seeking through backdoor deals in Mainland China", *American Journal of Economics and Sociology*, 1987, 46 (3).

［98］贺卫、王浣尘:《政府经济学中的寻租理论研究》,《上海交通大学学报》(社会科学版) 2000 年第 2 期。

［99］贺卫、李政军:《寻租理论在中国的传播与发展述评》,《淮阴师

范学院学报》2002 年第 2 期。

[100] 王沪宁:《反腐败:中国的实验》,三环出版社,1990。

[101] 辛向阳:《新政府论》,中国工人出版社,1994。

[102] 张幼文:《向开放型市场体系转轨过程中的寻租》,《上海社会科学院学术季刊》1994 年第 2 期。

[103] 张宇燕:《利益集团与制度非中性》,《改革》1994 年第 2 期。

[104] 姜洪:《经济渐进改革的合理性:渐进与激进——中国改革道路的选择》,经济科学出版社,1996。

[105] Parisi D. M.,"Rents dissipation and lost treasures: rethinking Tullock's paradox", *Public Choice*,2005,124。

[106] Ruttan V. W.,Hayami Y.,"Toward a theory of induced institutional innovation," *Journal of Development Studies*,1984,20。

[107] 赵娟:《寻租理论的新发展》,《技术经济与管理研究》2011 年第 8 期。

[108] 蒲艳、邱海平:《寻租均衡理论的最新进展》,《经济学动态》2011 年第 3 期。

[109] 胡潇、张其学:《马克思主义哲学教程》,中国人民大学出版社,2009。

[110] 〔英〕李斯特:《政治经济学的国民体系》,商务印书馆,1961。

[111] 〔德〕马克思、恩格斯:《马克思恩格斯全集》,人民出版社,1979。

[112] 马仲良、韩长霞:《马克思论精神生产力与物质生产力》,《哲学研究》1998 年第 8 期。

[113] 丁社教:《试论生产力的本质及其类型》,《生产力研究》2004 年第 6 期。

[114] 刘思华:《马克思广义生产力理论探索(上)》,《湘潭大学学报》(社会科学版)2006 年第 3 期。

[115] 刘延勃、张弓长、马乾乐:《哲学辞典》,吉林人民出版社,1985。

[116] 黄锦奎:《先进生产力与价值转化过程》,《生产力研究》2003 年第 4 期。

［117］赵志亮：《中国生产力发展理论与实践研究》，博士学位论文，河南大学，2012。

［118］〔德〕马克思：《资本论（第 1 卷）》，人民出版社，1972。

［119］〔德〕马克思：《政治经济学批判大纲（第 3 分册）》，人民出版社，1963。

［120］王小锡：《道德与精神生产力》，《江苏社会科学》2001 年第 3 期。

［121］李辉、田欣：《精神生产力：文明社会和谐发展的动力与基石》，《生产力研究》2009 年第 12 期。

［122］王秀阁：《精神生产力新探》，《哲学动态》1993 年第 2 期。

［123］郭正红：《论精神生产力》，《生产力研究》2002 年第 3 期。

［124］宋锦洲：《公共生产力含义及其测量》，《生产力研究》2007 年第 23 期。

［125］曹花蕊、张金成：《企业服务生产力及其应用模型研究》，《生产力研究》2008 年第 7 期。

［126］〔美〕麦克：《测量联邦州和地方政府中的生产力》，《公共生产力评论》，1981。

［127］刘亚丽、张智、段秀举：《双龙湖初级生产力测定及其模型研究》，《重庆建筑大学学报》2008 年第 2 期。

［128］宋国宝、潘耀忠、张树深、朱文泉：《北京市植被净生产力遥感测量与分析》，《资源科学》2009 年第 92 期。

［129］〔美〕佛兹、里昂：《对市政府服务质量和生产力的测量：一种比较的观点》，《公共生产力评论》，1998。

［130］Vuorinen I., Jarvinen R., Lehtinen U., "Content and measurement of productivity in the service sector: a conceptual analysis with an illustrative case from the insurance business", *International Journal of Service Industry Management*, 1998, 9 (4).

［131］〔美〕霍哲：《公共组织的生产力》，肯尼科特出版社，1976。

［132］〔美〕尤斯兰纳、索涅特：《生产力测量》，威利出版社，1980。

［133］〔美〕博科特：《生产力运动的历史》，《公共生产力与管理评

论》，1990。

［134］潘峻岭、圣章红：《论社会进步的生产力标准》，《社会主义研究》2012 年第 6 期。

［135］孙大飞、徐婷：《文化生产力：马克思劳动价值论的当代创新——兼论社会主义价值创造的特点及旨归》，《西南交通大学学报》（社会科学版）2012 年第 6 期。

［136］Gronroos C．，Ojasalo K．，"Service productivity: towards a conceptualization of the transformation of inputs into economic results in services"，*Journal of Business Research*，2004，57（4）．

［137］陈艾华：《研究型大学跨学科科研生产力研究》，博士学位论文，浙江大学，2011。

［138］邬伟娥：《知识转移视角的大学学术生产力研究》，博士学位论文，浙江大学，2006。

［139］姚劲超：《论情感意志因素在认识过程中的作用》，《文史哲》1988 年第 4 期。

［140］贺卫：《寻租的政治经济学分析》，博士学位论文，上海财经大学，1998。

［141］张军：《特权与优惠的经济学分析》，立信会计出版社，1995。

［142］郑也夫：《腐败的正负功能》，《读书》1993 年第 5 期。

［143］张曙光：《腐败与贿赂的经济分析》，上海人民出版社，1994。

［144］荆全忠、姜秀慧、杨鉴淞、周延峰：《基于层次分析法的煤矿安全生产能力指标体系研究》，《中国安全科学学报》2006 年第 9 期。

［145］Yan D．，Whalley J．，"Joint non – OPEC carbon taxes and the transfer of OPEC monopoly rents"，*Journal of Policy Modeling*，2012，34（1）．

［146］Gil S. E．，Shmuel N．，"The social cost of rent seeking when consumer opposition influences monopoly behavior"，*European Journal of Political Economy*，2003，19（1）．

［147］段洁：《煤矿安全生产能力评价系统研究》，硕士学位论文，西安科技大学，2012。

［148］王志亮、徐景德、张莉聪：《煤矿生产能力核定计算方法的优

化研究》,《矿业安全与环保》2009 年第 1 期。

[149] 董觅彦:《对煤矿生产力与生产关系发展规律的思考》,《煤炭经济研究》2003 年第 5 期。

[150] 叶山土:《论发展人才主体生产力》,《生产力研究》2005 年第 9 期。

[151] 〔俄〕Г. А. 萨塔罗夫主编《反腐败政策》,社会科学文献出版社,2011。

[152] 毛友根:《企业员工流失的感知理论模型及其现实意义》,《上海大学学报》(社会科学版)2003 年第 3 期。

[153] 彭聃龄:《心理学》,北京师范大学出版社,1988。

[154] 朱智贤:《心理学大辞典》,北京师范大学出版社,1989。

[155] 林崇德、杨治良、黄希庭:《心理学大辞典》,上海教育出版社,2004。

[156] 梁承谋、付全、于晶:《高级运动元意志量表》,《北京心理学会 2003 年学术年会论文摘要集》,2003。

[157] 李靖、郭建荣、邓建平:《运动员意志品质量表的编制》,《西安体育学院学报》2011 年第 4 期。

[158] 〔美〕默里·L. 韦登鲍姆:《全球市场中的企业与政府(第 6 版)》,张兆安译,上海人民出版社,2002。

[159] 邓泽宏、何应龙:《企业社会责任运动中的政府作用研究》,《中国行政管理》2010 年第 11 期。

[160] 王娟:《企业与政府行为关系研究》,硕士学位论文,南京工业大学,2005。

[161] 龚天平:《利益相关者理论的经济伦理意蕴》,《上海财经大学学报》2011 年第 6 期。

[162] 爱德华·弗里曼:《战略管理——利益相关者方法》,王彦华译,上海译文出版社,2006。

[163] 李文川、赵辉:《卡罗尔 CSR 模型的改进及应用》,《江苏商论》2007 年第 4 期。

[164] Max C. A. , "Stakeholder framework for analyzing and evaluating

corporate social performance", *Academy of Management Review*, 1995, 20.

［165］张咏梅：《政府—企业关系中的权力、依赖与动态均衡》，《兰州学刊》2013 年第 7 期。

［166］仓平、吴军民、王宏：《三方模型下政府采购寻租监管的演化博弈分析》，《贵州财经学院学报》2010 年第 6 期。

［167］Getz K. A., "Research in corporate political action: integration and assessment", *Business and Society*, 1997, 362.

［168］林瑛：《我国政府采购中的寻租行为分析》，硕士学位论文，浙江大学，2004。

［169］仲伟周：《公共权力的寻租行为分析及政策含义》，《山西财经大学学报》1999 年第 6 期。

［170］滕秀明：《基于博弈论视角的政企关系模式研究》，燕山大学硕士学位论文，2009。

［171］任建明、杜治洲：《腐败与发腐败理论、模型和方法》，清华大学出版社，2009。

［172］刘勇政、冯海波：《腐败、公共支出效率与长期经济增长》，《经济研究》2011 年第 9 期。

［173］徐静、卢现祥：《腐败的经济增长效应：润滑剂抑或绊脚石?》，《国外社会科学》2010 年第 1 期。

［174］陈刚、李树、尹希果：《腐败与中国经济增长——实证主义的视角》，《经济社会体制比较》2008 年第 3 期。

［175］Murphy K. M., Shleifer A., Vishny R. W., "Why is rent – seeking so costly to growth?" *American Economic Review*, 1993, 83.

［176］Mauro P., "Corruption and growth", *Quarterly Journal of Economics*, 1995, 110.

［177］Mo P. H., "Corruption and economic growth", *Journal of Comparative Economics*, 2001, 29

［178］Pellegrini L., Gerlagh R., "Corruption's effect on growth and its transmission channels", *Kyklos*, 2004, 57 (3).

［179］Blackburn K., Bose N., Haque M. E., "The incidence and persistence of corruption in economic development", *Journal of Economic Dynamics and Control*, 2006, 30.

[180] Swaleheen M. , "Economic growth with endogenous corruption: an empirical study", *Public Choice*, 2011, 146.

[181] Barreto R. A. , "Endogenous corruption, inequality and growth: econometric evidence", School of Economics, Adelaide University, Working Paper No. 1 - 2, 2001.

[182] Rock M. T. , Bonnett H. "The comparative politics of corruption: accounting for the East Asian paradox in empirical studies of corruption, growth and investment", *World Development*, 2004, 32 (6).

[183] Méndez F. , Sepúlveda F. , "Corruption, growth and political regimes: cross - country evidence", *European Journal of Political Economy*, 2006, 22.

[184] Aidt T. S. , Dutta J. , Sena V. , "Governance regimes, corruption and growth: theory and evidence", *Journal of Comparative Economics*, 2008, 36.

[185] Méon P. G. , Weil L. , "Is corruption an efficient grease", Bank of Finland, Institute for Economics in Transition, BOFIT Discussion Papers, 2008.

[186] Aidt T. S. , "Corruption, institutions and economic development", *Oxford Review of Economic Policy*, 2009, 25.

[187] Dong B. , Torgler B. , "The consequences of corruption: evidence from China", CREMA, Center for Research in Economics, Working Paper No. 2010 - 06, 2010.

[188] 阚大学、罗良文:《腐败与经济增长的关系实证研究——基于多国面板数据的分析》,《经济管理》2010 年第 1 期。

[189] 谭凡教:《射流式冲击器改型设计及 MATLAB 仿真计算》,博士学位论文,吉林大学,2005。

[190] Lui F. T. , "An equilibrium queuing model of bribery", *Journal of Political Economy*, 1985, 93.

[191] 阚大学、罗良文:《腐败与经济增长的关系实证研究——基于多国面板数据的分析》,《经济管理》2010 年第 1 期。

[192] Knack S. , Keefer P. , "Institutions and economic performance:

cross country test using alternative institutional measures," *Economics and Politics*, 1995, 7 (3).

［193］冯群、陈红:《资源型城市转型研究——基于资源与经济及环境的面板数据分析》,《管理现代化》2012 年第 6 期。

［194］Mcchesney, F. S. , Postive regulatory theory of the first amendment, a. Conn. l. rev. , 1987.

［195］Brooks, M. A. , & Heijdra, B. J. , In Search of Rent – Seeking. Springer US. , 1988.

［196］Dziuban, C. D. , & Shirkey, E. C. , "On the psychometric assessment of correlation matrices". *American Educational Research Journal*, 1974, 11 (2), pp. 211 – 216.

［197］Davidson, R. J. , Scherer, K. R. , & Goldsmith, H. H. . Handbook of affective sciences. Oxford University Press. , 2003.

［198］Sakrison, D. J. . "Iterative design of optimum filters for non mean – square – error performance criteria", *IEEE Transactions on Information Theory*, 2003, 9 (3), pp. 161 – 167.

［199］Mcchesney F. S. , Postive regulatory theory of the first amendment, a. Conn. l. rev. 1987.

［200］胡和立:《1988 年我国租金价值的估算》,《经济社会体制比较》1989 年第 5 期。

［201］Samet, H. D. , "Dissipation of contestable rents by small numbers of contenders", *Public Choice*, 1987, 54 (1), pp. 63 – 82.

［202］Baumgardner, A. H. , Kaufman, C. M. , & Cranford, J. A. . "To be noticed favorably" *personality & social psychology bulletin*, 1990, 16 (4), pp. 705 – 716.

［203］贺卫、戚成芝、李政军:《试论寻租与腐败》,《上海交通大学学报》(社会科学版) 2003 年第 5 期。

［204］卢现祥:《寻租经济学导论》,中国财政经济出版社, 2000。

［205］理查德·拉扎勒斯:《评价与应对》,中国人民大学出版社, 2020。

［206］罗家德、叶勇助:《信任在外包交易治理中的作用》,《学习与

探索》2006 年第 2 期。

［207］Hillman A. L. , Samet D. , "Dissipation of Contestable rents by Small Members of Contenders", *Public Choice*, 1987, 57（1）.

［208］Watson D. , Clark L. A. , Tellegen A. , "Development and validation of brief measures of positive and negative affect: the PANAS scales", *Journal of Personality and Social Psychology*, 1988.

［209］芦慧:《"名义——隐真"文化错位与安全管理制度遵从研究——以国有大型煤矿作业人员为例》,博士学位论文,中国矿业大学,2014。

图书在版编目（CIP）数据

中国煤矿安全监管制度执行研究／陈红等著. -- 北京：社会科学文献出版社，2021.7
ISBN 978 - 7 - 5201 - 8164 - 8

Ⅰ.①中… Ⅱ.①陈… Ⅲ.①煤矿 - 矿山安全 - 监管制度 - 研究 - 中国 Ⅳ.①X931 ②TD7

中国版本图书馆 CIP 数据核字（2021）第 055030 号

中国煤矿安全监管制度执行研究

著　　者／陈　红　冯　群　祁　慧　何国家

出 版 人／王利民
组稿编辑／周　丽
责任编辑／徐崇阳　张丽丽

出　　版／社会科学文献出版社·城市和绿色发展分社（010）59367143
　　　　　　地址：北京市北三环中路甲 29 号院华龙大厦　邮编：100029
　　　　　　网址：www.ssap.com.cn
发　　行／市场营销中心（010）59367081　59367083
印　　装／北京玺诚印务有限公司

规　　格／开本：787mm × 1092mm　1/16
　　　　　　印张：20.5　字数：320 千字
版　　次／2021 年 7 月第 1 版　2021 年 7 月第 1 次印刷
书　　号／ISBN 978 - 7 - 5201 - 8164 - 8
定　　价／188.00 元

本书如有印装质量问题，请与读者服务中心（010 - 59367028）联系